新一代信息技术
"十三五"系列规划教材

Java 程序设计基础教程 慕课版

◆ 刘刚 刘伟 编著

人 民 邮 电 出 版 社
北 京

图书在版编目（CIP）数据

Java程序设计基础教程 ：慕课版 / 刘刚，刘伟编著
. -- 北京 ：人民邮电出版社，2019.8（2021.6重印）
新一代信息技术“十三五”系列规划教材
ISBN 978-7-115-49514-3

Ⅰ. ①J… Ⅱ. ①刘… ②刘… Ⅲ. ①JAVA语言－程序设计－高等学校－教材 Ⅳ. ①TP312.8

中国版本图书馆CIP数据核字(2018)第228070号

内 容 提 要

本书通过大量案例详细讲解了 Java 程序设计的基础知识，共 12 章，内容包括：Java 基础知识，基本类型及运算符，控制执行流程，字符串，面向对象，集合和数组，文件及流，日期和时间，反射、异常及枚举，并发编程，网络编程及综合实训——简易网上自助银行系统。本书运用图、文、视频配合讲解，浅显易懂，代码注释详细，配全套慕课视频，资源丰富，贴近行业应用。

本书适合作为本科、高职高专、培训班 Java 基础课程的教材，也可供读者自学使用。

◆ 编　　著　刘　刚　刘　伟
　责任编辑　桑　珊
　责任印制　马振武
◆ 人民邮电出版社出版发行　　北京市丰台区成寿寺路 11 号
　邮编　100164　　电子邮件　315@ptpress.com.cn
　网址　http://www.ptpress.com.cn
　北京天宇星印刷厂印刷
◆ 开本：787×1092　1/16
　印张：17　　　　　　　　2019 年 8 月第 1 版
　字数：584 千字　　　　　2021 年 6 月北京第 7 次印刷

定价：59.80 元

读者服务热线：(010) 81055256　印装质量热线：(010) 81055316
反盗版热线：(010) 81055315
广告经营许可证：京东市监广登字 20170147 号

前言 Foreword

Java 简介

Java 是 Sun Microsystems 公司于 1995 年推出的一种高级编程语言，Java 名字来源于印度尼西亚爪哇岛的英文名称。Java 是面向对象程序设计语言的代表，相比 C++,更全面地体现了面向对象的思想，继承了 C 和 C++的许多特性，同时也去除了 C 和 C++语言中烦琐的、难以理解的和不安全的内容。“高效且跨平台”是 Java 的一大特点，Java 程序可以“一次编译，随处运行”。因此，Java 语言不仅是目前 Web 开发的主流技术，也逐步成为移动应用开发的主流技术。

本书利用丰富有趣的案例，细致地讲解了 Java 的基础知识。本书重点知识点采用小案例的形式带读者边学边练；全书每章设置动手任务，编写实用小程序或小游戏，巩固本章所学的知识；最后设计了综合实训——简易网上自助银行系统，在学习 Java 数据库连接和操作的同时，带读者通过 Web 实际项目的开发体验 Java 的经典应用场景。

本书配套资源

本书配套慕课由一线程序员刘刚（小刚）老师详细讲解，手把手教学。

登录人邮学院网站（www.rymooc.com）或扫描封面上的二维码，使用手机号完成注册，在首页右上角单击“学习卡”选项，输入封底刮刮卡中的激活码，即可在线观看全书慕课视频。扫描书中的二维码也可使用手机观看视频。

刘刚（小刚）老师简介

- 一线项目研发、设计、管理工程师，高级项目管理师、项目监理师，负责纪检监察廉政监督监管平台、国家邮政局项目、政务大数据等多个国家级项目的设计与开发。
- 极客学院、北风网金牌讲师。
- 畅销书《微信小程序开发图解案例教程（附精讲视频）》《小程序实战视频课：微信小程序开发全案精讲》《Axure RP8 原型设计图解微课视频教程（Web+App）》作者。

全部案例源代码、素材、最终文件、电子教案可登录人邮教育社区（www.ryjiaoyu.com.cn）下载使用。

【沐汐学院】Java
学习群群聊二维码

编　者

2019 年 5 月

目录
Contents

第 5 章 面向对象 70

第 6 章 集合和数组 102

PART01

第1章

Java基础知识

■ Java 是一门程序设计语言，因其可移植性强、API 和扩展插件丰富而备受欢迎。特别是在 Web 软件开发领域，Java 更是占据了不小的市场。一些权威的软件活跃度统计数据显示，即使在程序设计语言众多的今天，Java 仍然是最活跃的几种编程语言之一，这充分显示了其独特的魅力和吸引力。

1.1 Java 简介

Java 简介

Java 是一门面向对象的编程语言，相较于传统的编程语言（C 和 C++），它吸收了 C++ 面向对象、具有丰富的 API 等优点，又摒弃了难以理解的多继承的概念。Java 没有曾让很多的 C 类语言开发者倍感头疼的指针概念，还提供了垃圾自动回收（GC）机制，让开发者无需担心内存问题，异常日志也能帮开发者快速地定位错误位置，这些优点都让 Java 更加简单且强大。如果你还在头疼 C 类语言的对象资源释放和指针问题，如果你还在为错在何处而通篇阅读源代码，那么就来学 Java 吧！

在多年的发展中，Java 已经变得更加完善，简单性、面向对象、分布式、编译和解释性、稳健性、安全性、可移植性、高性能、多线程、动态性等特点使得 Java 具有了新的使命。这也是 Java 一直活跃的根源。

1.1.1 Java 的诞生及发展历程

20 世纪 90 年代，硬件领域出现了单片式计算机系统。这些系统可以让消费类电子产品更加智能化，Sun Microsystems 公司为了抢占先机，在 1991 年成立了 Green 小组，Java 之父詹姆斯·高斯林与其他几个工程师一起开发出了被称为 Oak 的面向对象语言，这就是 Java 语言的前身。在 1995 年，Sun 公司首先推出了可以嵌入网页并且可以随同网页在网络上传输的 Applet（一种将小程序嵌入到网页中执行的技术）并申请了商标，由于 Oak 已经被使用，便将其修改为了 Java。1995 年 5 月 23 日的 Sun world 大会上，Java 和 HotJava 浏览器一同发布。自此 Java 开始进入人们的视野。

1996 年，JDK 1.0 发布，这是 Java 发展历程中的重要里程碑，标志着 Java 成为了一种独立的开发工具。之后 Java 发布了 Java 平台的第一个即时（JIT）编译器。1998 年，第二代 Java 平台企业版 J2EE 发布。1999 年，第二代 Java 平台的 3 个版本发布：J2ME（Java2 Micro Edition，Java2 平台的微型版），应用于移动、无线及有限资源的环境；J2SE（Java 2 Standard Edition，Java 2 平台的标准版），应用于桌面环境；J2EE（Java 2 Enterprise Edition，Java 2 平台的企业版），应用于基于 Java 的应用服务器。Java 2 平台的发布，是 Java 发展过程中最重要的一个里程碑，标志着 Java 的应用开始普及。2004 年，J2SE 1.5 发布，并更名成 Java SE 5.0，该版本包含了泛型支持、基本类型的自动装箱、改进的循环、枚举类型、格式化 I/O 及可变参数等，是 Java 语言发展史上的又一里程碑。目前，Java10 已于 2018 年 3 月发布。

1.1.2 Java 的语言特点

1. 简单性

Java 相对于 C 和 C++而言，可谓是"去其糟粕，取其精华"。Java 没有了 go to 语句，使用 break 和 continue 语句及异常处理代替，移除 C++的操作符过载和多继承特征，且不适用主文件，免去了预处理程序。Java 也没有结果，奉行一切皆是对象的理念，避免了对指针的使用。同时，Java 自带垃圾回收机制，让开发者无需关心存储管理问题。

2. 面向对象

Java 是使用类来组织的，类的概念较为完美地契合了面向对象的概念，类（class）是属性和行为的集合，即数据和操作方法的集合，结合包（package）的分层分体系组织安排类，使得 Java 的层次感更强，方法的调用和开发更加方便和简单。

3. 分布性

Java 支持各种层次的网络链接，Socket 类支持可靠的流（Stream）链接，所以用户可以使用 Java 来构建分布式的客户机和服务器。

4. 编译和解释性

Java 编译程序生成字节码（byte-code），而不是通常的机器码。Java 字节码是体系结构中的目标文件格式，通过解释字节码文件，代码设计成可有效地传送程序到多个平台。Java 程序可以在任何实现了 Java 解释程序和运行系统（run-time system）的系统上运行。

在一个解释性的环境中，程序开发的标准"链接"阶段消失了。如果说 Java 还有一个链接阶段，那只是把新类装进环境的过程，是增量式的、轻量级的过程。因此，Java 支持快速原型，实现快速程序开发。这是一个与传统的、耗时的“编译、链接和测试”形成鲜明对比的精巧的开发过程。

5. 稳健性

Java 不支持指针的使用，加强了程序的稳健性。允许扩展编译时检查健在的类型不匹配功能的强类型检查也是其稳健性的体现。try/catch/finally 语句可以快速查找问题的产生位置，简化了出错处理和恢复。

6. 安全性

Java 没有指针，并且会对字节码文件在加载前进行安全性验证，这些特点使 Java 相对比较安全，这里所说的是相对比较保守的说法，毕竟有一句经典的话是这么说的：没有绝对安全的系统。

7. 可移植性

Java 是运行在 Java 虚拟机上的，所以其语言使命不依赖于平台和操作系统。

8. 高性能

为了提升性能，Java 虚拟机会根据代码逻辑和当前系统重新排列字节码中程序执行的逻辑顺序，这种重排不会影响程序的逻辑，但会大大提升程序的运行性能。

9. 多线程

Java 支持多线程开发，并给出了一系列的类和关键字等，确保变量在多线程情况下位置一致的状态。

10. 动态性

Java 语言设计成适应于变化的环境，它是一个动态的语言。例如，Java 中的类是根据需要载入的，有些是通过网络获取的。

Java 的最大特点是“一次编写，到处运行”。不过，想要实现这个目标，还是要将 Java 的运行环境搭建起来。Java 中，代码编写之后会生成.java 文件，但实际上 Java 程序运行的时候用到的文件是.java 文件经过编译之后生成的.class 文件，也就是 Java 的字节码文件。字节码文件是与系统无关的文件，Java 虚拟机能够读取该文件，经过 Java 虚拟机的解释，最终生成系统相关的指令，然后被系统执行。

1.2 Java 开发环境搭建

Java 开发环境搭建

Java 的开发基于 Java 开发工具包（Java Development Kit，JDK），这是整个 Java 的核心，包括了 Java 运行环境（Java Runtime Environment，JRE）、Java 工具和 Java 基础类库。JRE 是运行 Java 程序所必需的环境的集合，包含 Java 虚拟机（Java Virtual Machine，JVM）标准实现及 Java 核心类库。JVM 是整个 Java 实现跨平台核心的部分，能够运行以 Java 语言写作的软件程序。Java 开发环境的搭建就是 JDK 的安装过程。

1.2.1 JDK、JRE 与 JVM

1. Java 开发工具包

Java 开发工具包（JDK）是 Sun Microsystems 公司针对 Java 开发者发布的产品。JDK 中包含 JRE。在 JDK 的安装目录下有一个名为 jre 的目录，里面有两个文件夹 bin 和 lib，在这里可以认为 bin 中的就是 JVM，lib 中则是 JVM 工作所需要的类库，而 JVM 和 lib 合起来就称为 JRE。

JDK 是整个 Java 的核心，包括了 JRE、Java 工具（javac/java/jdb 等）和 Java 基础的类库（即 Java API，包括 rt.jar）。

2. Java 运行环境

Java 运行环境（JRE）是运行基于 Java 语言编写的程序所不可缺少的运行环境。也是通过它，Java 的开发者才得以将自己开发的程序发布到用户手中，让用户使用。

JRE 中包含了 JVM、runtime class libraries 和 Java application launcher，这些是运行 Java 程序的必要组件。

与大家熟知的 JDK 不同，JRE 是 Java 的运行环境，而不是一个开发环境，所以没有包含任何开发工具（如编译器和调试器），只是针对使用 Java 程序的用户。

3. Java 虚拟机

Java 虚拟机（JVM）是整个 Java 实现跨平台的核心的部分，所有的 Java 程序都会首先被编译为.class 的类文件，这种类文件可以在虚拟机上执行。

class 文件并不直接与操作系统对应，而是通过 JVM 与系统交互。JVM 的这种屏蔽了具体操作系统的特点，是 Java 跨平台的关键。

1.2.2 系统环境变量配置

1. 安装 JDK

JDK 包含了 JRE 和 JVM，所以 Java 的环境搭建只需要安装好 JDK 即可。

在 Oracle 的 JDK 官网中下载 JDK 的安装包，如图 1-1 所示（本书以 JDK 8 为例，JDK 10 及更新的版本安装和使用方法类似）。

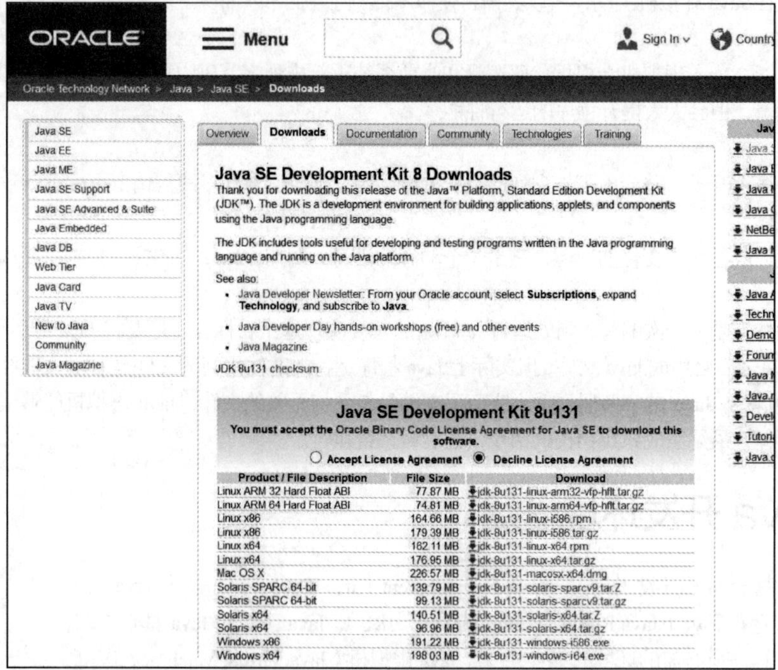

图 1-1 Oracle 官网的 JDK 下载页面快照

首先选中同意许可“Accept License Agreement”选项，然后根据自己操作系统和位数选择安装包（本书以 Windows 10、64 位的操作系统为例，选择了 Windows x64 的安装包）。

下载的是一个可执行文件：jdk-8u91-windows-x64.exe，双击即可开始安装，如图 1-2 所示。

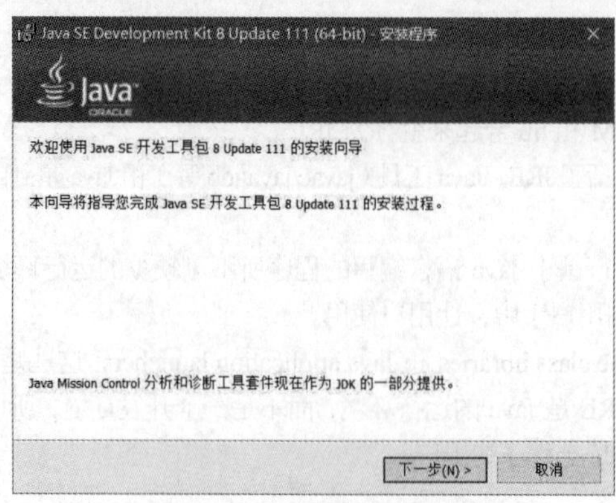

图 1-2 JDK 安装界面

单击“下一步”按钮，进入定制安装界面，如图 1-3 所示。

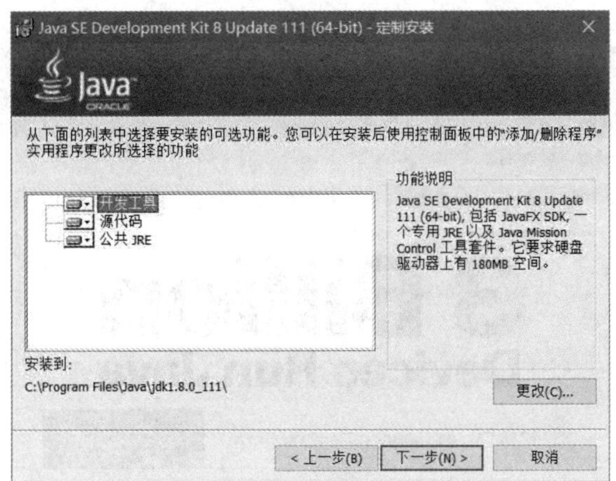

图 1-3　定制安装界面

保持默认设置，单击“下一步”按钮，进入安装执行界面，如图 1-4 所示。

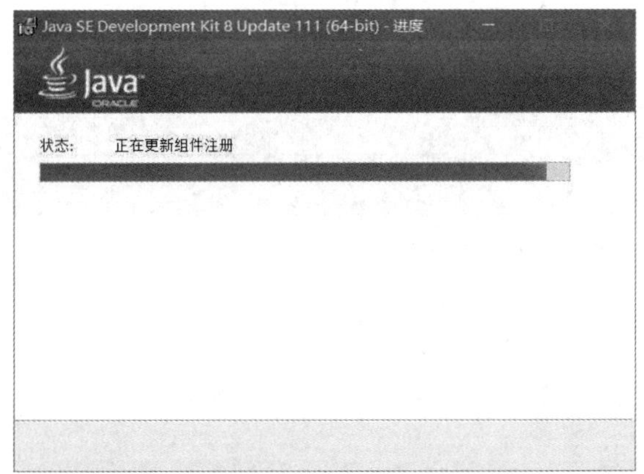

图 1-4　安装执行界面

安装执行需要一定的时间，此处只需要等待即可。此处安装完成之后，会提示用户定制 JRE 的安装，选择目标文件夹如图 1-5 所示。

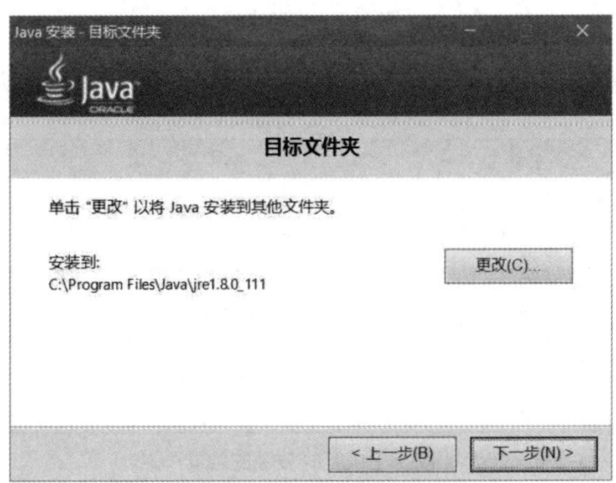

图 1-5　JRE 安装定制

保持默认配置，单击“下一步”按钮，将弹出 JRE 的安装窗口，如图 1-6 所示。

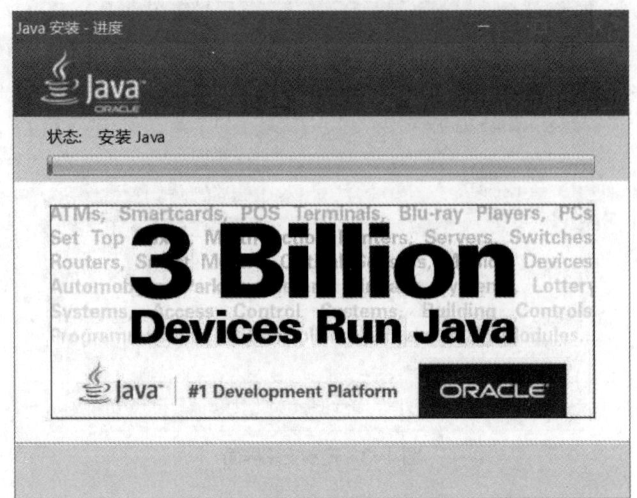

图 1-6　JRE 安装界面

耐心等待，直到安装完成，如图 1-7 所示，单击“关闭”按钮即可完成 JDK 的安装。

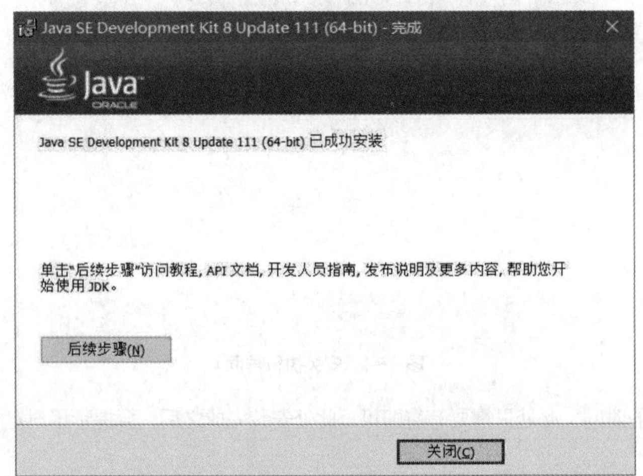

图 1-7　安装完成

默认的 JDK 安装路径是系统盘下的 Java 目录，找到该目录，文件结构如图 1-8 所示。

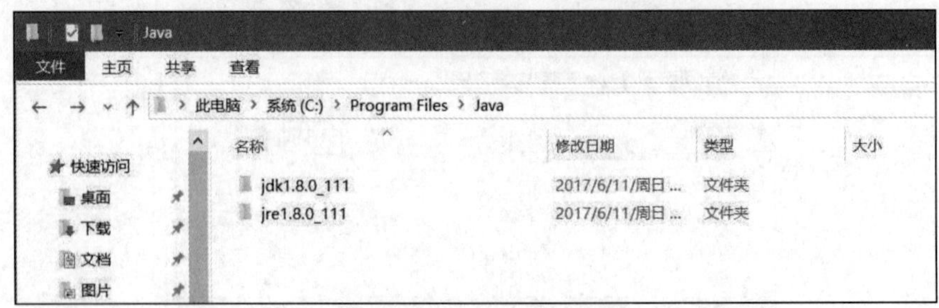

图 1-8　JDK 安装的目录

从这个目录结构中可以看出，JDK 的安装包含了 JRE 的安装。进入 JDK 的文件目录，其结构如图 1-9 所示。

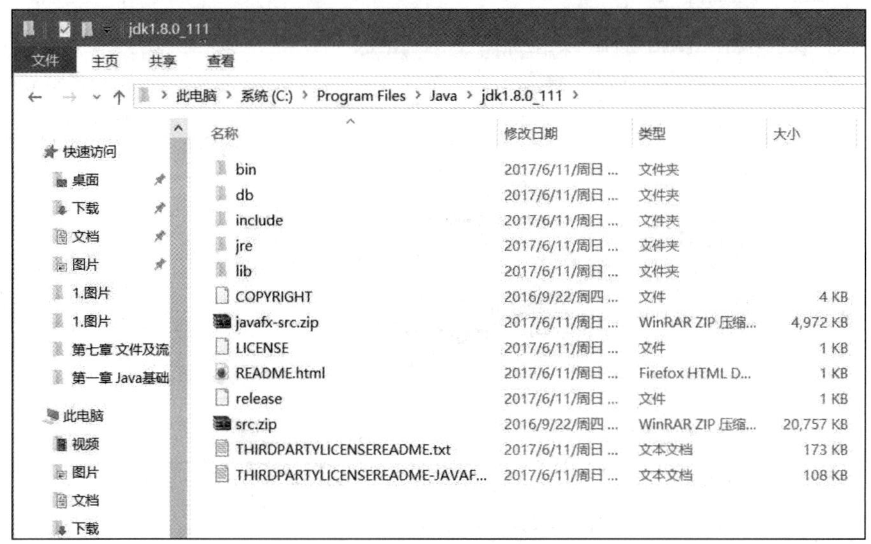

图 1-9　JDK 的文件目录

JDK 目录下有很多子目录和文件，都有其特定的功能，其中主要的子目录和文件功能如下。

- bin 目录：用于存放一些可执行程序，如 javac.exe（Java 编译器）、java.exe（Java 运行工具）、jar.exe（Java 打包工具）等。
- db 目录：是一个小型的数据库，自 JDK1.6 之后引入，是一个纯 Java 实现、开源的数据库管理系统，可直接使用，且小巧轻便，支持 JDBC4.0 的规范。
- include 目录：JDK 是使用 C 和 C++实现的，该目录存放的就是一些 C 类语言的头文件。
- jre 目录：是 Java 运行时环境的根目录，包含 Java 虚拟机、运行时的类包、Java 应用启动器和一个 bin 目录，但不包含开发环境中的开发工具。
- lib 目录：开发工具使用的归档包文件。
- src.zip 文件：该文件是用于存放 JDK 核心类的源代码文件，通过该文件可以查看 Java 基础类的源代码。

2. 配置环境变量

环境变量是包含关于系统及当前登录用户的环境信息的字符串，一些程序使用此信息确定在何处搜索文件。和 JDK 相关的环境变量有 3 个，分别是：JAVA_HOME、path 和 CLASSPATH。其中 JAVA_HOME 是 JDK 的安装目录，用来定义 path 和 CLASSPATH 的相关位置，path 环境变量告诉操作系统到哪里去找 JDK 工具，CLASSPATH 环境变量告诉 JDK 工具到何处找类文件（class 文件）。

当在未配置这些参数的时候，如果不是在 JDK 的 bin 目录下，运行 javac 命令会提示该命令不是内部或外部命令，也不是可运行的程序或批处理文件。配置 JDK 的相关环境变量就是避免每次运行 JDK 的工具都要到具体文件路径下才可以执行的问题。

下面以在 Windows 10 系统下配置 JDK 的环境变量为例，Windows 系统配置方式都是类似的，其他系统可以查阅网上资料。

第一步：打开资源管理器，右击“此电脑”选项，在弹出的快捷菜单中选择“属性”，或在控制面板中选择“系统”，然后选择“高级系统设置”→“环境变量”，如图 1-10 所示，打开环境变量的配置界面，如图 1-11 所示。

环境变量分为两类，一类是用户的环境变量，另一类是系统环境变量。用户的环境变量配置是跟随用户的，例如在 A 用户的账户里配置了 JDK 环境变量，B 用户是不能使用的。如果是系统环境变量，则该配置是跟随系统的，该系统下所有的用户都能使用。下面以配置系统环境变量为例。

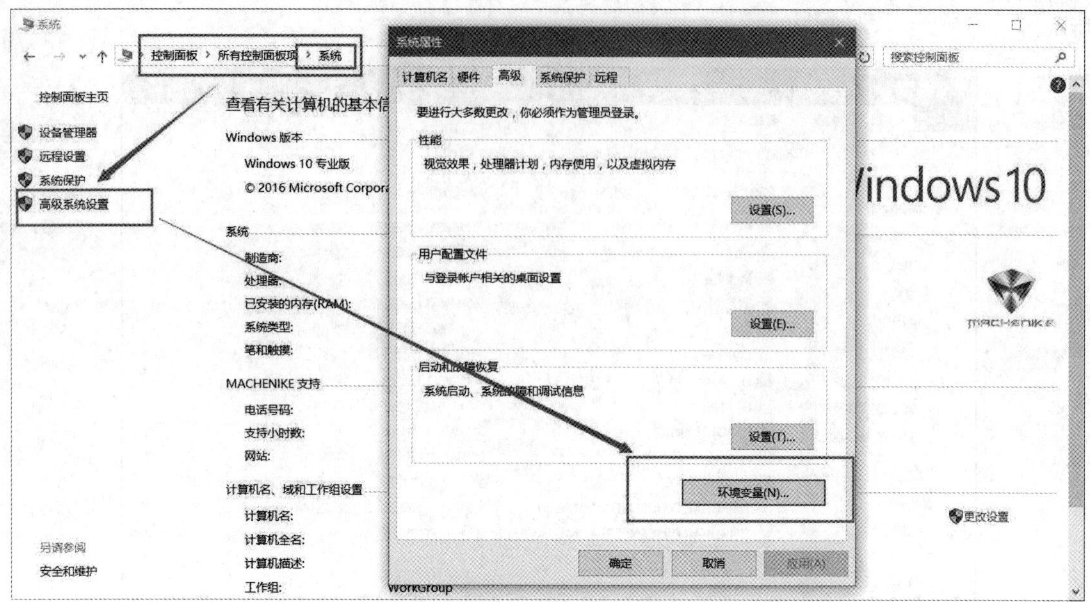

图 1-10　找到环境变量配置界面的进入方式

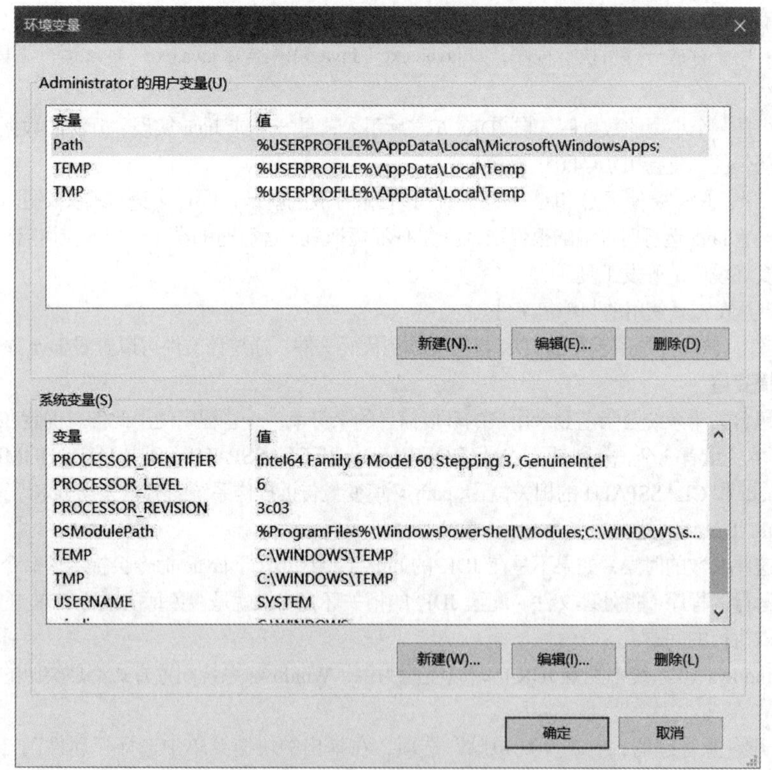

图 1-11　环境变量配置界面

在系统环境目录下创建 JAVA_HOME 环境变量，该变量的值是 JDK 的安装目录，首先单击“新建”按钮，然后在变量名中键入 JAVA_HOME，变量值中选择 JDK 的安装路径，单击“确定”按钮即可，如图 1-12 所示。

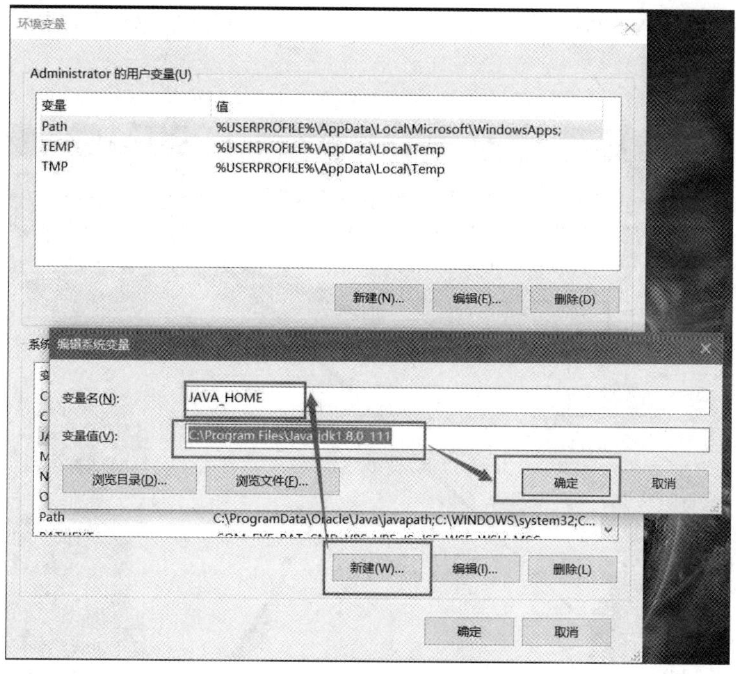

图 1-12　配置 JAVA_HOME

CLASSPATH 环境变量配置同 JAVA_HOME，其值是“.;%JAVA_HOME%\lib\dt.jar;%JAVA_HOME%\lib\tools.jar;”，其中“.”表示在所有的目录下查找，此处“%JAVA_HOME%”用来表示这个值是获取环境变量“JAVA_HOME”配置的值，如图 1-13 所示。

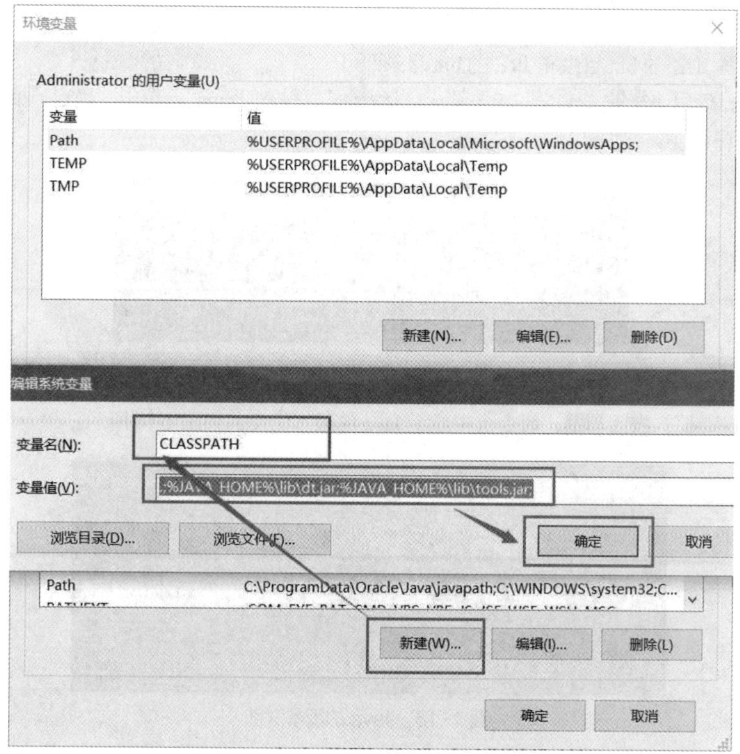

图 1-13　CLASSPATH 环境变量配置

同 JAVA_HOME 和 CLASSPATH 不同，计算机中 path 环境变量是存在的，所以只需要在后面添加内容即可，如图 1-14 所示。

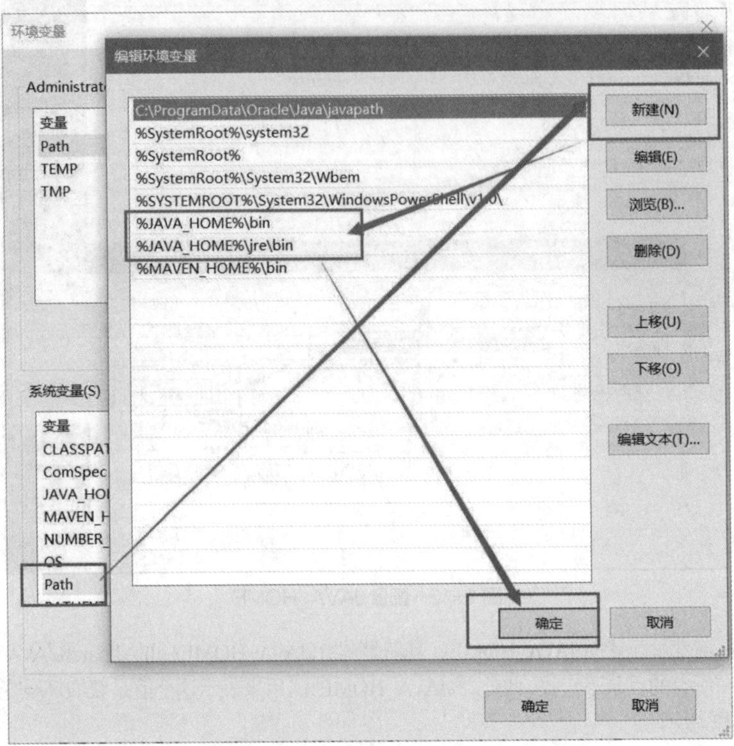

图 1-14　配置 path 环境变量

此处只需要配置 JDK 的 bin 目录和 JRE 的 bin 目录即可。

配置完毕之后，使用快捷键“WIN + R”调出“运行框”，输入“cmd”，单击“确定”按钮，进入 Windows 的命令行，如图 1-15 所示。

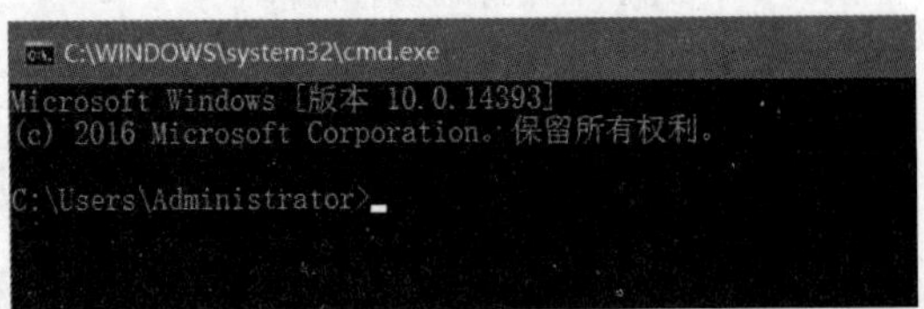

图 1-15　Windows 命令行

输入“java –version”，按回车键，命令行中显示 Java 的版本信息，如图 1-16 所示。

图 1-16　Java 的版本信息

输入“javac”，按回车键，显示 Java 的 javac 工具，如图 1-17 所示。

```
C:\WINDOWS\system32\cmd.exe
Microsoft Windows [版本 10.0.14393]
(c) 2016 Microsoft Corporation。保留所有权利。

C:\Users\Administrator>java -version
java version "1.8.0_111"
Java(TM) SE Runtime Environment (build 1.8.0_111-b14)
Java HotSpot(TM) 64-Bit Server VM (build 25.111-b14, mixed mode)

C:\Users\Administrator>javac
用法: javac <options> <source files>
其中, 可能的选项包括:
  -g                         生成所有调试信息
  -g:none                    不生成任何调试信息
  -g:{lines,vars,source}     只生成某些调试信息
  -nowarn                    不生成任何警告
  -verbose                   输出有关编译器正在执行的操作的消息
  -deprecation               输出使用已过时的 API 的源位置
  -classpath <路径>            指定查找用户类文件和注释处理程序的位置
  -cp <路径>                   指定查找用户类文件和注释处理程序的位置
  -sourcepath <路径>           指定查找输入源文件的位置
  -bootclasspath <路径>        覆盖引导类文件的位置
  -extdirs <目录>              覆盖所安装扩展的位置
  -endorseddirs <目录>         覆盖签名的标准路径的位置
  -proc:{none,only}          控制是否执行注释处理和/或编译。
  -processor <class1>[,<class2>,<class3>...] 要运行的注释处理程序的名称; 绕过默认的搜索进程
  -processorpath <路径>        指定查找注释处理程序的位置
  -parameters                生成元数据以用于方法参数的反射
  -d <目录>                    指定放置生成的类文件的位置
  -s <目录>                    指定放置生成的源文件的位置
  -h <目录>                    指定放置生成的本机标头文件的位置
```

图 1-17　调用 Java 的 javac 工具

如果读者调用这些命令显示与图中相同，那么说明环境变量已经配置成功，这个时候就可以使用 Java 的开发环境了。

1.3　Java 开发工具的使用

Java 开发工具的使用

JDK 安装配置完成之后就可以进行 Java 的开发了，此时，你只需要一个文本编辑器就可以开发 Java 代码了。让我们来体验一下吧！

首先，使用编辑器编写一个 Java 程序，代码如下：

```
public class HelloJava {

    public static void main(String[] args) {
        System.out.println("Hello world，Hello Java!");
    }
}
```

按快捷键“WIN+R”，输入“cmd”，调出命令行，先使用 javac 编译.java 文件，然后使用 java 运行程序。需要注意的是，文件的名称必须和类名一致。这里的文件保存名称是：HelloJava.java。javac 是对文件的编译，所以使用“javac HelloJava.java”，java 运行的是类，所以使用“java HelloJava”，运行效果如图 1-18 所示。

```
选择C:\WINDOWS\system32\cmd.exe

C:\Users\Administrator\Desktop\java>dir
 驱动器 C 中的卷是 系统
 卷的序列号是 B459-CBBB

 C:\Users\Administrator\Desktop\java 的目录

2017/06/11 周日  13:49    <DIR>          .
2017/06/11 周日  13:49    <DIR>          ..
2017/06/11 周日  12:24               129 HelloJava.java
               1 个文件            129 字节
               2 个目录 49,677,139,968 可用字节

C:\Users\Administrator\Desktop\java>javac HelloJava.java

C:\Users\Administrator\Desktop\java>java HelloJava
Hello world，Hello Java!

C:\Users\Administrator\Desktop\java>
```

图 1-18　使用文本编译 Java 代码并执行

有些读者使用的是自动补齐的方式，在使用 java 命令执行的时候，类名后多了.class 后缀，会抛出异常，如图 1-19 所示。

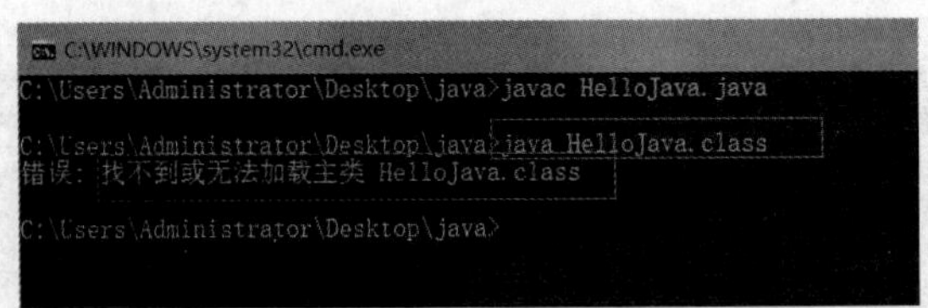

图 1-19　java 后跟类名执行

至此，我们完成了简单的 Java 程序开发。考虑到大项目包（package）很多，引用的包（Jar 包）也有很多，单纯使用记事本会增加工作的难度，而开发工具可以自动执行一些操作，能够极大地提升开发的效率。Java 的开发工具中，值得一提的是 Eclipse、MyEclipse 和 IntelliJ IDEA Community Edition。

1.3.1　Java 比较流行的编辑工具简介

Java 的开发工具有很多，常用的有 Eclipse、NetBeans、IntelliJ IDEA 和 MyEclipse。其中 Eclipse 和 NetBeans 是免费的，IntelliJ IDEA 和 MyEclipse 是收费的。

1. Eclipse

Eclipse 是一款主要用 Java 编写的免费 Java IDE。Eclipse 允许用户创建各种跨平台的可用于手机、网络、桌面和企业领域的 Java 应用程序。

它的主要功能包括 Windows 生成器、集成 Maven、Mylyn、XML 编辑器、Git 客户端、CVS 客户端、PyDev，并且 Eclipse 还有一个基本工作区，里面的可扩展插件系统可满足用户自定义 IDE 的需求。通过插件，用户也可以用其他编程语言开发应用程序，语言包括 C、C ++、JavaScript、Perl、PHP、Prolog、Python、R、Ruby（包括 Ruby on Rails 框架）等。

Eclipse 在 Eclipse 公共协议下可用，并且适用于 Windows、Mac OS X 和 Linux 系统。

2. NetBeans

NetBeans 是一款用 Java 编写的开源 IDE（集成开发环境），是 IDR 解决方案最喜欢使用的 Java IDE 编辑器之一。

NetBeans IDE 支持所有 Java 应用类型（Java SE、JavaFX、Java ME、网页、EJB 和移动 App）标准开箱即用式的开发。NetBeans 模块化的设计意味着它可以由第三方创建提升功能的插件来扩展 NetBeans（NetBeans 的 PDF 插件就是一个很好的例子）。

NetBeans IDE 既可用于 Java 开发，也支持其他语言，特别是 PHP、C/C ++和 HTML5。

NetBeans 功能是基于 Ant 的项目系统，支持 Maven、重构、版本控制（支持 CVS、Subversion、GIT、Mercurial 和 ClearCase），并且是在由通用开发和发布协议（CDDL）v1.0 和 GNU 通用公共协议（GPL）v2 构成的双重协议下发布的。

NetBeans 可跨平台运行在 Windows、Mac OS X、Linux、Solaris 和支持兼容 JVM 的其他平台上。

3. IntelliJ IDEA

IntelliJ IDEA Community Edition（社区版）是一款免费的 Java IDE，主要用于 Android 应用开发、Scala、Groovy、Java SE 和 Java 编程。它设计轻巧，并提供如 JUnit 测试、TestNG、调试、代码检查、代码完成、支持多元重构、Maven 构建工具、ant、可视化 GUI 构建器和 XML 以及 Java 代码编辑器等有用的功能。

当然有一些功能在社区版上是没有的，所以如果用户需要更多功能的话，可以购买许可证来解锁所有功能。

4. MyEclipse

MyEclipse 是一个十分优秀的用于开发 Java、J2EE 的 Eclipse 插件集合，MyEclipse 的功能非常强大，支持面也十分广泛，尤其是对各种开源产品的支持都不错。MyEclipse 可以支持 Java Servlet、AJAX、JSP、JSF、Struts、Spring、Hibernate、EJB3、JDBC 数据库链接工具等多项功能。可以说 MyEclipse 是几乎囊括了目前所有主流开源产品的专属 Eclipse 开发工具。

目前 MyEclipse 有 Windows、Mac OS X 和 Linux 3 种系统的安装包，可在这 3 种操作系统上安装。

5. 其他工具

Java 的魅力是支持多种插件，例如构建工具 Ant、包管理工具 Maven 和项目运行容器 Tomcat 等一系列的常用工具，这些工具可以帮助 Java 开发者快速创建项目及项目的持续集成等。其中 Maven 是项目包管理的重要工具，它可以减少包导入导致项目占用空间巨大和引用 Java 包冲突等问题，Tomcat 则是 Java Web 项目发布时需要使用的服务器，可以让 Web 项目在其上运行并提供服务。

1.3.2 Eclipse 的安装及使用

因 Eclipse 是免费的，所以一般开发者多使用 Eclipse 来开发 Java 项目，Eclipse 的安装非常简单。进入 Eclipse 官网，找到对应的下载目录即可，目前 Eclipse 有很多版本，本书以 neon 版本为例，下载“eclipse-inst-win64.exe”安装包后安装即可。

双击安装包，选择“Eclipse IDE for Java Developers”选项，如图 1-20 所示，进入安装页面，单击“INSTALL”按钮安装即可，如图 1-21 所示。安装时会跳出协议页面，单击“确定”按钮继续安装。

图 1-20 安装选择页面

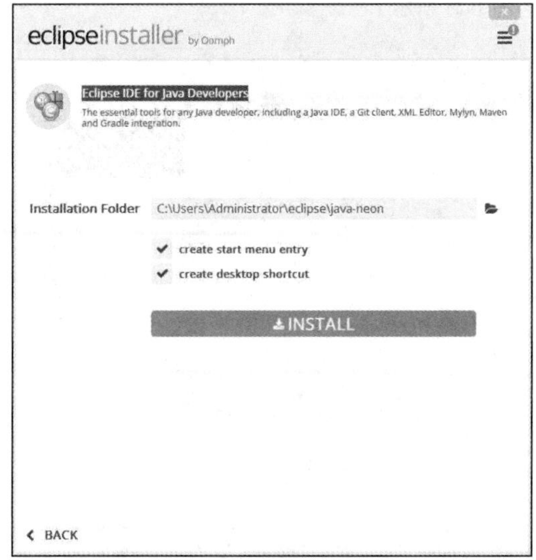

图 1-21 安装配置界面

安装完成之后会在桌面上生成一个快捷图标，双击图标运行软件。软件打开后如图 1-22 所示。

newworkspace - Java EE - Eclipse
File Edit Navigate Search Project Run Window Help
Welcome
Eclipse Java EE IDE for Web Developers
Workbench
Review IDE configuration settings
Review the IDE's most fiercely contested preferences
Overview
Get an overview of the features
Tutorials
Go through tutorials
Create a new Java EE Web Project
Create a new Eclipse project for Java EE Web development
Samples
Try out the samples
Create a new Javascript project
Create a new Eclipse project for Javascript development
What's New
Find out what is new
Checkout projects from Git
Always show Welcome at start up

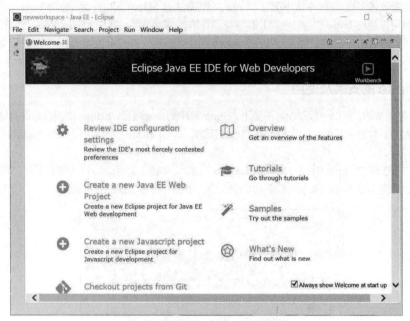

图 1-22　Eclipse neon 的展示页面

至此，Eclipse 的安装就完成了，下面将介绍如何使用 Eclipse 创建 Java 项目和编写 Java 类，实现一个 Java 程序。

1.4　动手任务：使用 Eclipse 编写 Hello World 程序

Eclipse 的使用较为简单，首先创建项目，然后创建类，执行一个入口类就可以查看运行结果了，如果编辑中出现简单的错误，编辑器会进行提示，提示会在错误代码下产生一条红色的波浪线。

选择工具栏的“File→new→Project”命令或者使用组合键“Alt+Shift+N”，选择“Project”→“Java Project”，输入项目名称即可，如图 1-23、图 1-24 所示。

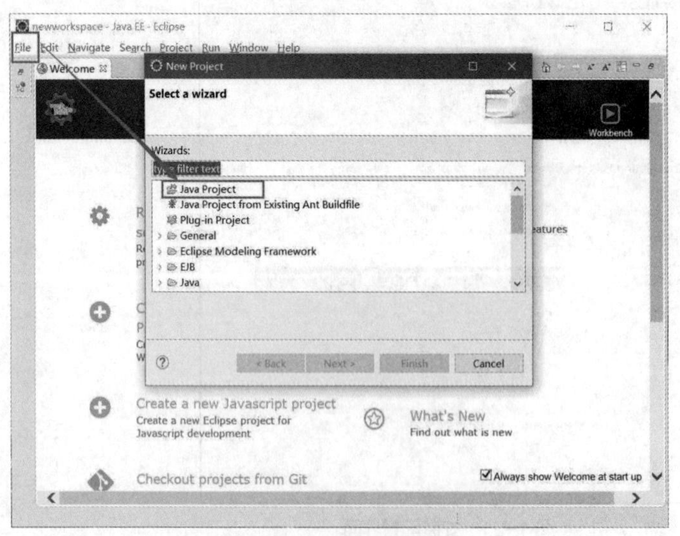

图 1-23　创建 Java 项目 1

动手任务：使用 Eclipse 编写 Hello World 程序

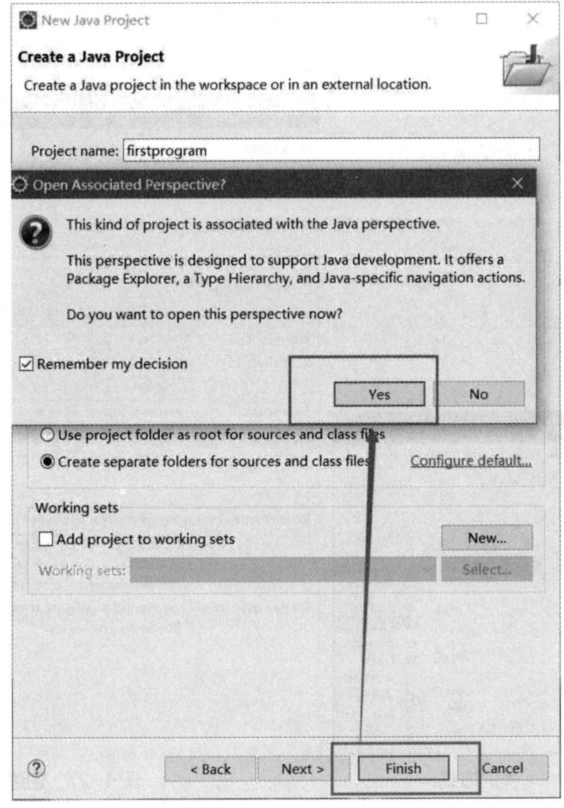

图 1-24　创建 Java 项目 2

创建完成之后，就进入了 Java 项目的编辑界面，如图 1-25 所示。

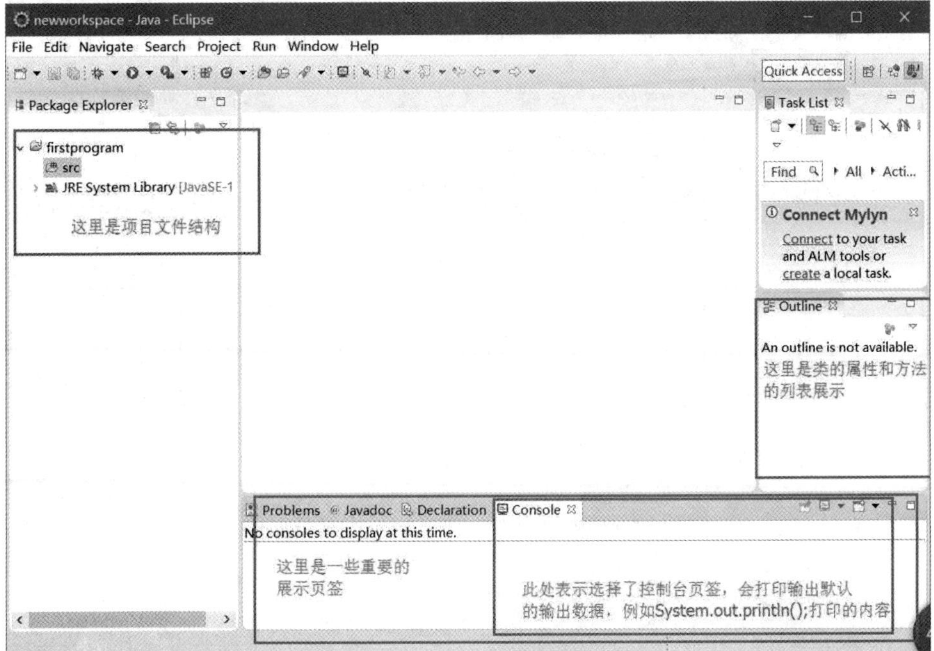

图 1-25　Java 项目编辑页面

在项目文件结构中新建一个类，使用默认的包，包的概念在第 5 章中介绍。创建类的操作如图 1-26、图 1-27 所示。

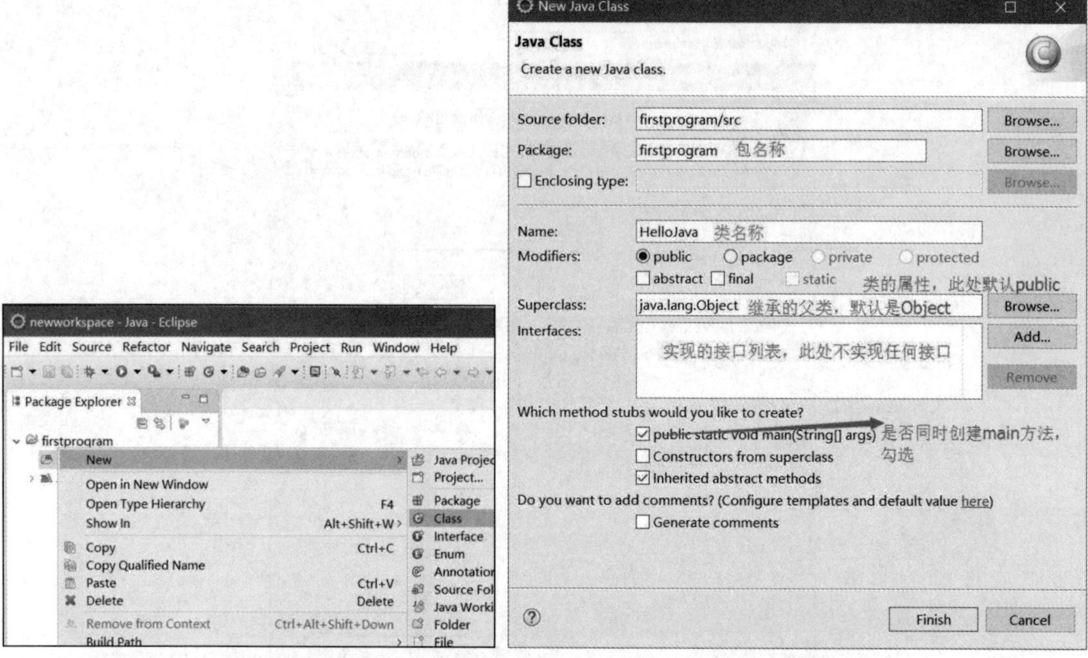

图 1-26　创建一个 Java 类的方式　　　图 1-27　创建 Java 类

单击“Finish”按键后，就成功地创建了 Java 类。创建完成之后，编辑器会自动打开创建的类的视图，如图 1-28 所示。

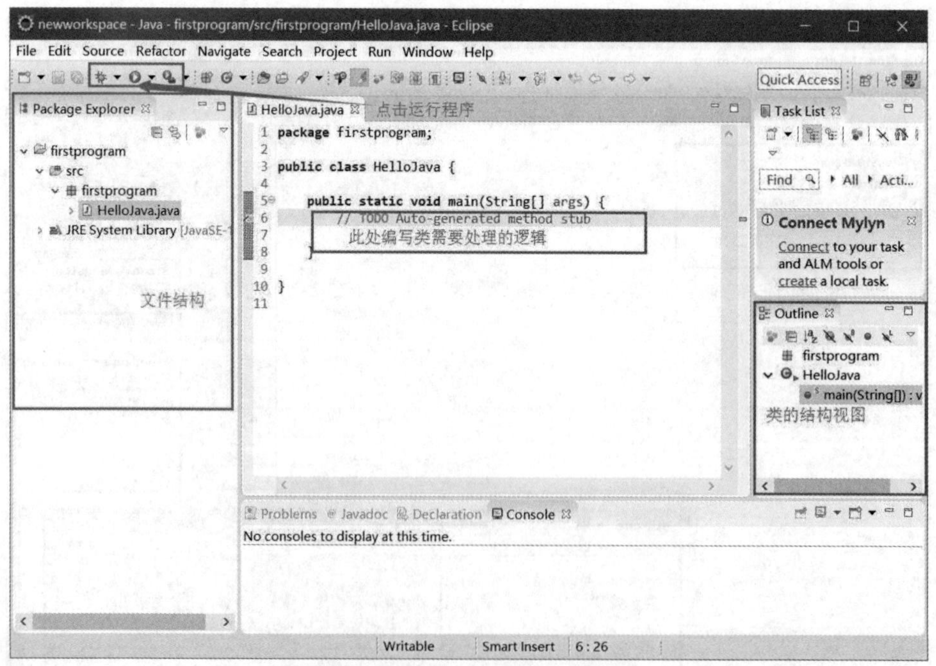

图 1-28　创建 Java 完成后的编辑器视图

此时，Java 类已经创建完成。为了形成对比，此处使用与文本编辑器编写的 Java 类的类似逻辑，打印输出“Hello Eclipse，Hello Java！”。在类中单击右键的“Run as”运行，如图 1-29 所示。

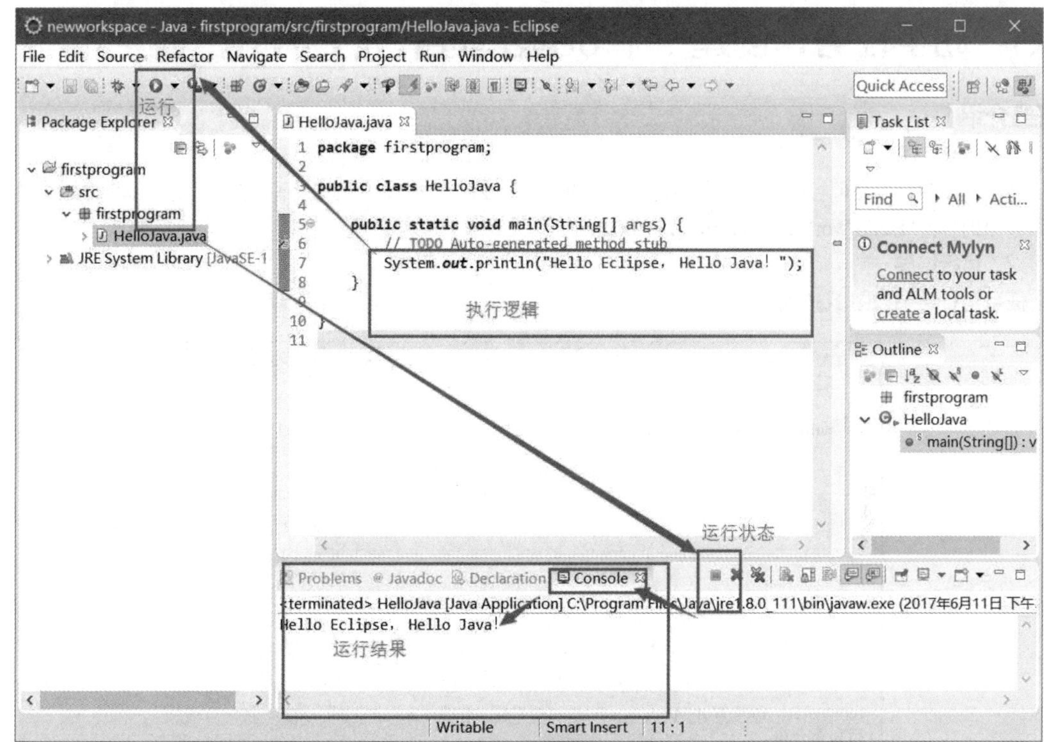

图 1-29　运行程序

执行逻辑就是在 main 方法中的代码片段，此处仅向控制台打印输出“Hello Eclipse，Hello Java！”字样，单击类似播放的按钮运行程序，程序的运行状态被一个正方形的图标标识。如果图标是灰色，表示程序已经执行结束了；如果是红色，表示程序正在执行。此外，所有的系统输出都会在控制台显示，输出程序想要打印的内容。

编辑器的好处是可以实时提示一些基本错误，如引用的类没用导入，或者数据类型不匹配等，而且可以使用自动包导入的方式导入项目所有需要导入的类。Java 对于未使用到的类是不进行加载的，所以在导入包和类的时候，切记使用类导入的方式，而非“包名.*”的导入方法。导入包的关键字是“import”，这和其字面意思一致，比较好理解。

Java 中使用 package 定义包，在第一个 Eclipse 类中，package firstprogram 就是指明了当前类所在包是 firstprogram 包；使用 import 包名.类名的方式导入所需要的类，例如：

```
package firstprogram; // 声明包

import java.util.LinkedHashMap; // 导入引入的类
```

Java 提供了丰富的 API，这些 API 可以帮助开发者快速开发项目，这些包被按照功能放在了不同的包中。

- java.util 包：包含大量的工具类，例如 Arrays、List 和 Map 等。
- java.net 包：包含了与网络编程相关的类和接口。
- java.io 包：包含了所有与 I/O 操作相关的类和接口。
- java.awt 包：包含了与图像界面相关的类和接口。
- java.lang 包：包含了与语言相关的类和接口。
- java.sql 包：包含了与数据库相关的类和接口。

- java.rmi 包：包含了与远程调用相关的类和接口。

Java 还提供了与时间和安全相关的类和接口，有兴趣的读者可以查阅其相关的资料进行学习。

1.5 动手任务：创建一个 Java 项目

【任务介绍】

1. 任务描述

创建一个项目，在项目中创建一个 Java 类“HelloWorld.java”，在类中编写代码，使得程序在运行时在控制台打印输出内容：“Hello World，this is my first program！”

2. 运行结果

任务运行结果如图 1-30 所示。

```
HelloWorld.java
package com.lw;

public class HelloWorld {

    public static void main(String[] args) {
        System.out.println("Hello World, this is my first program!");
    }
}

Problems  Javadoc  Declaration  Console  Progress  Servers  Debug
<terminated> HelloWorld [Java Application] C:\Program Files\Java\jre1.8.0_111\bin\javaw.exe (
Hello World, this is my first program!
```

图 1-30 运行结果

【任务目标】

- 了解如何创建一个简单的 Java 项目，能够自主创建一个独立的项目。
- 初识项目创建过程，了解类的创建和类的运行。

【实现思路】

创建一个项目，在 src 目录下创建一个 Java 类，在 main 方法中，编写对应代码即可。

【实现代码】

实现代码如下：

```
package com.lw;

public class HelloWorld {

    public static void main(String[] args) {
        System.out.println("Hello World，this is my first program!");
    }
}
```

1.6 本章小结

本章是 Java 的基本介绍章节，1.1 节中主要讲解了 Java 的发展历程和语言特点等内容，并指出 Java 之所以热度不减的原因所在；1.2 节讲解了 JDK、JRE 和 JVM 的关系和 JDK 的安装及 Java 开发环境的环境变量的配置，这是开发 Java 项目必不可少的环节；1.3 节介绍了 Java 常用的编辑器，这些编辑器各有优点，但以 Eclipse

最为常用，Eclipse 有免安装版本，可以直接解压后使用；1.4 节主要介绍了 Eclipse 工具的使用，带着读者了解了 Eclipse 创建 Java 项目和创建 Java 类并运行的方式和方法，读者可以根据自己的兴趣结合 Eclipse 创建并编写一个 Java 项目。

Java 最大的优势就是尽力让开发者只关注业务逻辑，极大地减少了程序开发 C 类程序让开发者诟病的地方（空间管理和指针问题），而且 Java 丰富的类库也让开发者更容易入手开发，加上 Java 强大的扩展能力，Java 必然是开发中最活跃的编程语言之一。

【思考题】

1. Java 语言的特点有哪些？
2. JDK 与 JRE 有什么区别？两者关系是什么？
3. 请简述你知道的 Java 使用的领域。

PART 02

第2章 基本数据类型及运算符

■ 程序主要用于处理信息，而信息又以多种形式展现。Java 是一种类型安全的语言，也就是说你首先需要声明你要处理的信息的类型，然后将这个类型告诉JVM。程序处理的所有内容都有自己的类型。

在处理数据方面，程序应当包含两个方面：

- 数据的描述。
- 操作的步骤（算法），即动作的描述。

数据是操作的对象，操作的结果会改变数据的状况，因此良好的数据结构和操作步骤是开发者需要关注的。在 Java 中，数据分为两种，一种是基本数据类型，另一种是复合数据类型。复合数据类型将在第 5 章讲解，本章就基本数据类型和运算符做详细的介绍。

2.1 基本数据类型

基本数据类型

计算机是二进制的，所以它只能读懂 0 或者 1。那么 0 和 1 就是计算机的基本数据，在基本数据之上衍生出来的各种复杂的程序都是建立在使用 0 和 1 与计算机进行交互的基础上的，程序一般都会将其开发的语言通过一定的处理最终让计算机读懂，Java 亦是如此。

因数据的类型不同，其表示的数据范围、精度和所占的存储空间都不相同。为了区分，将 Java 的数据类型分为两类。在 Java 最初设计的时候就明确了它要支持的两种数据类型：基本数据类型和对象。Java 的设计人员认为这完全是出于性能方面的考虑，目的是让 Java 程序运行得更快。

- 基本数据类型：整型、浮点型、布尔型和字符型。
- 复合数据类型：数据类型、类和接口。

基本数据类型有 8 种：boolean、byte、char、short、int、long、float 和 double，其中以 boolean、int、char 和 double 最为常用。

2.1.1 基本数据类型分类

Java 的基本数据类型可以分为 3 大类，分别是字符类型（char）、布尔类型（boolean）和数值类型（byte、short、int、long、float 和 double）。数值类型又分为整数类型（byte、short、int 和 long）和浮点类型（float 和 double）。Java 中的数值类型不存在无符号的，其取值也是固定范围的，不会随着机器硬件环境或操作系统的改变而改变。

Java 中还存在另外一种基本数据类型 void，其对应的包装类是 java.lang.Void，但无法对其进行直接的操作。

1. 整型

Java 中的整型也可以分为以下 4 种类型。

- 基本型：以 int 表示。
- 短整型：以 short 表示。
- 长整型：以 long 表示。
- 字节型；以 byte 表示。

Java 中，整型的取值范围是固定的，所以其占用的内存大小也是固定的，其内存占用大小如表 2-1 所示。

表 2-1　Java 中整型的取值范围和占用空间大小

数据类型	占用空间内存大小	取值范围
byte	8 位（1 字节）	-128～127
short	16 位（2 字节）	-32768～32767
int	32 位（4 字节）	-2^{31}～$2^{31}-1$
long	64 位（8 字节）	-2^{63}～$2^{63}-1$

Java 的数据类型是以补码的形式存放在内存中的，以 short 为例，它有 16 位，能存储的最小数是：

1	0	0	0	0	0	0	0	0	0	0	0	0	0	0	0	0

这个数是-2^{16}，换算成十进制数就是-32768。

它能存储的最大数是：

0	1	1	1	1	1	1	1	1	1	1	1	1	1	1	1	1

这个数是 $2^{16}-1$，换算成十进制数就是 32767。其他的数据类型范围与此相似，读者可以按照这个方式进行换

算。在 Java 中，高位是符号位，1 表示负数，0 表示整数。

Tips：与 C 和 C++不同，Java 中没有无符号型整数，而且明确规定了各种整型类型所占据的内存字节数，这样就保证了平台无关性。

2. 浮点型

Java 使用浮点类型来表示实数。浮点类型也有两种：单精度数和双精度数，分别使用 float 和 double 来表示。浮点类型的相关参数如表 2-2 所示。

表 2-2 浮点类型的相关参数

数据类型	占用空间内存大小	有效数字	取值范围
float	32 位（4 字节）	7 个十进制位	约$\pm 3.4\times 10^{38}$
double	64 位（8 字节）	15～16 个十进制位	约$\pm 1.8\times 10^{308}$

Java 中的浮点数是按照 IEEE-754 标准来存放的。值得注意的是，程序开发中需要将整数当作一种类型，而实数当作另一种类型，因为整数和实数在计算机内存中的表示方法截然不同：整数是精确存储，而实数只是一个近似值。

3. 字符型

Java 中的字符型用 char 来表示。和 C/C++不同的是，它使用两个字节（16 位）来存储一个字符，而且存放的并非 ASCII 码而是 Unicode 码。Unicode 码是一种在计算机上使用的字符编码，其为每种语言定义了统一且唯一的二进制编码，以满足跨语言、跨平台进行文本转换处理的需求。Unicode 码和 ASCII 码是兼容的，所有的 ASCII 码字符都会在高字节位添加 0，成为 Unicode 码，例如 a 的 ASCII 码是 0x61，在 Unicode 中，编码是 0x0061。

4. 布尔型

布尔类型使用 boolean 来表示，它的值只有 true 和 false，它是用来处理逻辑的，又被称为逻辑类型，true 和 false 分别表示条件成立或者条件不成立。

2.1.2 基本数据类型的拆装箱

因为基本数据类型的使用场景受限，Java 对基本数据类型进行了封装，将其装箱成为一个复合数据类型，这样，基本数据类型就可以依靠快速拆装箱的操作转换身份，同时享有复合数据类型的特殊特性和基本数据类型的便捷性。

在学习基本数据类型拆装箱之前，需要知道 Java 中的变量、声明变量和变量赋值操作。

1. 变量

基本数据类型的数据可以作为**变量**（variable）存储在计算机内存中。变量是一个有名称和类型的内存空间，用于存储一个值。如同一个图书馆，为了便于图书的检索和存放，会使用图书编号来方便管理，变量也具有这种理念。唯一不同的是，Java 是类型安全的，所以，你不仅需要指定变量的名称，还要有变量的数据类型，就好比图书编号加上图书的上架类别一样。

2. 声明变量

变量的存在就是为了告诉程序，我是谁和我的数据类型是什么，所以，你需要发表一个声明，告诉程序你要声明一个变量，这个变量叫什么，将要存储什么样的数据，如下所示。

```
< 类型 >< 名称 >;
```

需要注意的是，每个变量名称只能声明一次，否则 Java 编译器会报错，这就好像你无法让一个人既是张三又是李四。类型可以使用 Java 的八种基本数据类型的名字来表示。变量一旦声明了，Java 就会为它分配一段内存空间用来存储值，但是仅仅是变量的声明并不能让 Java 向变量对应的内存空间存放初始值，仅仅是声明的变量被称为未初始化的变量，这种变量需要对其进行赋值操作之后才能使用。

3. 变量赋值

变量的赋值使用“=”表示，该符号表示告诉 Java 虚拟机我想将后面的值交给前面的变量进行保存。需要注意，变量的赋值操作会进行类型安全检查，如果你定义的变量是 char 类型的，但赋予该变量一个 boolean 类型的值，Java 编译器就会抛出异常！

赋值语句如下：

```
< variable > = < expression >;
```

赋值语句可以同声明语句同时使用，即你可在声明一个变量的时候就为这个变量赋值：

```
< type> < variable > = < expression >;
```

例如，你可以声明一个 int 类型的变量，名称叫做 height，其值是 180：

```
int height = 180;
```

当使用赋值语句的时候，Java 就会对声明的 height 所指向的空间存放 180 作为 height 的值。

与变量相对的是常量。常量是指程序运行过程中，其值不能被改变，这一点是不同于变量的，变量的值则是可以根据需要进行改变的。

开发中有时需要一个特殊的常量表示一定的意义，比如使用 0 表示女性，1 表示男性等，但是这些数据因为无法表示其真实的意义，给程序的维护带来了很大的不便，因为你不知道之前的开发者定义的 0 和 1 到底是指性别还是指身高、学历等，所以也被称为“神仙数”，意思为只有神仙才能看得懂其含义。为此，Java 提供了符号常量，即使用标识符来表示一个常量。因常量的标识符一般是有意义的字符串，所以非常便于理解。例如：

```
final int MALE = 1;
final int FEMALE = 0;
```

这样通过符号常量就可以知道该值所代表的意义，而且更便于后期的维护。不同于变量的首单词小写，其后单词首字母大写的“驼峰模式”，常量的单词都使用大写，如果有多个单词，一般使用“_”进行分割。另外，常量需要在声明时赋值。有关常量和变量的具体应用请参看案例 2-1。

案例 2-1　常量和变量

文件 ConstantAndVariablesDemo.java

```
public class ConstantAndVariablesDemo {
    public static void main(String[] args) {
        final int MALE = 1 ; // 定义常量MALE表示男性，常量需要在声明时赋值
        int age ; // 声明age，类型是int类型的
        int height = 180; // 声明height，类型是int类型的，并赋值为180
        // age未定义，所以此处会抛出错误
//      System.out.println("MALE = " + MALE + "; age = " + age + " ; height = " + height);
        age = 20; // 给age赋值
        // 打印输出
        System.out.println("MALE = " + MALE + "; age = " + age + " ; height = " + height);
        height = 177; // 变量的重新赋值
        System.out.println("MALE = " + MALE + "; age = " + age + " ; height = " + height);
//      MALE = 0; // 常量无法重新赋值
    }
}
```

运行结果如图 2-1 所示。

```
<terminated> ConstantAndVariablesDemo [Java Application] C:
MALE = 1; age = 20 ; height = 180
MALE = 1; age = 20 ; height = 177
```

图 2-1　运行结果

变量和常量都是在程序的运行中被经常使用的，具有其对应含义的命名会更加友好。例如，年龄使用 age，身高使用 height 等具有含义的命名可以让其他开发者理解该变量对应的实际意义，这样便于代码的维护。

Java 是面向对象的编程语言，而基本数据类型并不具备对象的性质。为了让基本数据类型也拥有对象的特征，Java 的开发组就定义了一类基本数据类型的包装类，用于包装这些基本数据类型，便于基本数据类型同对象的快速转换。基本数据类型的拆装箱如案例 2-2 所示。

案例 2-2　基本数据类型的拆装箱

文件 AssemblyAndDisDemo.java

```
public class AssemblyAndDisDemo {
```

```
    public static void main(String[] args) {
        int age = 39; // 定义基本数据类型
        Integer ageNor = 38; // 定义包装类型
        // 打印输出
        System.out.println("age = " + age + ", ageNor = " + ageNor);

        int temp = age; // 将基本数据类型赋值给一个临时变量
        age = ageNor; // 将包装类型赋值给基本数据类型变量
        ageNor = temp; // 将基本数据类型赋值给一个包装类型
        // 打印输出
        System.out.println("age = " + age + ", ageNor = " + ageNor);
    }

}
```

运行结果如图 2-2 所示。

```
<terminated> AssemblyAndDisDemo [Java Applic
age = 39, ageNor = 38
age = 38, ageNor = 39
```

图 2-2　运行结果

通过案例 2-2 可以发现，基本数据类型和包装类型可以自由地相互转换，这个特性使得 Java 中的基本数据类型有了对象的特征，对象可以给基本数据类型很多的属性和方法，其中最简单的就是获取每种基本数据类型的一些最大最小值或者其他的一些方法。获取基本数据类型的范围值如案例 2-3 所示。

案例 2-3　获取基本数据类型的范围值

文件 BasicValueDemo.java

```
public class BasicValueDemo{

    public static void main(String[] args) {
        // 整型类型
        System.out.println("byte类型的最大值：" + Byte.MAX_VALUE + "; 最小值：" + Byte.MIN_VALUE);
        System.out.println("short类型的最大值：" + Short.MAX_VALUE + "; 最小值：" + Short.MIN_VALUE);
        System.out.println("int类型的最大值：" + Integer.MAX_VALUE + "; 最小值：" + Integer.MIN_VALUE);
        System.out.println("long类型的最大值：" + Long.MAX_VALUE + "; 最小值：" + Long.MIN_VALUE);

        // 浮点类型
        System.out.println("float类型的最大值：" + Float.MAX_VALUE + "; 最小值：" + Float.MIN_VALUE);
        System.out.println("double类型的最大值：" + Double.MAX_VALUE + "; 最小值：" + Double.MIN_VALUE);

        // 布尔类型
        System.out.println("boolean类型的true：" + Boolean.TRUE + "; false：" + Boolean.FALSE);

        // char类型
        System.out.println("char类型的最大值：" + (int)(Character.MAX_VALUE) + " ; 最小值：" + (int)(Character.
MIN_VALUE));

    }
}
```

运行结果如图 2-3 所示。

包装类一般是对应基本数据类型的首字母大写，但由于 int 类型和 char 类型较为特殊，其对应的包装类分别是 Integer 和 Character。通过包装类的基本方法可以获取其对应的基本数据类型的阈值。去除这些，包装类还有一些转换的方法，例如 parse()和 valueOf()方法。其具体转换方法的应用请参看案例 2-4。

```
<terminated> BasicTypeDemo [Java Application] C:\Program Files\Java\jdk1.8.0_111\bi
byte类型的最大值：127；最小值：-128
short类型的最大值：32767；最小值：-32768
int类型的最大值：2147483647；最小值：-2147483648
long类型的最大值：9223372036854775807；最小值：-9223372036854775808
float类型的最大值：3.4028235E38；最小值：1.4E-45
double类型的最大值：1.7976931348623157E308；最小值：4.9E-324
boolean类型的true：true；false：false
char类型的最大值：65535 ；最小值：0
```

图2-3 运行结果

案例2-4 包装类的转换方法

文件 AssemblyParseDemo.java

```
public class AssemblyParseDemo {
    public static void main(String[] args) {

        // 定义String类型的变量，一个是整型的100，一个是浮点类型的99.88
        String intValue = "100";
        String doubleValue = "99.88";

        byte b = Byte.parseByte(intValue); // 将字符串转型成一个byte类型的数据
        short s = Short.parseShort(intValue); // 将字符串转型成一个short类型
        int i = Integer.parseInt(intValue); // 将字符串转换成一个int类型数字
        System.out.println("b = " + b + "; s = " + s + "; i = " + i); // 打印输出

        float f = Float.parseFloat(doubleValue); // 将字符串转型成一个float类型数据
        double d = Double.parseDouble(doubleValue); // 将字符串转型成一个double类型

        System.out.println("f = " + f + "; d = " + d); // 打印输出

    }

}
```

运行结果如图 2-4 所示。

```
<terminated> AssemblyParseDemo [Java Application] C:\Progr
b = 100; s = 100; i = 100
f = 99.88; d = 99.88
```

图2-4 运行结果

字符串将在第 4 章讲解，此处读者仅需要了解，字符串类型使用 String 来标识，其值使用双引号包裹，如案例中使用的：

```
String intValue = "100";
```

几乎每个包装类型都有 parse()方法，可以将字符串类型的数据转换成基本数据类型，因网络传输中都是使用字符串来传输的，包装类型在处理这种情况时就格外有效。包装类型还有一些其他的属性和方法，有兴趣的读者可以查阅相关文档进行学习。

2.1.3 拓展：Integer 的 parse()和 valueOf()使用

Integer 的 parseInt()和 valueOf()方法都可以将字符串转换成 Integer 类型的值，在对字符串的处理方面，valueOf()一般会调用 parseInt()方法，但是何时使用 parseInt()，何时使用 valueOf()呢？

此时需要深入查看 API，通过查阅 API 不难发现：

```
public static Integer valueOf(String s) throws NumberFormatException {
    return Integer.valueOf(parseInt(s, 10));
}
```

其实 valueOf()方法最终还是需要使用 parseInt()方法的，这里还用到了 valueOf()方法，进入这个方法，可以看到如下内容：

```
public static Integer valueOf(int i) {
        if (i >= IntegerCache.low && i <= IntegerCache.high)
            return IntegerCache.cache[i + (-IntegerCache.low)];
        return new Integer(i);
}
```

此处发现了 IntegerCache，从代码中可以看出，IntegerCache 是一个已经预先初始化的数字常量池：

```
static final int low = -128;
static final int high;
...
 int h = 127;
...
for(int k = 0; k < cache.length; k++)
        cache[k] = new Integer(j++);
```

此处可以看出来 Integer 类型也有常量池。这个常量池是-128～127，在这个范围内的整型包装类型是默认从缓冲池中获取的，所以，在可以确定转换的数字值大部分分布在缓冲池中的情况下，那么使用 valueOf()明显比 parseInt()更加合适，因为此时返回的是内存中已经缓存的对象，无需额外的资源开销。

2.2 运算符

运算符

Java 中的运算符共 36 种，依照运算类型可以分为 6 大类，包含算术运算符、关系运算符、逻辑运算符、条件运算符、位运算符和赋值运算符。六种运算类型如表 2-3 所示。

表 2-3 Java 中的运算符分类

类型	运算符
算术运算符	+，-，*，/，%，++，--
关系运算符	>，<，==，>=，<=，!=
逻辑运算符	!，&&，||
条件运算符	?:
位运算符	<<，>>，>>>，^，～，|，&
赋值运算符	=，+=，-=，*=./=，&=，|=，^=，%=，<<=，>>=，>>>=

任何一个运算符都要对一个或多个数据进行运算操作，所以运算符又称操作符，而参与运算的数据被称为操作数。一个完整的运算符和操作数组成一个表达式。任何一个表达式都会计算出一个具有确定类型的值。表达式本身也可以作为操作数参与运算，所以操作数可以是变量、常量或者表达式。

Java 语言的运算符不仅具有不同的优先级，还要受运算符结合性的制约。Java 中的运算符的结合性分为两种，即左结合性（自左向右）和右结合性（自右向左）。比如，算术运算符的结合性是自左向右，即先左后右，如 a+b-c 的运算顺序是先进行 a+b 的运算，然后用 a+b 的结果与 c 做减法操作。这种自左向右的结合方式就称为“左结合性”；同理，从右向左的结合方式被称为“右结合性”。最典型的右结合性运算符就是赋值运算符，例如 a=b=2，就是先对 b 做赋值运算，然后再将 b 赋值给 a，就相当于 a=（b=2）。

Java 中也可以根据操作数的个数将这些运算符分成单目运算符、双目运算符和三目运算符。

2.2.1 算术运算符

算术运算就是我们日常生活中所说的加减乘除等运算，在计算机中还有取余运算和自增自减运算。在基本数据类型中，boolean 类型无法进行算术运算！我们在 2.1 节中介绍了基本数据类型中除了 boolean 外的其他几种类型，需要注意的是，精度小于 int 类型的数据在加减乘除运算时，会使用 int 类型进行计算，同时，将表达式中精度范围最大的值的数据类型作为结果的类型。例如，两个 char 类型的和是一个 int 类型，而 int 类型和 float 类型的结果是一个 float 类型，这是 Java 的安全机制，防止数据在进行运算的时候因类型范围问题导致数据精度丢失。

1. 加减运算

在基本数据类型中，“+” 和 “-” 同普通数学中的用法一致，因为符号左右都需要一个参数，所以加减运算也称双目运算，其一般形式是：

```
<expr1> + <expr2>
<expr1> - <expr2>
```

加减运算请参看案例 2-5。

案例 2-5　加减运算

文件 AddAndMinus.java

```
public class AddAndMinus {
    public static void main(String[] args) {
        char ch1 = 'c';
        char ch2 = 'd';
        short s1 = 10;
        short s2 = 12;
        int i1 = 100;
        int i2 = 20;
        // char ch3 = ch1 + ch2; // 编译器报异常
        int i3 = ch1 + ch2;
        // short s3 = s1 + s2; // 编译器报异常
        int i4 = s1 + s2;
        // char ch4 = i1 + i2; // 编译器报异常
        int i5 = i1 + i2;
        System.out.println("i3 = " + i3);
        System.out.println("i4 = " + i4);
        System.out.println("i5 = " + i5);

        // int类型与浮点类型的和是浮点类型
        float f1 = 3.0F;
        System.out.println("i1 + f1 = " + (i1 + f1));
    }

}
```

运行结果如图 2-5 所示。

```
<terminated> AddAndMinus [Java Application] C:\Program Files\J
i3 = 199
i4 = 22
i5 = 120
i1 + f1 = 103.0
```

图 2-5　运行结果

从案例中不难发现，char 类型和 short 类型在做运算的时候其结果是 int 类型，这并非由于 Java 中的精度安全机制，而是由于 JVM 虚拟机中存储小于 int 类型的数据时是使用 int 类型来保存的，这样就避免了过多的数据类型而增加额外的开销，同时简化了数据操作。

2. 正负值运算

需要注意的是，“+” 和 “-” 并非在所有的情况下都是加减运算符，有时候也是正负值的标识，这个标识和数学中的使用方式一致，即标识常量或数字的正负性，例如：-1，+a，-b 等。正负运算只有右侧有值，所以是单目运算，此处区别于加减运算！正负值运算的另一个要关注的点是：这两个运算符只是标识，并不能改变操作数本身，例如；a = 1，此时做了-a 操作，a 还是等于 1，而非-1。

```
+ <expr1>
- <expr1>
```

3. 乘除法运算

Java 中的乘法运算符是“*”，除法运算符是“/”，同加减运算一样，其运算符左右必须有值，也是双目运算，用法也与数学中的用法一致。乘除法运算的具体应用请参看案例 2-6。

案例 2-6　乘除法运算

文件 MultipAndDivide.java

```
public class MultipAndDivide {

    public static void main(String[] args) {
        System.out.println("5 / 3 = " + (5 / 3));
        System.out.println("5 * 3 = " + (5 * 3));
        System.out.println("5 / 3.0 = " + (5 / 3.0));
        System.out.println("5 * 3.0 = " + (5 * 3.0));
        System.out.println("5.0 / 3 = " + (5.0 / 3));
        System.out.println("5.0 * 3 * 3 = " + (5.0 * 3 *3));
    }
}
```

运行结果如图 2-6 所示。

```
<terminated> MultipAndDivide [Java Application] C:\Program Files
5 / 3 = 1
5 * 3 = 15
5 / 3.0 = 1.6666666666666667
5 * 3.0 = 15.0
5.0 / 3 = 1.6666666666666667
5.0 * 3 * 3 = 45.0
```

图 2-6　运行结果

从结果不难看出，凡是小于 int 类型的数据操作，经过加减乘除运算后，其结果都是 int 类型，否则，其结果同表达式中最大的那个精度的数据的类型一致，整型与浮点类型进行算术运算后的数值都是浮点类型。

4. 取余运算

取余运算的运算符是“%”，取余也是双目运算，和数学中的取余运算一致，其表达式为：

```
<expr1> % <expr2>
```

取余运算实际上相当于：

```
<expr1> - ( expr1 / expr2 ) * expr2
```

取余运算的结果根据数据不同会有略微不同，需要注意的是，浮点类型的取余运算中，会强制对(expr1 / expr2)的值进行取整操作，计算的时候需要注意。取余运算请参看案例 2-7。

案例 2-7　取余运算

文件 RemaindeDemo.java

```
public class RemaindeDemo {

    public static void main(String[] args) {
        System.out.println("5 % 3 = " + (5 % 3));
        System.out.println("5 % -3 = " + (5 % -3));
        System.out.println("-5 % 3 = " + (-5 % 3));
        System.out.println("-5 % -3 = " + (-5 % -3));
        System.out.println("5 % 3.0 = " + (5 % 3.0));
        System.out.println("5.0 % 3 = " + (5.0 % 3));
        System.out.println("5.0 % 3.1 = " + (5.0 % 3.1));
        System.out.println("-5.1 % 3.1 = " + (-5.1 % 3.1));
        System.out.println("-5.2 % -3.1 = " + (-5.2 % -3.1));
    }
}
```

运行结果如图 2-7 所示。

```
<terminated> RemaindeDemo [Java Application] C:\Program Files\J
5 % 3 = 2
5 % -3 = 2
-5 % 3 = -2
-5 % -3 = -2
5 % 3.0 = 2.0
5.0 % 3 = 2.0
5.0 % 3.1 = 1.9
-5.1 % 3.1 = -1.9999999999999996
-5.2 % -3.1 = -2.1
```

图 2-7　运行结果

从案例中可以看出，取余运算的余数的正负与被除数相同，类型与除数与被除数中较大精度的数相同。同时，浮点类型的数值取余，是将被除数与除数进行整除后，用被除数减去除数与整除值的乘积的余值。所以，5.2 % 3.1 的结果就是：5.2−3.1*1 = 2.1。这是采用了 C 语言中的 fmod()函数的计算方法。

5. 自增自减运算

自增和自减的操作符是“++”和“--”，和正负号一样，都是单目运算。唯一的区别是，自增和自减会改变变量的值，该操作符只能对变量有效，对常量不能使用。自增自减运算符可以在变量的前面，称为前缀，也可以在变量的后面，称为后缀。前缀和后缀在计算方式上会有所不同。自增自减运算的具体应用请参看案例 2-8。

案例 2-8　自增自减

文件 AutoIncrAndDecrDemo.java

```
public class AutoIncrAndDecrDemo {

    public static void main(String[] args) {
        int a = 1;
        int b = 1;
        int c = ++a; // 前自增
        int d = --b; // 前自减
        System.out.println("a = " + a + ", b = " + b + ", c = " + c + ",d = " + d);

        c = a++; // 后自增
        d = b--; // 后自减
        System.out.println("a = " + a + ", b = " + b + ", c = " + c + ",d = " + d);

    }
}
```

运行结果如图 2-8 所示。

```
<terminated> AutoIncrAndDecrDemo [Java Appl
a = 2, b = 0, c = 2,d = 0
a = 3, b = -1, c = 2,d = 0
```

图 2-8　运行结果

在 Java 语言中，前缀是先进行自增自减运算而后使用该变量，后缀则是先使用变量然后对该变量进行自增自减操作。所以，c = ++a，那么 a=2，则 c=2；因为 b=1，d = --b，所以 d = b = 0；然后，c = a++，所以 c = 2，a = 3；d = b--，所以，d = 0 ，而 b = −1。自增自减的场景非常多，前缀和后缀因为其操作方式不同，而导致获取到的值会不同，使用时需要注意是使用前缀还是后缀式自增自减。

前缀：先运算，后取值！后缀：先取值，后运算！

2.2.2　关系运算符和逻辑运算符

关系运算符决定操作数之间的逻辑关系，例如是否相等、大于或小于等，使用关系运算符连接，任何一个表达式的值都是布尔类型的，结果是 true 或者 false，它反映了两个运算对象之间是否满足某种关系。逻辑运算符则用来判断一个命题是“成立”还是“不成立”，其结果也是布尔类型，只能为 true 或者 false。

1. 关系运算

关系运算因为是对两个操作数的关系判定，所以它是双目运算。Java 中，关系运算有相等运算符“==”、不等运算符“! =”和大小关系运算符“>, <, >=, <=,”。关系运算的操作数可以是一个数值，也可以是一个表达式。需要注意的是，关系运算符左右的数据必须是相同或者相容类型的数据或者表达式，其中，相等与不相等运算符可以接受布尔类型作为操作数，但大小关系运算的操作数只能是整型或者浮点类型。

相等运算符的一般形式是：

```
<expr1> == <expr2>
```

表达式也能作为其比较对象，操作数也可以是布尔类型：

```
5 == 3
(a * 3) == (b – 2)
(a == 3) == true
true == true
```

如果表达式两侧的值是相等的，则返回 true，否则返回 false。例如 5 = = 3 的表达式可以直观地得出不相等，所以该表达式返回 false，3 + 3 = 6 可以直观地得出是相等的，所以返回 true。相等运算符虽然也能对浮点类型进行判断，但浮点类型是一个近似值而非确切值，所以一般不使用“==”来判定浮点类型数。

不相等表达式的运算符是“! =”，其一般形式是：

```
<expr1> ! = <expr2>
```

不相等表达式的两侧可以是一个相等或者相容类型的数据，支持布尔类型的判定：

```
5 ! =3
true ! = false
(3+a) ! = (b–6)
(5 == 3 ) ! = true
```

不相等表达式与相等表达式的结果相反，如果表达式相等，则返回 false，否则返回 true。

Java 中的大小关系运算符有 4 个：“>”大于、“<”小于、“>=”大于等于和“<=”小于等于。其一般形式是：

```
<expr1> <大小关系运算符> <expr2>
```

大小关系运算符与现代代数中对应的符号的规则完全相同。参与大小关系运算的操作数可以是整型和浮点类型，如果类型不相同，会受限进行自动类型转换而后进行关系判定。

2. 逻辑运算

Java 中的逻辑运算有三种：与运算、或运算和非运算（也叫取反运算）。它们之间可以任意组合成更加复杂的逻辑表达式。逻辑运算极大地提高了计算机的逻辑判断能力。

通常，将参与逻辑运算的数据对象称为逻辑量，将用逻辑运算符将关系表达式或逻辑量连接起来的式子称为逻辑表达式。逻辑表达式的值又称逻辑值，参与逻辑运算的操作数必须是布尔类型的数据或者表达式。逻辑运算除了逻辑非运算外，都是双目运算，逻辑非运算是单目运算。

逻辑与运算的运算符是“&&”，其使用形式是：

```
<expr1> && <expr2>
```

Expr1 和 expr2 可以是关系表达式或者逻辑表达式。逻辑与表达式的语义是，只有当表达式 expr1 和 expr2 都是 true 的时候，整个表达式才是 true，否则表达式为 false，其对应关系如表 2-4 所示，该表也称“真值表”。

表 2-4　逻辑与运算的真值表

expr1	expr2	expr1 && expr2
TRUE	TRUE	TRUE
FALSE	TRUE	FALSE
TRUE	FALSE	FALSE
FALSE	FALSE	FALSE

与数学稍有不同的是，计算机每次只能执行一个判断，也就是说，判断一个数的数值是否在[1, 100]之间不能使用 0 <= a <= 100 这样的数学写法，而必须拆分成一个一个的表达式，然后用逻辑与运算来进行判断：

```
a >= 0 && a < = 100;
```

当该表达式成立的时候，则表示 a 在 1 到 100 区间。同理，判断一个字母是否是大写的时候，也需要拆分：

```
(ch >= 'A' ) && (ch <= 'Z')
```

逻辑或运算的运算符是“||”，其表达式的一般形式是：

```
<expr1> || <expr2>
```

逻辑或的表达式语义是：只有在 expr1 和 expr2 都是 false 的时候，整个表达式才是 false，否则，表达式为 true。同逻辑与一样，逻辑或运算也有真值表，其逻辑关系如表 2-5 所示。

表 2-5 逻辑或运算真值表

expr1	expr2	expr1 && expr2
TRUE	TRUE	TRUE
FALSE	TRUE	TRUE
TRUE	FALSE	TRUE
FALSE	FALSE	FALSE

判断一个数是否不在区间[1, 100]内，使用逻辑或运算如下：

```
a < 1 || a > 100;
```

逻辑与运算的优先级是要高于逻辑或运算的，所以表达式会先对逻辑与运算进行运算而后进行逻辑或运算，而关系运算的优先级又高于逻辑与运算与逻辑或运算，在书写表达式的时候要注意表达式的运算顺序。

逻辑非运算的运算符是“!”，它是单目运算，其组成形式一般为：

```
!<expr1>
```

其中 expr1 可以是 Java 语言中 boolean 类型的表达式或者数据，其语义是：如果 expr1 为 true，则表达式的值为 false，否则表达式为 true，所以逻辑非又称为逻辑反。逻辑非是单目运算，单目运算比双目运算的优先级高，具有右结合性。例如想要判断 x 是否小于等于 y，则其表达式为：

```
! (x > y)
```

因为关系表达式是双目运算，此处必须用括号“( )”将表达式括起来，否则编译器会报错。

逻辑运算中的与运算与或运算可以从其真值表达式的值对应关系中看出一些规律。如，逻辑与运算中，只要前面的表达式是 false，那么后面的表达式就不需要执行了，因为该表达式一定是 false；同理，逻辑或运算中，如果前面的表达式是 true，那么后面的表达式也就不需要进行判断了，表达式的值一定是 true。逻辑与运算和逻辑或运算的具体应用请参看案例 2-9。

案例 2-9 逻辑与运算与逻辑或运算

文件 And_OrDemo.java

```
public class And_OrDemo {
    public static void main(String[] args) {
        int a = 3;
        int b = 5;

        // 因为a + b = 8 ，所以 a++表达式无需执行
        boolean bool1 = a + b < 7 && a++ < 9;
        System.out.println("a = " + a + ", b = " + b +  ", bool1 = " + bool1);

        // 因为 a  + b < 9成立，所以b++执行
        bool1 = a + b < 9 && b++ > 7;
        System.out.println("a = " + a + ", b = " + b +  ", bool1 = " + bool1);

        // 因为a < 4成立，所以a--不执行
        bool1 = a < 4 || a-- > 3;
```

```
        System.out.println("a = " + a + ", b = " + b +  ", bool1 = " + bool1);

        // 因为a > 5不成立，所以a++执行
        bool1 = a > 5 || a++ > 1;
        System.out.println("a = " + a + ", b = " + b +  ", bool1 = " + bool1);


    }
}
```

运行结果如图 2-9 所示。

```
<terminated> And_OrDemo [Java Application] C:\Program Files\
a = 3, b = 5, bool1 = false
a = 3, b = 6, bool1 = false
a = 3, b = 6, bool1 = true
a = 4, b = 6, bool1 = true
```

图 2-9　运行结果

通过代码可以看出，逻辑与运算中，如果前面的表达式是 false，则后面的表达式就无须继续处理而直接返回 false。同理逻辑或运算中，如果前面的表达式返回 true，则后面的表达式无须处理，直接返回 true。这是 Java 中对逻辑表达式的一个优化，避免了无效的运算，这种特征也被称为“短路”，也就是说，如果前面的表达式已经可以判定结果了，后面的表达式就没有继续计算的必要，直接短路返回即可。所以，Java 中的逻辑与运算与逻辑或运算又称为“短路与”运算和“短路或”运算。

在实际的代码书写中，也可以通过这样的技巧去提升系统处理速度，例如，在逻辑与运算中，将最可能是 false 的表达式放在前面，可以减少处理后面的关系表达式的次数而提升性能；同理，将最有可能为 true 的表达式放在逻辑或运算的前面，可以减少处理后面的表达式的次数，从而提升处理效率。

关系表达式和逻辑表达式的值都是 true 或 false，是 boolean 类型，所以它们一般被用在执行控制流程中，作为控制条件，例如 if()语句、while()语句等。执行控制流程将在第 3 章进行讲解，为了打好基础，要理解掌握关系运算和逻辑运算。

2.2.3　赋值运算符与条件运算符

Java 中的赋值运算符有两种，一种是简单的赋值运算，使用“=”运算符，另一种是复杂运算符，是将“=”与其他运算符复合在一起形成的复合运算符，如“+=”和“%=”等。

简单赋值运算符是“=”，其赋值形式如下：

```
a = b + 1;
```

其中，“=”不是数学中的相等的意思，在 Java 中，该运算符的语义是将表达式右侧的值或表达式计算出来的值赋值给左侧的变量，需要注意的是，左侧不能是表达式或者常量。对于数学中的相等，在关系运算中使用双等于来进行处理，即“==”。

在 Java 中，所谓的赋值，其物理意义就是将赋值运算右操作数的值存放到左操作数所标识的存储单元中。也就是说，a = a + 1 就是将 a 的值加 1 后再赋值给 a。

赋值运算具有右结合性，也就是说：

```
a = b = c = 1;
```

可以理解成：

```
a = ( b = ( c = 1));
```

Java 中的赋值语句右侧的执行顺序是从左向右计算的，例如：

```
a = ++b + b--;
```

如果此时将 b 赋值为 2，那么 a 的值就是 6，因为，表达式会先计算++b，得到 b=3，然后再做 b + b--操作，因为 b--是先取值，而后进行自减运算，所以就相当于 3 + 3。运算结束后，a = 6，而 b 仍是 2。

在程序设计中，类似下面的表达式是常见的：

```
a = a + b;
```

此类运算的特点是参与运算的量既是运算分量也是存储对象，为了避免对同一存储对象的地址反复计算，Java引入了复合赋值运算符，凡是双目运算都可以与赋值运算组合成复合运算符。复合运算符有 11 种，它们的存在提升了编译的效率：

```
+=,  -=, *+, /=, %=, <<=, >>=, >>>=, &=, ^=, |=
```

其对应的运算语义如下：

```
x += 6;         等效于   x = x + 6;
z *= x + y      等效于  z = z * ( x + y )
m += n -= q + 1  等效于   m = m + (n = n - (q + 1))
```

赋值运算符和所有的复合赋值运算符的优先级相同，并且都具有右结合性，它们优先级低于 Java 中其他所有运算符的优先级。

条件运算符，又称三目运算符，其使用的一般形式如下：

```
<expr1> ? <expr2> : <expr3>
```

三目运算符存在的意义是它能产生比 if-else 更加优化的代码，可以认为它是一种 if-else 的更简便替代形式。三目运算符的语义是：如果表达式 expr1 是 true，则该表达式返回 expr2，否则返回 expr3。

三目运算符同逻辑运算符一样也能控制子表达式的求值顺序，三目运算符的另一个优势就是，其子表达式也可以是一个三目运算表达式：

```
x % 3 == 0 ? "3的倍数": x % 2 == 0 ? "偶数":"基数"
```

三目运算符对取多个数的最大值和最小值时非常有效，如下：

```
int a = 10;
int b = 12;
int c = 20;

int max = a < b ? b < c ? c : b : a < c ? c : a;
```

对于嵌套的三目运算，建议使用括号包裹起来以便于阅读和理解。

2.2.4 运算符的优先级

Java 中的运算符非常多，当其混在一起进行运算的时候，求值顺序就成了关键。当一个表达式包含多个运算符的时候，表达式的求值顺序由三个因素决定，它们分别是：运算符的优先级、运算符的结合性和是否控制求值顺序。

这里的第三个因素是指 Java 中的三个运算符：逻辑与“&&”、逻辑或“||”和条件运算符“? :”。它们可以对整个表达式的求值顺序施加控制，以保证某个子表达式能够在另一个子表达式的求值过程完成之前进行求值，或者使某个表达式被完全跳过不求值。

除了这三个特殊的运算符，Java 中求值顺序的基本原则是：两个相邻运算符的计算顺序由它们的优先级决定。如果它们的优先级相同，那么结合性就决定了它们的求值顺序。如果使用了小括号“()”，那么它具有最高优先级。

Tips：

“()”“.”“[]”“{}”“,”和“;”在 Java 中都是分隔符，不是运算符，其中“()”可以改变表达式的求值顺序，多个括号则根据自左向右的顺序然后再根据结合性进行求值。

Java 对于运算符的优先级和结合性有明确的规定，其规定如表 2-6 所示。

表 2-6 Java 中运算符的优先级

优先级	运算符	结合方向
1	++ ， -- ，!， ~	从右向左
2	* ， / ， %	从左向右
3	+ ， -	从左向右

续表

优先级	运算符	结合方向
4	>>>，>>，<<	从左向右
5	>，>=，<，<=	从左向右
6	==，!=	从左向右
7	&	从左向右
8	^	从左向右
9	|	从左向右
10	&&	从左向右
11	||	从左向右
12	?:	从右向左
13	=，+=，-=，*=，/=，%=， >>=，>>>=，<<=，&=，^=，|=	从右向左

在程序中有一个容易混淆的例子是：

```
a +++ b;
```

因为这个式子可以理解成：

```
(a++) +b
```

或者：

```
a + (++b);
```

计算机的特性使其拒绝歧义，所以Java专门规定了它的处理方法，Java在从左到右扫描运算符时，会尽可能多地扫描字符，以匹配成一个合法的操作符，因此“a +++ b”就会被处理成“(a++) + b”。

对于任何一个双目运算，Java明确规定：左操作数先求值，右操作数后求值。二目运算求值顺序请参看案例2-10。

案例 2-10　二目运算求值顺序

文件 InTurnDemo.java

```
public class InTurnDemo {

    public static void main(String[] args) {
        int a = 10 ;
        // 相当于a = a + (a = 3）;所以a = 10 + 3
        a += a = 3;
        System.out.println("a = " + a);

        int b = 2;
        // 相当于b = 3*3
        b = (b = 3) * b;
        System.out.println("b = " + b);

    }
}
```

执行结果如图2-10所示。

```
<terminated> InTurnDemo [Java Application] C:\Program
a = 13
b = 9
```

图 2-10　执行结果

案例中体现了二目运算的先后顺序，二目运算先对右侧求值，然后对右侧按照自左向右的顺序执行求值操作，所以对于 a 来说，第一个 a 的值是 10 不变，第二个 a 因为进行了赋值操作，所以 a=3，最终计算结果是 a = 13；对于 b 来说，因为 b 先被赋值，所以 b 就是 3，最终计算得出 b 的值是 9。

2.3 动手任务：IP 地址转换程序设计

动手任务：IP 地址转换程序设计

【任务介绍】

1. 任务描述

在程序开发中可能会碰到将 IP 地址转换成 long 类型的整数，或者将十进制整数转换成 IP 地址的情况，此时，需要将一个地址转换成一个 long 类型整数，或者将 long 类型的整数转换成一个十进制形式的 IP 地址。

2. 运行结果

任务运行结果如图 2-11 所示。

```
&lt;terminated&gt; IPUtil [Java Application] C:\Program Files\Ja
3689901706
186.9.191.215
```

图 2-11 运行结果

【任务目标】

- 学会使用位操作符进行数据的转换。
- 理解 IP 是如何与 long 类型进行转换的。

【实现思路】

1. 将十进制的整型 IP 地址转换成 long 类型值，首先需要对其组成形式进行分析，十进制的 IP 在转化成 long 类型时，需要对每个部分的值进行加权操作，因 IP 地址是 4 个字节的 32 位值，所以，各部分加权的值是 2 的 4 次方、2 的 16 次方、2 的 8 次方和 2 的 1 次方。

2. 将 long 类型转换成 IP，需要获取 long 类型的高 8 位、高 16 位和高 24 位等，该操作因为需要补 0，所以需要进行与操作，但并非逻辑与。

【实现代码】

首先，将 IP 地址转换成 long 类型的值，需要对各个位置进行加权。一般情况下 IP 地址是一个使用“.”分割的字符串：

```
public static long ip2Long(String strIp) {
        // 首先对IP进行分割，使用字符串的split()方法将其分割成一个字符串数组
        String[]ip = strIp.split("\\.");
        // 左移<< IP的各个部分进行加权相加，得出一个long类型的值
        return  (Long.parseLong(ip[0])  <<  24)  +  (Long.parseLong(ip[1])  <<  16)  +  (Long.parseLong(ip[2])  <<  8)  +
Long.parseLong(ip[3]);
    }
```

将数字转换成 IP 地址稍微复杂，需要使用到操作符&和>>>。其中&操作符是与的意思，1&1 的值是 1，否则都是 0，这样是为了将 long 类型的数据的高位过滤，获取其低位的值。

```
public static String long2IP(long longIp) {
        // 使用StringBuilder对象，该对象在第4章进行讲解
        StringBuilder sb = new StringBuilder("");
        // 直接右移24位
        sb.append(String.valueOf((longIp >>> 24)));
        sb.append(".");
        // 将高8位置0，然后右移16位
        sb.append(String.valueOf((longIp & 0x00FFFFFF) >>> 16));
```

```
        sb.append(".");
        // 将高16位置0，然后右移8位
        sb.append(String.valueOf((longIp & 0x0000FFFF) >>> 8));
        sb.append(".");
        // 将高24位置0
        sb.append(String.valueOf((longIp & 0x000000FF)));
        return sb.toString();
    }
```

案例中用到了 0x 开头的数字和 long 类型的 IP 进行与运算，这个是 16 进制的数字，因为 16 进制的两位可以装在 2 进制的八位，所以，longIp & 0x00FFFFFF 的目的是将高 8 位置为 0，其余位置为 F，FF 表示一个八位全部由 1 组成的数字，与 long 类型 Ip 进行与运算，不改变 long 类型 Ip 的值。

最后调用这两个方法即可：

```
    public static void main(String[] args) {
        System.out.println(ip2Long("219.239.110.138"));
        System.out.println(long2IP(3121201111L));
    }
```

细心的读者会发现很多目前还未曾掌握的东西，例如 public static String long2IP(long longIp) { … }和 StringBuilder sb = new StringBuilder("");这样陌生的代码形式，读者不必要一定理解，这些内容会在第 5 章进行详细讲解，此处读者只需要知道，这就是一个方法，因为使用了 static 进行处理，所以可以在入口函数中被直接调用即可。

最终实现代码如下：

```
    public class IPConvert {

      public static long ip2Long(String strIp) {
          // 首先对IP进行分割，使用字符串的split()方法将其分割成一个字符串数组。
          String[]ip = strIp.split("\\.");
          // 左移<< IP的各个部分进行加权相加，得出一个long类型的值
          return (Long.parseLong(ip[0]) << 24) + (Long.parseLong(ip[1]) << 16) + (Long.parseLong(ip[2]) << 8) +
Long.parseLong(ip[3]);
      }

      public static String long2IP(long longIp) {
          // 使用StringBuilder对象，该对象在第4章进行讲解
          StringBuilder sb = new StringBuilder("");
          // 直接右移24位
          sb.append(String.valueOf((longIp >>> 24)));
          sb.append(".");
          // 将高8位置0，然后右移16位
          sb.append(String.valueOf((longIp & 0x00FFFFFF) >>> 16));
          sb.append(".");
          // 将高16位置0，然后右移8位
          sb.append(String.valueOf((longIp & 0x0000FFFF) >>> 8));
          sb.append(".");
          // 将高24位置0
          sb.append(String.valueOf((longIp & 0x000000FF)));
          return sb.toString();
      }

      public static void main(String[] args) {
          System.out.println(ip2Long("219.239.110.138"));
          System.out.println(long2IP(3121201111L));
      }
    }
```

2.4 本章小结

本章主要讲解了基本数据类型和操作符相关知识。在 2.1 节中着重讲解了 8 种基本数据类型，包含整型的 byte、char、short、int 和 long；浮点类型的 float 和 double 以及布尔类型的 true 和 false。2.2 节讲解了 Java 中的常用操作符，包含了算术操作符、逻辑运算符、关系运算符等，并讲解了 Java 中表达式的各种运算符的执行顺序和结合性，并对表达式的计算顺序作了具体的说明。

基本数据类型是 Java 的重中之重，也是学好 Java 的基础，本章节内容需要读者认真对待，不能仅局限于了解，而是要掌握。

【思考题】

1. Java 的基本数据类型有哪些？
2. Java 中运算类型有几种？分别有何作用？

PART 03

第3章 控制执行流程

■ 控制执行流程，顾名思义是流程控制的意思，即根据具体情况去做不同的事情。最常见的控制执行流程是游戏机，游戏机里的人物会根据按键组合来释放不同的技能。在程序中，控制执行流程与此相似，Java 中相关的关键字有 if-else、while、do-while、for、break、continue、return 和 switch 选择语句，Java 不支持 goto，但是 goto 也是 Java 的关键字。

所有的条件语句都利用条件表达式的真或者假来决定执行路径，在第 2 章中介绍的所有的关系运算符都可以用来构造条件语句。值得注意的是，在 C 和 C++中，可以使用一个数字来作为真假条件，但这在 Java 中是不被允许的。

3.1 选择结构语句

选择结构语句

选择结构语句类似于“如果……就……否则……”语句，我们可以简单地理解为，如果条件成立，就这样，否则就那样。程序无法自行决定干什么，你必须要告诉它在何种情况你要做何种操作。

3.1.1 if 条件语句

if-else 语句是选择结构语句中最基础的语句，也是控制程序流程的最基本形式。其中 else 是可选语句，在一些情况下我们可以省略。其使用方式如下：

```
if (boolean-expression) {
    statement; // 执行语句内容
}
```

或

```
if (boolean-expression) {
    statement; // 执行语句内容
} else {
    statement; // 执行语句内容
}
```

第一种情况是很简单的判断，例如，如果 true，那么就让小鹏回家吃饭，不需要其他条件。但有些情况会稍显复杂，如今天是周一，小明值日，否则就小红值日。这种有备选方案的判断语句就需要使用有分支的 if 语句了。具体使用方式请参看案例 3-1。

案例 3-1　if-else 初探

文件 If ElseDemo.java

```
public class IfElseDemo {
    public static void main(String[] args) {
        int three = 3; // 赋值three的值为3
        int four = 4; // 赋值four的值为4
        // 第一种情况，简单逻辑，不需要else语句块
        if (3 == three) { // 如果3 = 3 ，则打印输出值
            System.out.println("3 = 3 是正确的！ ");
        }
        // 第二种情况，需要else语句块
        if (5 == four) { // 如果 5 = 4
            System.out.println("5 = 4 是正确的!");
        } else { // 如果 5 != 4
            System.out.println("5 = 4 是不正确的!");
        }
    }
}
```

运行结果如图 3-1 所示。

```
<terminated> IfElseDemo [Java Application] C:\Program Files
3 = 3 是正确的！
5 = 4 是不正确的！
```

图 3-1　运行结果

案例中简单介绍了 if-else 的使用，从逻辑上非常容易理解，因为只有单个分支的 if-else，但有时候情况可能有很多种，例如考试成绩评分，90 分以上是 A，80～90 分是 B，70～80 分是 C，60～70 分是 D，60 分以下是 E。简单地使用单个分支的 if-else 是无法处理这种情况的，这个时候就需要多次使用 if-else 分支来实现了。具体使用方式请参看案例 3-2。

案例 3-2　if-else 嵌套语句

文件 If ElseMoreDemo.java

```
public class IfElseMoreDemo {

    public static void main(String[] args) {
        int score = 83; // 设定学生的分数

        // 自动打印输出学生的分数和评分
        if (90 <= score) {
            System.out.println("学生分数是" + score + "；评分是： A 。");
        } else if (80 <= score) {
            System.out.println("学生分数是" + score + "；评分是： B 。");
        } else if (70 <= score) {
            System.out.println("学生分数是" + score + "；评分是： C 。");
        } else if (60 <= score) {
            System.out.println("学生分数是" + score + "；评分是： D 。");
        } else {
            System.out.println("学生分数是" + score + "；评分是： E 。");
        }
    }
}
```

运行结果如图 3-2 所示。

```
<terminated> IfElseMoreDemo [Java Application] C:\Program Files
学生分数是83 ；评分是： B 。
```

图 3-2　运行结果

案例中对学生的成绩与评分标准进行比较并给出该学生的最终评分。细心的读者可能发现了在案例中，只有判断学生的分数是不是大于评分的最低分，但是没有说明分数的上限。其实这里只是一种简便的写法。因为只要“90 <= score”成立，那么后续的判断分支都不会再进行判断了，所以，当程序走到“80 <= score”分支的时候，已经很明确地知道 score 比 90 分要低，所以，上限也就没有必要去限定了。

if-else 分支内还可以套用 if-else 分支，因为有时条件比较复杂，这么使用也是有可能的，其语句如下：

```
if (boolean-expression) {
    if (boolean-expression) {
        statement; // 执行语句内容
} else {
        statement; // 执行语句内容
}
} else {
    statement; // 执行语句内容
}
```

但是当循环嵌套层数过多时不便于阅读，建议嵌套的层数不要超过三层，实际上嵌套很多层的情况是可以避免的，如果逻辑嵌套有四五层，说明代码逻辑没有理顺，需要好好思考其逻辑并进行优化。

3.1.2　switch 条件语句

if-else 语句比较常用，也很实用，但是对于一些分支很多的逻辑，if-else 处理起来就不那么得心应手了。switch 是实现这种多路选择的不二之选。switch 在 JDK1.7 之前只能接受 int 或者可以向上转型成 int 类型的值，而在有些情况下还是无法使用，在 JDK1.7 及以后的版本中，switch 可以支持字符串作为选择因子，因此有了更大的舞台。

首先我们来看看 switch 的语法结构。

```
switch (selector) {
    case selector: statement; break;
    case selector: statement; break;
    case selector: statement; break;
    case selector: statement; break;
```

```
    ...
    default: statement;
}
```

switch 在将阿拉伯数字转换成中文大写数字的时候比 if-else 干净利落，下面我们通过案例 3-3 来学习这种转换的方式。

案例 3-3　switch 实现阿拉伯数字转中文大写数字

文件 SwtichDemo.java

```
public class SwtichDemo {

    public static void main(String[] args) {
        int number = 5; // 阿拉伯数字
        String cNum = ""; // 中文大写数字
        switch (number) { // 多路选择，匹配对应的中文字符
        case 0: cNum = "零"; break;
        case 1: cNum = "壹"; break;
        case 2: cNum = "贰"; break;
        case 3: cNum = "叁"; break;
        case 4: cNum = "肆"; break;
        case 5: cNum = "伍"; break;
        case 6: cNum = "陆"; break;
        case 7: cNum = "柒"; break;
        case 8: cNum = "捌"; break;
        case 9: cNum = "玖"; break;
        case 10: cNum = "拾"; break;
        default: cNum = null; // 如果是没有匹配到，将中文字符定义为null
        }
        System.out.println("阿拉伯数字是：" + number + "，对应的中文字符是：" + cNum);
    }
}
```

运行结果如图 3-3 所示。

```
<terminated> SwtichDemo [Java Application] C:\Program Files\Java\jre1.
阿拉伯数字是：5，对应的中文字符是：伍
```

图 3-3　运行结果

从案例可以看出，switch 在多路选择时比 if-else 干净很多，代码行数也少很多。switch 中 case 后默认会跟一个 break，这个是结束标记，意思是：如果是匹配到了，则跳出匹配；如果没有的话，它会继续向下执行，直到碰到 break 结束。如果所有匹配项都没有匹配上，则执行 default 里的内容。

如果是从当前月份开始，计算到年底总共还有多少天，就可以忽略 break，如案例 3-4 所示。

案例 3-4　当前月份距元旦天数

文件 CountDays.java

```
public class CountDays {

    public static void main(String[] args) {
        int month = 3; // 初始月份为三月
        int days = 0 ; // 初始化总计天数
        switch (month) {
        case 1: days += 31;
        case 2: days += 28;
        case 3: days += 31;
        case 4: days += 30;
        case 5: days += 31;
        case 6: days += 30;
```

```
            case 7: days += 31;
            case 8: days += 31;
            case 9: days += 30;
            case 10: days += 31;
            case 11: days += 30;
            case 12: days += 31; break;
            default: days = 0 ;
            }
            System.out.println("当前月份是" + month + "月，距离元旦还有" + days + "天。");
        }
    }
```

运行结果如图 3-4 所示。

```
<terminated> CountDays [Java Application] C:\Program Files
当前月份是3月，距离元旦还有306天。
```

图 3-4　运行结果

从运行结果来看，如果当前月份是 3 月份的话，那么从匹配到 3 开始，以后所有的分支都会执行，而 365 与 59 的差值刚好是 306。可见，break 并非是必须的，但是切记，省去 break 对于一些情景来说是合理的，但如果处理不慎可能会得出意外的结果。例如，在案例 3-3 中，省去 break 之后，如果阿拉伯数字是 3，那么输出结果就是“拾”，这种输出是我们不想要的。对于 switch 来说，何时添加和去除 break 都需要谨慎对待。

3.2　循环结构语句

循环结构语句

除了选择结构语句，还有循环结构语句，对于这种语句，只要条件满足就会无限循环执行。循环结构语句有 while、do-while 和 for。同选择结构分支类似，它们以表达式的真假来决定是否要进行下一次循环。这些循环控制语句也被称为迭代语句。

3.2.1　while 循环语句

同其字面意思一致，while 就是当条件成立的时候，会去循环执行循环体内的逻辑。其用法格式如下:

```
while (boolean-expression) {
    statement; // 循环体
}
```

每次执行前，while 语句首先去判断执行表达式是否符合条件，只有条件符合才会进行一次循环体内的内容，执行完之后会继续判断该表达式是否符合继续循环的条件，以此往复，直到循环条件为假才跳出循环。

下面通过案例 3-5 来熟悉 while 语句的使用。

案例 3-5　循环输出 1～10

文件 WhileDemo.java

```
public class WhileDemo {

    public static void main(String[] args) {
        int i = 0 ; // 初始化起始量
        while (i < 11) { // 如果i的值小于11，则进入循环体
            i++; // 起始量每次进入循环都执行自增操作

            if (0 == (i % 2)) { // 如果当前i的值是偶数，则打印两个*号
                System.out.println("**");
            } else { // 如果当前i的值是奇数，则打印两个＃号
                if (5 == i) { // 如果当前i的值是5，则打印一串美元符号
                    System.out.println("$$$$$$$$$$$$$$$$");
                }
                if (!(5 == i)) { // 如果当前i的值不是5，则打印两个＃号
                    System.out.println("##");
```

```
                    }
                }
            }
        }
}
```

运行结果如图 3-5 所示。

```
<terminated> WhileDemo [Java Application] C:\Program Files
##
**
##
**
$$$$$$$$$$$$$$$$$$$
**
##
**
##
**
##
```

图 3-5　运行结果

案例中使用了 while 和 if-else 的嵌套逻辑。案例中，初始化了一个标记量 i，其值为 0，第一次判断其值是否小于 11，如果通过，则标记量加 1。然后判断当前值是否是偶数，如果是，则打印“**”，否则判断该值是否是 5，如果不是，则打印“##”，否则打印一串美元符号。一次逻辑结束后，会再次判断 i 的值是否小于 11，如果是，则继续循环，当 i=10 时，程序依然会进入循环体，此时 i=11，继续执行奇偶判断及若是奇数是否是 5 的判断，当该循环体执行结束进入下一次循环判断的时候，判断 i 是否小于 11 为假，循环跳出，程序结束。

在使用循环时，如果案例中使用了一个标记量来判断是否执行循环的逻辑，那么一定要注意该标记量的值变化是否符合预期。在案例 3-5 中，若移除了标记量的自增操作，则会导致程序一直运行下去，轻则消耗系统的资源，重则形成死循环。

3.2.2　do-while 循环语句

while 语句需要先判断条件是否满足，只有条件满足了才会走循环体内的逻辑，do-while 则与之有一些不同。do-while 语句会先执行循环体内的逻辑，然后再判断逻辑是否满足条件。do-while 语句的格式如下：

```
do {
      statement;
} while (boolean-expression);
```

对于那些无论条件是否成立，至少逻辑需要执行一次的任务，do-while 是最干净的处理方式。

下面通过案例 3-6 来说明 while 和 do-while 的不同。

案例 3-6　while 和 do-while

文件 DoWhileDemo.java

```
public class DoWhileDemo {

      public static void main(String[] args) {
            int i = 0;

            while (i < 2) { // 当i小于2的时候，执行循环体内容
                  System.out.println("i=" + i + "，执行while操作。");
                  i++; // 自增1
            }
            System.out.println("while循环结束，i=" + i);
            do { // 当i小于4的时候继续执行循环体内容
                  System.out.println("i=" + i + "，执行do-while操作。");
                  i++; // 自增1
            } while (i < 2);
```

```
        System.out.println("do-while循环结束，i=" + i);
    }
}
```

运行结果如图 3-6 所示。

```
<terminated> DoWhileDemo [Java Application] C:\Program Files
i=0，执行while操作。
i=1，执行while操作。
while循环结束，i=2
i=2，执行do-while操作。
do-while循环结束，i=3
```

图 3-6　运行结果

案例的对比还是比较明显的，while 语句在判断到 i < 2 时会判定条件不符合，跳出循环，但是 do-while 语句则会先执行循环，然后判定是否需要执行下一次循环。循环的理念不同，使用也会不同，可以根据其特性在不同的场景下选择合适的语句。

3.2.3　for 循环语句

for 语句是最常用的迭代语句。for 语句在迭代之前都要进行初始化，随后对条件进行判断，并且如果本次条件成立，在迭代结束的时候它都会以某种形式进行步进，这个步进与案例 3-6 中的 i 变量类似。

for 语句的语法格式如下：

```
for (init; boolean-expression; step) {
    statement;
}
```

for 循环在使用的时候首先需要初始化表达式（init），然后设定循环控制表达式（boolean-expression），如果表达式为真，则执行循环体的内容，然后进行步进，再判断循环控制表达式是否为真，继续循环。for 循环的使用如案例 3-7 所示。

案例 3-7　for 循环的使用

文件 ForDemo.java

```
public class ForDemo {

    public static void main(String[] args) {
        // for循环的案例
        int count = 0 ;
        for (int i = 0 ; i < 10 ; i++) {
            // 初始值是0，循环条件是i<10，每次步进1
            System.out.println("第" + i + "次循环，循环的值是：" + count++);
        }
    }
}
```

运行结果如图 3-7 所示。

```
<terminated> ForDemo [Java Application] C:\Program Files
第0次循环，循环的值是：0
第1次循环，循环的值是：1
第2次循环，循环的值是：2
第3次循环，循环的值是：3
第4次循环，循环的值是：4
第5次循环，循环的值是：5
第6次循环，循环的值是：6
第7次循环，循环的值是：7
第8次循环，循环的值是：8
第9次循环，循环的值是：9
```

图 3-7　运行结果

for 语句可以同时有多个 init 表达式，前提是它们是相同的类型，在定义时，通过“,”号分割，这些分割的语句会独立运行，互不干扰。多变量 for 语句的使用方式如案例 3-8 所示。

案例 3-8　多变量 for 语句

文件 ForDemo2.java

```
public class ForDemo2 {

    public static void main(String[] args) {
        // 定义多个参数的for循环
        for (int i = 0 , j = 1; i < 5 ; i++, j *= 2) {
            System.out.println("第" + i + "次循环，j= " + j);
        }
    }
}
```

运行结果如图 3-8 所示。

```
<terminated> ForDemo2 [Java Application] C:\Program Files\Java\jre1
第0次循环，j= 1
第1次循环，j= 2
第2次循环，j= 4
第3次循环，j= 8
第4次循环，j= 16
```

图 3-8　运行结果

在案例 3-8 中定义了 i 和 j 两个变量，i 的初始值是 0，j 的初始值是 1，循环条件是 i<5，步进是 i 每次自增 1，j 是每次乘以 2。通过输出结果可以看出，两者独立运行，互不影响。对于一些特殊的场景，for 循环的这种可以定义多个变量的方式是独有的，而且，无论是在初始化还是在步进部分，这些语句都是顺序执行的。

3.2.4 break 与 continue

在一些循环中可能有一些特殊情况需要结束循环或者进行下一次循环，这时候就需要使用 break 和 contiune 了。前面在 switch 多路分支结构中我们已经用到了 break，break 是打断的意思，例如在循环中，当循环到一个特定的境况下，需要终止循环，这时就使用 break。当某个自增量的值是 5 的倍数的时候，不执行循环体的内容，而是继续下一次循环，跳过本次循环，这时则使用 continue，如案例 3-9 所示。

案例 3-9　break 和 continue

文件 ContinueBreakDemo.java

```
public class ContinueBreakDemo {

    public static void main(String[] args) {
        for (int i = 0 ; i < 10; i++) {
            if (2 == i) {
                System.out.println("程序运行跳出标志！跳出循环！");
                break;
            }
            System.out.println("第" + i + "次循环。");
        }
        int count = 0 ;
        while (5 > count) { // 在5以内循环
            count++; // 自增1
            if (count % 3 == 0) { // 如果count是3的倍数，进行下一次循环
                continue;
            }
            System.out.println("第" + count + "次循环！");
        }
```

```
        }
    }
```

运行结果如图 3-9 所示。

```
<terminated> ContinueBreakDemo [Java Application] C:\Program Files
第0次循环。
第1次循环。
程序运行跳出标志！跳出循环！
第1次循环！
第2次循环！
第4次循环！
第5次循环！
```

图 3-9　运行结果

从案例中可以看出，break 是直接跳出循环体，执行后续的代码逻辑，而 continue 则只是跳出本次循环，执行下一次循环。读者需要仔细地辨别两者的区别，对其进行恰当使用，不当的使用则会让程序产生各种莫名奇妙的异常。

在 JDK1.5 以后新增了 foreach 语句，它是 for 循环的加强版，其语法使用方式如下。

```
Int[] arr = new int[10];
for (int I : arr) {
    System.out.println("i=" + i);
}
```

foreach 语句对于数组和集合类型的遍历非常地方便，其语法也很简单，在不需要指定遍历顺序和规则时颇为常用。

3.3　动手任务：冒泡排序

动手任务：冒泡排序

【任务介绍】

1. 任务描述

编写一个排序的程序，可以让一个混乱的数组变成一个有序的数组。

2. 运行结果

任务运行结果如图 3-10 所示。

```
<terminated> SortNum [Java Application] C:\Program Files
[17, 87, 0, 84, 59, 82, 94, 25, 12, 95, ]
[0, 12, 17, 25, 59, 82, 84, 87, 94, 95, ]
```

图 3-10　运行结果

【任务目标】

- 能够熟练使用 for 循环。
- 增强对 if 判断语句的使用。

【实现思路】

冒泡的原则是，每一次循环结束之后都能将乱序中的最大数放到乱序数列的最右边。

（1）用 for 循环对数组进行循环。

（2）从左往右依次比较相邻的两个数，将较大者放到较小者的右边，保证最右边的数字大于左边的所有数字。

（3）继续执行，依次将之后的较大数字放到较小数字的右边，直到所有的数字都比自己左边的数字大、比右边的数字小。

【实现代码】

数组冒泡排序程序的实现代码如案例 3-10 所示。

案例 3-10　数组冒泡排序

文件 SortNum.java

```
public class SortNum {

        public static void main(String[] args) {
        int[] arr = new int[10]; // 定义一个有10个数字的数组
        Random rm = new Random(); // 初始化随机数的对象
        System.out.print("[");
        for (int i = 0 ; i < 10 ; i++) {
            arr[i] = rm.nextInt(100); // 从100以内随机选择一个数字
            System.out.print(arr[i] + ", "); // 打印输出数组第i个数字的值
        }
        System.out.print("]\n");
        int temp = 0 ; // 临时变量
        int len = arr.length ;
        // 从右向左遍历，默认每次最右边的数字都是排序结束的数字
        for (int j = len - 1; j > 0   ; j--) {
            // 从左向右遍历，将未排序的数组中的最大数字运送到剩余数组的最右边
            for (int i = 0 ; i < j - 1 ; i++) {
                if (arr[i] > arr[i+1]) { // 如果左边的值比右边的值大，则交换两者的位置
                    temp = arr[i];
                    arr[i] = arr[i+1];
                    arr[i+1] = temp;
                }
            }
            // 每次循环结束，都有一个最大的数字被运送到右侧，按大小从右向左排序
        }
        // 打印输出排序后的数组
        System.out.print("[");
        for (int i : arr) {
            System.out.print(i + ", ");
        }
        System.out.print("]");

    }
}
```

在案例第 5 行初始化了一个 Random 对象，这个对象常用于生成随机数，在第 8 行使用了 Random 的 nextInt(100) 方法，该方法用于从 0～100 随机生成一个随机数。本章只做借用，读者知道其用法即可，该类的具体使用方法会在第 4 章字符串章节中进行详解。

冒泡排序的思想是，每次都会将最大的数运送到最右边，所以在每次循环时我们可以这么想，每次排序结束后，最右边的数字已经排序完成，那么只需要考虑左边未排序的部分即可。如果读者一开始不太能接受这种思想，可以将循环的代码改成下面这种写法：

```
for (int j = len - 1; j > 0   ; j--) {
    for (int i = 0 ; i < len - 1 ; i++) {
        if (arr[i] > arr[i+1]) {
        temp = arr[i];
        arr[i] = arr[i+1];
        arr[i+1] = temp;
    }
  }
}
```

3.4 本章小结

控制执行流程是程序开发的重要组成部分，3.1 节介绍了选择结构语句，主要介绍了 if 语句和 switch 语句，分别适用于单路分支语句和多路分支语句；3.2 节介绍了循环结构语句，着重介绍了 while 先判断后循环的执行逻辑和 do-while 语句的先循环后判断的执行逻辑，同时介绍了 for 循环语句，用于迭代的遍历语句，也引出了 foreach 语句，用于遍历数组和集合中的每一个元素。

【思考题】

1. 在打印输出原始数组的时候，每个元素用“,”隔开，但是最后一个数字后也跟一个逗号，这个逗号应该如何去掉?

2. foreach 语句是有序还是无序的？输出元素顺序是否可以控制?

PART04

第4章

字符串

■ 如果将编程比作建楼房，那么字符串就相当于一块砖，没有了基本类型，楼还是可以盖起来，只是会稍微费力些。但是如果没有了字符串，这栋楼或许就真的无法建造了。

字符串是重要的类型，在目前许多开发语言中，它的身影随处可见。目前流行的跨语言、跨平台的开发中，字符串扮演了重要的角色，就其重要性而言，再怎么称赞也不为过。

4.1 String 类及其常用 API

字符串由一连串的字符组成，在 Java 中使用双引号""包裹表示，它可以是一个字符，也可以是一个字符序列或者由多个字符序列组成。Java 核心的类库中定义了 String 类用于字符串的常用操作，同时也定义了 StringBuffer 和 StringBuilder 类用于字符串的复杂操作。

想要使用字符串，首先需要对其进行初始化，字符串的初始化可以使用字面量（字符串常量）直接定义，或者使用构造函数进行初始化。

1. 字面量初始化

```
String str = "adc";
```

字面量是指一个固定的值，此处“abc”就是字面量。因为字符串常量池存在的原因，此处可以通过简化初始化的方式，直接将字面量赋值给一个字符串对象，字符串常量池在 4.1.1 节中将着重介绍。

2. 使用构造函数初始化字符串

```
String str_1 = new String(); // 无参数构造方法
String str_2 = new String("adc"); // 使用字符串作为参数的构造方法
String str_3 = new String(new char[3]); // 使用字符数组作为参数的构造方法
```

Java 中 String 类中定义了这 3 种基本的初始化构造函数，从第 3 种使用一个字符数组初始化的构造函数中不难发现，其实字符串就是一组字符。字符串初始化的实现如案例 4-1 所示。

案例 4-1 字符串的初始化

文件 StringDemo.java

```
public class StringDemo {
    public static void main(String[] args) {
        String str = "abc"; // 字面量初始化
        String str_1 = null; // 直接将null赋值给字符串
        String str_2 = ""; // 用一个空串初始化
        String str_3 = new String(); // 使用无参构造函数初始化
        String str_4 = new String("abcd"); // 使用一个字符串作为参数初始化
        String str_5 = new String(new char[]{'b','c','d'}); // 使用字符数组初始化

        // 打印输出已经初始化后的字符串
        System.out.println(str);
        System.out.println(str_1);
        System.out.println(str_2);
        System.out.println(str_3);
        System.out.println(str_4);
        System.out.println(str_5);

    }
}
```

运行结果如图 4-1 所示。

```
<terminated> StringDemo [Java Application] C:\Program Files\Java\jre1.8.0_111\bin\javaw.exe (2017年2月22日 下午11:29:37)
abc
null


abcd
bcd
```

图 4-1 运行结果

由运行结果可知，字符串的无参数构造方法是将一个空字符串赋值给了字符串对象，而空字符串并不等于 null，在开发的过程中千万不要将这两者混淆了。

4.1.1 字符串常量池

常量是指在程序运行过程中不会改变的量，一般从字面形式就可以进行判断，也被称为字面量。如果将池的概念简单地理解为池塘，字符串常量池则是拥有很多字符串常量的池塘，包含着诸如“a”“BGK”“123”等字符串常量。

在第 1 章中我们介绍了 Java 虚拟机的概念，Java 虚拟机是 Java 之所以能一次编写跨平台运行的关键。Java 虚拟机在执行字节码时，把字节码解释成具体平台上的机器指令来执行，这种执行方式让它有了极大的自由来提升性能，字符串常量池就是用来减少字符串对象创建分配过程中对时间和空间的消耗。字符串常量池是在 Java 虚拟机中单独开辟的一块特殊内存，这块内存用于存放程序在运行中使用到的字符串常量。每当程序需要创建字符串常量的时候，Java 虚拟机会先从字符串常量池中去找，如果找到了，则会返回池中的实例引用，如果找不到则会实例化一个字符串并将其放入常量池中。

字符串常量池并不是内存，因为 Java 虚拟机的这块特殊内存里存放着众多的字符串常量，我们便形象地称之为字符串常量池。内存是 CPU 能直接寻址的存储空间，是暂时存储程序以及数据的地方，而字符串常量池只是一个概念。请勿将两者混淆。

字符串常量池这个概念太过于抽象，结合案例 4-2 会更便于我们理解。

案例 4-2　字符串不同创建方式耗时比较

文件 PoolTest.java

```
public class PoolTest {
    public static void main(String[] args) {
        int times = 100000000; // 定义循环次数

        ong start = System.currentTimeMillis(); // 获取系统当前时间
        for (int i = 0 ; i < times ; i++) { // 使用循环语句重复执行
            String str = new String("abc");   // 使用构造方式进行创建
        }
        long end = System.currentTimeMillis(); // 获取系统当前时间
        System.out.println("使用构造函数构造一千万次耗时" + (end - start) + "毫秒");

        long start_1 = System.currentTimeMillis(); // 获取系统当前时间
        for (int i = 0 ; i < times ; i++) {
            String str = "abc"; // 字面量直接赋值
        }
        long end_1 = System.currentTimeMillis(); // 获取系统当前时间
        System.out.println("使用常量池方式获取一千万次耗时" + (end_1 - start_1) + "毫秒");

        long start_2 = System.currentTimeMillis(); // 获取系统当前时间
        for (int i = 0 ; i < times ; i++) {
          String str = null; // 定义为null
        }
        long end_2 = System.currentTimeMillis(); // 获取系统当前时间
        System.out.println("创建空对象一千万次耗时" + (end_2 - start_2) + "毫秒");

        long start_3 = System.currentTimeMillis(); // 获取系统当前时间
        for (int i = 0 ; i < times ; i++) {
          String str ; // 只声明变量，不进行初始化
        }
        long end_3 = System.currentTimeMillis(); // 获取系统当前时间
        System.out.println("定义字符串变量一千万次耗时" + (end_3 - start_3) + "毫秒");
    }
}
```

运行结果如图 4-2 所示。

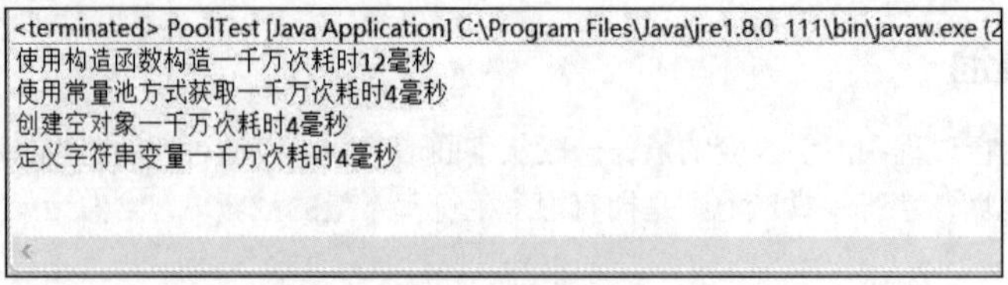

<terminated> PoolTest [Java Application] C:\Program Files\Java\jre1.8.0_111\bin\javaw.exe (2
使用构造函数构造一千万次耗时12毫秒
使用常量池方式获取一千万次耗时4毫秒
创建空对象一千万次耗时4毫秒
定义字符串变量一千万次耗时4毫秒

图 4-2　运行结果

从运行结果可以看出，创建一个空的字符串和只声明一个字符串消耗的时间几乎一样，而使用常量池的方式几乎不需要耗费创建的时间，由此可见字符串常量池的存在意义。

4.1.2　字符串常用 API

字符串操作是计算机程序设计中最常见的行为，字符串对应的操作方法也是很丰富的，常用的方法如表 4-1 所示。

表 4-1　String 类的常用方法

方法声明	功能描述
int compareTo(String anotherString)	按字典顺序比较两个字符串
int compareToIgnoreCase(String str)	按字典顺序比较两个字符串忽略大小写
String concat(String str)	将指定字符串连接到此字符串的结尾
boolean contains(CharSequence cs)	当且仅当此字符串包含指定的 char 值序列时，返回 true
boolean endsWith(String suffix)	判断此字符串是否以指定的后缀结束
boolean equals(Object anObject)	将此字符串与指定的对象比较
boolean equalsIgnoreCase(String anotherString)	将此 String 与另一个 String 比较，不考虑大小写
int indexOf(int ch)	返回指定字符在此字符串中第一次出现处的索引
int indexOf(int ch, int fromIndex)	返回在此字符串中第一次出现指定字符处的索引，从指定的索引开始搜索
int indexOf(String str)	返回指定子字符串在此字符串中第一次出现处的索引
int indexOf(String str, int fromIndex)	返回指定子字符串在此字符串中第一次出现处的索引，从指定的索引开始
String intern()	返回字符串对象的规范化表示形式（在将特定字符插入常量池时使用）
boolean isEmpty()	当且仅当 length()为 0 时返回 true
int lastIndexOf(int ch)	返回指定字符在此字符串中最后一次出现处的索引
int lastIndexOf(int ch, int fromIndex)	返回指定字符在此字符串中最后一次出现处的索引，从指定的索引处开始进行反向搜索
int lastIndexOf(String str)	返回指定子字符串在此字符串中最右边出现处的索引
int length()	返回此字符串的长度
int replace(char oldChar, char newChar)	返回一个新的字符串，它是通过用 newChar 替换此字符串中出现的所有 oldChar 得到的
String replaceAll(String regex, String replacement)	使用给定的 replacement 替换此字符串所有匹配给定的正则表达式的子字符串
String replaceFirst(String regex, String replacement)	使用给定的 replacement 替换此字符串匹配给定的正则表达式的第一个子字符串

续表

方法声明	功能描述
String split(String regex)	根据给定正则表达式的匹配拆分此字符串
boolean startsWith(String prefix)	判断此字符串是否以指定的前缀开始
String substring(int beginIndex, int endIndex)	返回一个新字符串，它是此字符串的一个子字符串
char[] toCharArray()	将此字符串转换为一个新的字符数组
String toLowerCase()	使用默认语言环境的规则将此String中的所有字符都转换为小写
String toUpperCase()	使用默认语言环境的规则将此String中的所有字符都转换为大写
String trim()	返回字符串的副本，忽略前导空白和尾部空白
String valueOf(Object obj)	返回 Object 参数的字符串表示形式

String 类的常用方法很多，但可以总体归为 4 类：字符串查询操作、字符串修改操作、字符串分割操作以及字符串比较操作。

在学习这些功能性的方法之前，先通过案例 4-3 了解字符串的通用功能性方法，例如长度和是否为空。

案例 4-3　字符串非空判断与长度返回

文件 StringNorMethodDemo.java

```
public class StringNorMethodDemo {

    @SuppressWarnings("null")
    public static void main(String[] args) throws InterruptedException {

        String str = ""; // 定义一个空字符串
        System.out.println("字符串的长度是: " + str.length());
        System.out.println("字符串是否为空" + str.isEmpty());

        str = "Hello Java, hello String!"; // 赋值为一个非空的字符串
        System.out.println("字符串的长度是: " + str.length());
        System.out.println("字符串是否为空" + str.isEmpty());

        Thread.sleep(1000); // 线程休眠一秒钟

        str = null; // 将字符串定义为null
        System.out.println("字符串的长度是: " + str.length());
        System.out.println("字符串是否为空" + str.isEmpty());
    }
}
```

运行结果如图 4-3 所示。

```
<terminated> StringNorMethodDemo [Java Application] C:\Program Files\Java\jre1.8.0_111\bin\javaw.exe
字符串的长度是：0
字符串是否为空true
字符串的长度是：25
字符串是否为空false
Exception in thread "main" java.lang.NullPointerException
        at com.lw.stringdemo.StringNorMethodDemo.main(StringNorMethodDemo.java:19)
```

图 4-3　运行结果

在案例中不难发现，isEmpty 对于为 null 的字符串是没有返回的，length 亦是如此，isEmpty 仅当 length 为 0 时返回 true，否则返回 false。而 length 则是对字符个数的统计，空格和标点也被当作一个字符，且索引从 0 开始计算。

@SuppressWarnings 用于取消编辑器中的警告，此处用于去除当 str 对象为 null 时，在调用 length() 方法时的空指针警告。Thread.sleep(1000)是当前线程休眠一秒钟的意思，参数是毫秒，这个知识点我们会在第 10 章讲解，此处不再赘述，仅理解为程序运行至此，当停止一秒钟之后再继续运行即可。

1. 字符串查询操作

在互联网快速发展的今天，网购已经成为人们生活中不可或缺的一部分。在将商品准确送达客户的过程中，详细地址起了重要的作用。快递员通过街道小区名称可以到达住户所在的大致位置，然后根据建筑的标号和门牌号快速定位并将商品送达。在字符串操作中，同样可以根据地址（字符所在的索引）查找字符，同时还能查找特定字符对应的地址。

字符串的查询操作主要有按索引位置查询和按值查询两种，前者是通过字符的索引位置获取对应位置的值，后者是通过值来获取其所对应的位置索引。查询的顺序可以是从前向后，也可以是从后向前，还可以指定开始查询的索引位置。字符串查询操作如案例 4-4 所示。

案例 4-4　字符串的查询操作

文件 StringSearchDemo.java

```
public class StringSearchDemo {

    public static void main(String[] args) {

        String str = "Hello Java，Hello Java String"; // 定义一个字符串

        System.out.println("第一个J所在的索引位置是：" + str.indexOf("J"));
        System.out.println("从索引位置2开始，第一个Hello的索引位置是："  + str.indexOf("Hello", 1));
        System.out.println("最后一个J所在的索引位置是：" + str.lastIndexOf("J"));
        System.out.println("最后一个Java所在的索引位置是：" + str.lastIndexOf("Java"));
        System.out.println("从索引位置12开始，最后一个Java所在的索引位置是：" + str.lastIndexOf("Java", 12));
        System.out.println("字符串是否以Hell开头：" + str.startsWith("Hell"));
        System.out.println("字符串是否以Hall开头：" + str.startsWith("Hall"));
        System.out.println("字符串是否以ing结尾：" + str.endsWith("ing"));
        System.out.println("字符串是否以int结尾：" + str.endsWith("int"));
    }
}
```

运行结果如图 4-4 所示。

```
<terminated> StringSearchDemo [Java Application] C:\Program Files\Java\jre1.8.0_111\bin\javaw.exe
第一个J所在的索引位置是：6
从索引位置2开始，第一个Hello的索引位置是：12
最后一个J所在的索引位置是：18
最后一个Java所在的索引位置是：18
从索引位置12开始，最后一个Java所在的索引位置是：6
字符串是否以Hell开头：true
字符串是否以Hall开头：false
字符串是否以ing结尾：true
字符串是否以int结尾：false
```

图 4-4　运行结果

此案例仅仅是一些简单方法的使用，在实际应用中，多个方法可以嵌套使用，用于达成实际的目的。例如案例 4-4 中，有一个从 12 位置开始查询第一个 Java 所在位置的操作，就可以多个查询方法一起使用。

首先观察字符串“Hello Java, Hello Java String”，想要反向查询在字符串中出现的第一个 Java，只要定位在最后一个“Hello”之前就可以。同理，因为“,”也在第一个 Java 之前，利用“,”所在的位置来查询也能达到同样的目的，代码如下。

```
str.lastIndexOf("Java",  str.lastIndexOf("H"))
str.lastIndexOf("Java", str.indexOf(","))
```

善于利用基本的查询索引的方法实现复杂的查询和操作是很重要的，多想一些复杂的查询并动手实现可以快速掌握这些技巧。

字符串除了查询操作之外，还能进行修改，这些修改操作会返回修改后的字符串，实际开发中这些修改后字符串的操作会相当普遍。

2. 字符串修改操作

字符串的修改操作在 String 类中只有一些简单的截取、分割和连接，较为复杂的字符串操作方法在 StringBuffer 和 StringBuilder 中，一般在不需要考虑性能的情况下，String 类提供的方法已经足够，如案例 4-5 所示。

案例 4-5　字符串的修改操作

文件 StringModifyDemo.java

```
public class StringModifyDemo {

    public static void main(String[] args) {

        String str = "    7731-5524-jhdF-FfF0 ";

        System.out.println("将F替换成X -" + str.replace("F", "X") + "-");
        System.out.println("将所有的F替换成X -" + str.replaceAll("F", "X") + "-");
        System.out.println("将第一个F替换成b -" + str.replaceFirst("F", "b") + "-");
        System.out.println("将字符串全部转换成大写 -" + str.toUpperCase() + "-");
        System.out.println("将字符串全部转换成小写 -" + str.toLowerCase() + "-");
        System.out.println("去除字符串前后的空格 -" + str.trim() + "-");
        System.out.println("拼接BVNS字符串 -" + str.concat("BVNS") + "-");
    }
}
```

运行结果如图 4-5 所示。

```
<terminated> StringModifyDemo [Java Application] C:\Program Files\Java\jre1.8.0_111\bin\javaw.exe
将F替换成X -    7731-5524-jhdX-XfX0 -
将所有的F替换成X -    7731-5524-jhdX-XfX0 -
将第一个F替换成b -    7731-5524-jhdb-FfF0 -
将字符串全部转换成大写 -    7731-5524-JHDF-FFF0 -
将字符串全部转换成小写 -    7731-5524-jhdf-fff0 -
去除字符串前后的空格 -7731-5524-jhdF-FfF0-
拼接BVNS字符串 -    7731-5524-jhdF-FfF0 BVNS-
```

图 4-5　运行结果

字符串的替换操作有 replace、replaceAll 和 repalceFirst。replace 类似 repalceAll，唯一的区别是 replaceAll 支持正则表达式的替换方式，但是 repalce 只支持字符或者字符串替换，这两个方法都是全局替换的。如果只想替换其中一个，repalceFirst 是个不错的选择，在实际开发过程中，结合其他几种字符串操作方法可以达到复杂的处理逻辑。

在字符串中，两个字符串相加，例如：

```
String str = "Hello";
System.out.println(str + " David!");
System.out.println(str.concat(" David!"));
```

运行结果如图 4-6 所示。

```
<terminated> StringAPIDemo [Java Application] C:\Program Files\Java\jre1.8.0_111\bin\javaw.exe
Hello David!
Hello David!
```

图 4-6　运行结果

从运行结果可以看出，“+”可以实现与 concat 相同的功能，这是字符“+”重载的原因，可便于简单的字符串的拼接操作。如果只是少量使用的简单字符串拼接操作，直接使用“+”来实现更易于阅读与维护。

3．字符串分割操作

之前提到，字符串其实就是一组字符的集合，那么，字符串理应可以分割成一个个字符序列或是一组组字符序列。事实也正是如此，字符串操作类 String 提供了这些功能，如案例 4-6 所示。

案例 4-6　字符串的分割操作

文件 StringSplitDemo.java

```
public class StringSplitDemo {

    public static void main(String[] args) {
        String str = "Hello David, welcome to China!";
        String[] strs = str.split(" "); // 以空格为分割点分割字符串
        int count = 0 ;
        for (String s : strs) {
            System.out.println("分割后的第" + ++count + "字符是：" + s);
        }
        String ss = "Hi Tom!";
        count = 0 ;
        char[] cArr = ss.toCharArray(); // 将字符串转换成一个个字符
        for (char c : cArr) {
            System.out.println("分割后的第" + ++count + "个字符是：" + c + "");
        }
        System.out.println("字符串从0到索引为6的子串是：" + str.substring(0, 6));
        System.out.println("字符串从第一个o到第一个t的子串是：" +
            str.substring(str.indexOf("o"), str.lastIndexOf("t")));
        System.out.println("替换字符串从第一个o到第一个t的字符串中的所有的e为下划线:" +
            str.substring(str.indexOf("o"), str.lastIndexOf("t")).replace("e", "_"));
    }
}
```

运行结果如图 4-7 所示。

```
<terminated> StringSplitDemo [Java Application] C:\Program Files\Java\jre1.8.0_111\bin\javaw.exe
分割后的第1字符是：Hello
分割后的第2字符是：David,
分割后的第3字符是：welcome
分割后的第4字符是：to
分割后的第5字符是：China!
分割后的第1个字符是：H
分割后的第2个字符是：i
分割后的第3个字符是：
分割后的第4个字符是：T
分割后的第5个字符是：o
分割后的第6个字符是：m
分割后的第7个字符是：!
字符串从0到索引为6的子串是：Hello
字符串从第一个o到第一个t的子串是：o David, welcome
替换字符串从第一个o到第一个t的字符串中的所有的e为下划线:o David, w_lcom_
```

图 4-7　运行结果

此案例中结合了查询操作与修改操作，将获取的子串中的所有 e 替换成了下划线，在子串替换时直接调用了 replace()方法，这是因为这些方法在调用后返回的也是一个字符串对象，因此这个对象仍可以继续调用字符串的操作方法。

在获取子串时，e 后面是一个空格，结合其父字符串，可以发现字符串的截取是含头不含尾的截取方式，例如：

```
String str = "Hello";
str.substring(0, 1); // 返回H，不返回He
```

这是字符串比较特殊的一点，在截取字符串的时候用 indexOf 需要格外小心，这个索引位置在开始截取位置和结束截取位置时需要区别对待。

4. 字符串比较操作

字符串的比较是字符串中最常见的操作，例如之前网络上很火的“4396”在某些公司的一些应用中被限制使用了，这就涉及字符串的比较和替换操作。

案例 4-7 字符串的比较操作

文件 StringEqualsDemo.java

```
public class StringEqualsDemo {

    public static void main(String[] args) {

        String str = "You are mine sunshine.";
        String ss = "sun";

        System.out.println("字符串sun的值与字符串对象ss是否相等：" + "sun".equals(ss));
        System.out.println("字符串中是否含有sun字符串：" + str.contains(ss));
        System.out.println("字符串sun和字符串sunshine是否相等：" + "sunshine".equals(ss));
        System.out.println("字符串SUN和字符串sun是否相等：" + "SUN".equals(ss));
        System.out.println("字符串SUN和字符串sun是否忽略大小写相等：" + "SUN".equalsIgnoreCase(ss));
        System.out.println("比较SUN和字符串sun的字典值是否相等：" + "SUN".compareTo(ss));
        System.out.println("比较SUN和字符串sun的字典值是否忽略大小写相等：" + "SUN".
compareToIgnoreCase(ss));
        System.out.println("比较sun和sunshine的字典值是否相等：" + "sunshine".compareTo(ss));
    }
}
```

运行结果如图 4-8 所示。

```
<terminated> StringEqualsDemo [Java Application] C:\Program Files\Java\jre1.8.0_111\bin\javaw.exe
字符串sun的值与字符串对象ss是否相等：true
字符串中是否含有sun字符串：true
字符串sun和字符串sunshine是否相等：false
字符串SUN和字符串sun是否相等：false
字符串SUN和字符串sun是否忽略大小写相等：true
比较SUN和字符串sun的字典值是否相等：-32
比较SUN和字符串sun的字典值是否忽略大小写相等：0
比较sun和sunshine的字典值是否相等：5
```

图 4-8 运行结果

比较字符串的值使用 equals，是否含有该字符串的比较使用 contains。值得一提的是，compareTo 方法在比较长度相同的字符串的时候，会返回第一个不相同的字符的字典值的差值，该差值可能为正也可能为负；如果两个字符串的长度不相同，那么该方法会返回两个字符串的长度差。另外，equals 和 compareTo 都包含不区分大小写的比较方法，equalsIgnoreCase 和 compareToIgnoreCase 也是需要注意的。在 Java 中字符是严格区分大小写的，我们从“字符串 SUN 和字符串 sun 是否相等：false”和“字符串 SUN 和字符串 sun 是否忽略大小写相等：true”的输出中就能得出这个结论。所以在实际开发中，如果不需要考虑大小写的情况，可以使用 IgnoreCase 结尾的方法，或者全部转换成大写或小写之后再进行比较。

4.1.3 拓展：不变的字符串

String 是 Java 中最常用的类之一，同时 String 类也是 final 关键字限定的类。在 Java 中，字符使用 unicode 编码，每个字符占两位，汉字也只占用两位，但是属于一个字符。

1. 关键字：final

final 在 Java 中是一个保留的关键字，可以声明成员变量、方法、类以及本地变量。一旦你将引用声明作 final，你将不能改变这个引用了，编译器会检查代码，如果你试图将变量再次初始化的话，编译器会报编译错误。

（1）限定变量：凡是对成员变量或者本地变量（在方法中的或者代码块中的变量称为本地变量）声明为 final 的都叫作 final 变量。final 变量经常和 static 关键字一起使用，作为常量，例如：

```
public static final String ZERO = "0";
```

（2）限定方法：final 也可以声明方法。方法前面加上 final 关键字，代表这个方法不可以被子类的方法重写。如果你认为一个方法的功能已经足够完整了，子类中不需要改变的话，你可以声明此方法为 final。final 方法比非 final 方法要快，因为在编译的时候已经静态绑定了，不需要在运行时再动态绑定，例如：

```
public final String getName(){
    return "Name";
}
```

（3）限定类：使用 final 来修饰的类叫作 final 类。final 类的功能通常是完整的，它们不能被继承。Java 中有许多类是 final 的，譬如 String、Interger 以及其他包装类。例如：

```
public final class GlassCup {
    // 此处省略
}
```

final 类型的优点如下。

- 提高性能，JVM 和 JAVA 应用均会缓存 final 限定的变量。
- final 变量在多线程环境下无须额外开销即可共享。
- 会对 final 类型的变量、方法和类进行优化。

2. 字符串不可变性

```
String str = "Hello";
System.out.println(str.substring(0, 1));
System.out.println(str);
```

以上的代码会输出什么呢?

```
str.replace("H", "h");
System.out.println(str);
```

这次输出是什么呢?

输出结果如图 4-9 所示。

```
<terminated> StringAPIDemo [Java Application] C:\Program Files\Java\jre1.8.0_111\bin\javaw.exe
H
Hello
Hello
```

图 4-9 运行结果

控制台仍然输出“Hello”是什么原因呢？原来，字符串的方法在返回时返回的是另外一个字符串，而其本身并没有改变，所以无论如何修改，只要不对对象重新赋值，那么该对象就不会改变。也正是这一点，使得字符串在使用的时候无须额外的开销就能实现共享。

所有的类都有 toString()方法，因为所有的类的最终父类都是 Object，而该类有一个 toString()的方法，当对象是 null 的时候就会报空指针异常，但是如果我们利用 Objects 类去转换，则不会抛出异常。

```
String str = null;
System.out.println(Objects.toString(str));
System.out.println(str.toString());
```

Objects 类是 1.7 版本新定义的工具类，用于防止因未知的空指针异常导致程序退出的情形出现。当 str 是 null 的时候，toString()方法会返回一个 null 而不是抛出空指针异常。其运行结果如图 4-10 所示。

```
<terminated> StringAPIDemo [Java Application] C:\Program Files\Java\jre1.8.0_111\bin\javaw.exe
null
Exception in thread "main" java.lang.NullPointerException
	at com.lw.stringdemo.StringAPIDemo.main(StringAPIDemo.java:11)
```

图 4-10 运行结果

有时候我们想查看官方的 API，但在编辑器中使用 Ctrl+左键却无法查看源文件的代码，这使我们会比较苦恼。其实在安装 JDK 的时候，官方文档就已经提供了这样的文档。为了方便深入理解这些类，查看这些方法的源代码，我们只需要配置一下 eclipse 即可，步骤如下。

（1）在编辑器中选择 Window→Preferences→Java→Installed JRES 命令。

（2）选择 JDK 版本，并点击右侧的 Edits 按钮，此时会出现一个 Edit JRE 窗口。

（3）找到 XXXX\rt.jar 并展开该目录结构，选中 Source attachment:（none）并点击右侧的 Source Attachment 按钮，在 JDK 的安装目录下找到 src.zip 文件点击确定即可。

至此，系统类库的源代码就可以随意查看了。

4.2 StringBuffer 类

StringBuffer 类

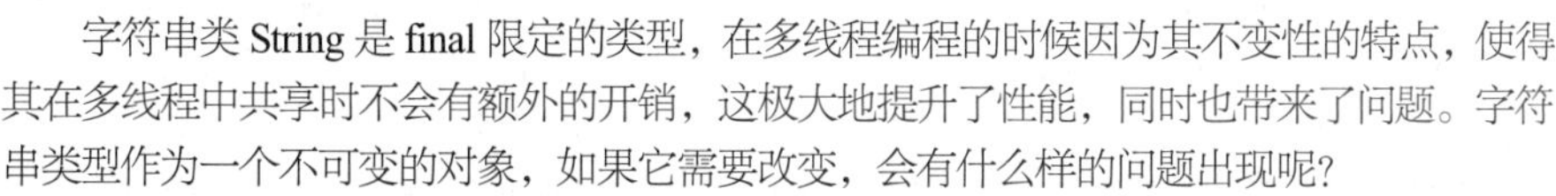

字符串类 String 是 final 限定的类型，在多线程编程的时候因为其不变性的特点，使得其在多线程中共享时不会有额外的开销，这极大地提升了性能，同时也带来了问题。字符串类型作为一个不可变的对象，如果它需要改变，会有什么样的问题出现呢？

不变的对象有时候会极大地提升程序的性能，但也可能会耗尽系统资源。如下面的代码：

```
String str = "abc" + "bcs";
```

这段代码看似简单，但实际上程序创建了 3 个字符串对象，分别是“abc”“bcs”和“abcbcs”。如果这样的拼接数量不断增加，会使程序系统产生极大的性能消耗，这是需要极力避免的情况。Java 使用了 StringBuffer 和 StringBuider 两个类来处理这个问题。

4.2.1 StringBuffer 的应用

StringBuffer 在字符串的操作上克服了 String 拼接会产生多个对象的问题。它可以以一个字符串作为参数进行初始化。其常用初始化方式有以下 3 种。

```
StringBuffer strBuffer = new StringBuffer(); // 无参构造函数初始化
StringBuffer stringBuffer = new StringBuffer("123"); // 使用字符串对象初始化
StringBuffer stBuffer = new StringBuffer(strBuffer); // 使用另一个StringBuffer对象初始化
```

1. 字符串拼接插入

StringBuffer 主要使用 append()方法进行字符串的拼接操作，同时，也可以使用 insert()方法有针对性地进行插入。在操作完成之后，可以使用 toString()方法返回字符串对象。

案例 4-8　StringBuffer 的字符串拼接插入

文件 StringBufferAI.java

```
public class StringBufferAI {
    public static void main(String[] args) {
        StringBuffer stringBuffer = new StringBuffer(); // 初始化StringBuffer对象
        // 追加操作
        stringBuffer.append("ABC"); // 追加字符串 “ABC”
        System.out.println(stringBuffer); // 打印输出

        stringBuffer.append('你'); // 追加字符 ‘你’
        stringBuffer.append(1); // 追加数字 1
        stringBuffer.append(true); // 追加布尔类型的true
        stringBuffer.append(12.12d); // 追加double类型的12.12
        System.out.println(stringBuffer); // 打印输出

        // 插入操作
        stringBuffer.insert(2, '我'); // 在索引2位置插入字符
        System.out.println(stringBuffer); // 打印输出
        char[] chars = {'a', 'b', 'c', 'd'};
        stringBuffer.insert(3, chars, 0, 2); // 在索引3位置插入传入数组从0索引开始的2个字符到stringBuffer中去
```

```
        System.out.println(stringBuffer); // 打印输出
        stringBuffer.insert(0, false); // 在索引0位置添加一个boolean类型的false
        System.out.println(stringBuffer); // 打印输出
    }
}
```

运行结果如图 4-11 所示。

```
<terminated> StringBuffer_AI [Java Application] C:\Program Files\Java\jre1.8.0_111
ABC
ABC你1true12.12
AB我C你1true12.12
AB我abC你1true12.12
falseAB我abC你1true12.12
```

图 4-11　运行结果

从运行结果可知，StringBuffer 的 append()方法可以追加任何类型的值，并将之转换成字符串添加到 StringBuffer 对象的末尾。StringBuffer 将 boolean 类型的变量的值当成是字面量追加到末尾，而其他类型则直接当成一个字符进行追加。

StringBuffer 还有 insert 方法可以在指定位置插入传入的值，insert 也会将 boolean 类型的变量以字面量值插入到指定的索引位置，该索引位置的值依次向后移动。Insert 还可以接受一个字符序列作为参数，从指定的字符序列索引位置取出指定长度的字符序列，插入到 StringBuffer 对象的指定索引位置，该索引位置及之后的字符依次向后移动。

在案例中，打印 StringBuffer 对象的时候并没有使用 toString()方法，这是因为系统的输入输出方法会把传入的参数转换成字符串后输出，这相当于对所有的打印目标都添加了一个 toString()方法，因此，在此处可以省去 toString()方法。

2. 字符串修改

相较于字符串类，StringBuffer 添加了一些新的功能，它不仅可以拼接字符串或者在特定的位置插入字符串，还可以删除指定索引上的字符，使用起来相当方便。

案例 4-9　StringBuffer 的常用操作方法

文件 StringBufferSearch.java

```
public class StringBufferSearch {
    public static void main(String[] args) {
        StringBuffer stringBuffer = new StringBuffer();
        stringBuffer.append("The StringBuffer Search Demo."); // 给StringBuffer添加数据

        System.out.println(stringBuffer.charAt(5)); // 输出索引5位置上的字符
        System.out.println(stringBuffer.indexOf("Search")); // 输出Search字符串的索引位置
        System.out.println(stringBuffer.indexOf("S", 10)); // 从索引位置10开始寻找下一个S所在的索引位置
        System.out.println(stringBuffer.delete(0,3)); // 删除索引0到索引3位置上的字符
        System.out.println(stringBuffer.deleteCharAt(4)); // 删除索引位置4上的字符
        System.out.println(stringBuffer.lastIndexOf("e")); // 输出最后一个e的索引
        System.out.println(stringBuffer); // 输出此时的stringBuffer对象数据
        System.out.println(stringBuffer.replace(0, 2, "What")); // 把索引位置0-2用What代替
        System.out.println(stringBuffer.reverse()); // 将stringBuffer内的数据进行反转
        stringBuffer.setCharAt(0, 'O'); // 将0索引位置的字符设置为O
        System.out.println(stringBuffer); // 打印输出stringBuffer
        System.out.println(stringBuffer.substring(0, 5)); //
        System.out.println(stringBuffer); // 打印输出stringBuffer
    }
}
```

运行结果如图 4-12 所示。

```
<terminated> StringBufferSearch [Java Application] C:\Program Files\Java\jre1.8.(
t
17
17
 StringBuffer Search Demo.
 StrngBuffer Search Demo.
21
 StrngBuffer Search Demo.
WhattrngBuffer Search Demo.
.omeD hcraeS reffuBgnrttahW
OomeD hcraeS reffuBgnrttahW
OomeD
OomeD hcraeS reffuBgnrttahW
```

图 4-12　运行结果

从案例 4-9 可知，StringBuffer 中的 delete 方法能够很灵活地删除字符串中的数据，配合 insert()方法可以快速实现字符串的修改操作。从输出结果可以看出，StringBuffer 对象的修改是持久的。

很有意思的是，其 replace 方法与 String 的 replace 方法有所不同。在 String 中，replace()方法会替换符合条件的所有字符，其参数是两个字符串：一个匹配项和一个匹配后需要将其匹配项替换的字符串。在 StringBuffer 中，replace()则是三个参数，分别是起始索引位置、结束索引位置和需要将此索引区间替换成的字符串项。在需要替换预定格式的字符串的固定位置序列时，该方法非常方便。

在 StringBufer 的这些输出中不难看出，StringBuffer 对于字符串的操作也是“含头不含尾”的处理方式。在替换索引位置 0 至索引位置 2 的操作里，替换操作只替换了索引位置 0 和索引位置 1。这种处理方式一定要牢记。

4.2.2　StringBuilder 与 StringBuffer 的比较

StringBuilder 也是官方 API 中设计的用来操作字符串的方法类，StringBuilder 到底有哪些方法呢？下面我们通过一个案例来学习这个类。

案例 4-10　StringBuilder 的常用方法

文件 StringBuiderDemo.java

```
public class StringBuiderDemo {
    public static void main(String[] args) {
        StringBuilder strBuider = new StringBuilder(); // 初始化一个StringBuilder对象
        strBuider.append("This is simple Demo for StringBuilder!"); // 在末尾追加字符串
        System.out.println(strBuider.append('!')); // 末尾追加字符 ！
        System.out.println(strBuider.indexOf("is")); // 打印 is 在StringBuilder中第一次出现的索引位置
        System.out.println(strBuider.delete(3, 7)); // 删除索引位置3-索引位置7的字符
        System.out.println(strBuider.reverse()); // 将StringBuilder反转
        System.out.println(strBuider.deleteCharAt(0)); // 删除索引位置0上的字符
        System.out.println(strBuider); // 打印输出
    }
}
```

运行结果如图 4-13 所示。

```
<terminated> StringBuiderDemo [Java Application] C:\Program Files\Java\jre1.8.0_111
This is simple Demo for StringBuilder!!
2
Thi simple Demo for StringBuilder!!
!!redliuBgnirtS rof omeD elpmis ihT
!redliuBgnirtS rof omeD elpmis ihT
!redliuBgnirtS rof omeD elpmis ihT
```

图 4-13　运行结果

从案例 4-10 的方法和输出结果中很明显地发现，其各类和 StringBuffer 几乎如出一辙。既然是相同功能的类，为何要设计两个类呢?

之前提到过，String 对象是不可变的，所以在多线程的环境中共享无须额外的消耗（多线程将在第 10 章并发编程中详细讲解，此处可以理解为一个跑道就是一个线程，多个选手同时在多个跑道比赛就相当于多线程场景）。看过源码的读者可能已经注意到了，StringBuffer 和 StringBuilder 的直接父类都是 AbstractStringBuilder。它们唯一的

区别就是，StringBuffer 的每个方法上都多了一个 synchronized 关键字。synchronized 关键字相当于给跑道设置了边界，选手不会出现因为不小心跑到其他选手的跑道而导致比赛混乱的情况。那么至此读者应该明白两者的区别了，StringBuffer 是线程安全的，而 StringBuilder 则不是。在编写程序的时候如果判定不需要考虑多线程环境，那么首选 StringBuilder，因为无须考虑多线程，也就如同避免了选手会跑错跑道而需要设置的栅栏，那么速度自然会更快一些。

4.3 常用的 JavaAPI

常用的 JavaAPI

Java 为了方便编程人员的快速开发，提供了大量的通用 API，其中最常用到的就是 System.out.println()，这个方法是 System 类下的一个方法。除了 System 类以外，还有诸如数学计算方面的 Random 类、Math 类等。

4.3.1 System 类

System 字面意思是系统，顾名思义，这个类是和系统属性相关的，可以用来改变当前的系统环境变量来实现某些功能。因为这些都是静态的方法，所以它们可以直接使用类名调用，省去了初始化该类的步骤。

1. 系统属性

在第 1 章中配置系统环境变量的步骤就是在配置 Java 的编译和运行环境，当时配置的是 JAVA_HOME 这个系统变量。如果想手动修改，除了可以在系统内通过高级系统设置选项卡去配置，还可以使用 System 类对这些环境变量进行修改，当然前提是你知道这些环境变量的 KEY 值，JAVA_HOME 就是一个 KEY 值。

案例 4-11　系统环境变量

文件 PropertiesDemo.java

```
public class PropertiesDemo {

    public static void main(String[] args) {
        Properties props = System.getProperties(); // 获取当前系统属性
        System.out.println(props); // 打印输出这些属性
        System.out.println("************************************************************************");

        Set<String> propNames = props.stringPropertyNames(); // 获取当前系统所有的系统属性名称
        for (String str : propNames) {
            String propName = props.getProperty(str); // 遍历系统属性名称，根据这些名称获得属性值
            System.out.println(propName); // 打印输出值
        }
        System.out.println("************************************************************************");
        System.setProperty("DEBUG_HOME", "debug"); // 设置环境变量DEBUG_HOME的值是debug
        props = System.getProperties(); // 重新获取系统属性
        System.out.println(props.getProperty("DEBUG_HOME")); // 打印输出DEBUG_HOME环境变量的值
        System.out.println("************************************************************************");
        System.clearProperty("DEBUG_HOME"); // 删除DEBUG_HOME环境变量的值
        props = System.getProperties(); // 再次重新获取当前系统属性
        System.out.println(props.getProperty("DEBUG_HOME")); // 再次打印环境变量DEBUG_HOME的值
        System.out.println("************************************************************************");
    }
}
```

运行结果如图 4-14 所示。

此处因内容较多，仅截取了部分内容。具体的输出会因为运行的系统不同而有所差别，有兴趣的读者可以自己运行后查看。

Java 可以通过 System 类来获取当前系统的环境变量，如案例 4-11 中的 System. getProperties()方法。同时 System 类还可以根据环境变量的名称来获取该值。在需要的时候，也可以通过 System 来修改甚至添加系统环境变量的值，同时也能将其删除。如案例 4-11 中的 DEBUG_HOME 这个环境变量就可以通过 System 来修改、添加甚至删除。如果该环境变量不存在，获取时会返回 null。

```
<terminated> SystemDemo [Java Application] C:\Program Files\Java\jre1.8.0_111\bin\javaw.exe (2017年3月9日 下午10:31:33)
1.8.0_111
C:\Program Files\Java\jre1.8.0_111\lib\ext;C:\Windows\Sun\Java\lib\ext
C:\Program Files\Java\jre1.8.0_111\lib\resources.jar;C:\Program Files\Java\jre1.8.0_111\lib\rt.jar;C:
Oracle Corporation
\
http://bugreport.sun.com/bugreport/
little
UnicodeLittle
windows
amd64
*****************************************************************
debug
*****************************************************************
null
*****************************************************************
```

图 4-14 运行结果

2. 当前时间

有时候在编写代码的时候需要考虑代码的性能，使用人工计时的方式不仅不可靠，还会比较烦琐，为了能够精确地计算程序执行耗费的时间，System 类提供了相应的方法以供使用。

案例 4-12 系统当前时间

文件 CurrentTime.java

```
public class CurrentTime {

    public static void main(String[] args) {
        long start = System.currentTimeMillis(); // 获取系统当前时间 毫秒
        for (int i = 0 ; i < 10000 ; i++) {
            String str = "" + i;
            String ss = str + " 数字";
        }
        long end = System.currentTimeMillis(); // 获取系统当前时间 毫秒
        System.out.println("程序耗时：" + (end - start) + "毫秒！");

        long startNano = System.nanoTime(); // 系统当前时间 纳秒
        for(int i = 0 ; i < 10000 ; i++) {
            String str = "" + 10*i;
            String ss = str + "a";
        }
        long endNano = System.nanoTime(); // 系统当前时间 纳秒
        System.out.println("程序耗时：" + (endNano - startNano) + "纳秒！");

    }
}
```

运行结果如图 4-15 所示。

```
<terminated> CurrentTime [Java Application] C:\Program Files\Java\jre1.8.0_111\bin
程序耗时：7毫秒!
程序耗时：3685021纳秒!
```

图 4-15 运行结果

计算机的元年是 1970 年 1 月 1 日 0 时 0 分 0 秒，所以 System 在获取时间的时候会用当前时间跟元年进行比较，这也可以看作是对计算机元年的时间偏移量。一般使用 currentTimeMillis()就可以满足需要了，这是当前时间对元年的毫秒时间偏移量，是一个 long 类型的数值。但当时间需要更加精确的时候，我们可以使用纳秒来计算，即 nanoTime()。nanoTime 同样是对元年的纳秒时间偏移量，它会返回一个 long 类型的数值。

在简单的方法性能测试的时候，一般会选择毫秒作为单位进行方法调用耗时统计，System 类获取当前时间的方法大大简化了这种简单测试的难度。在测试时可以选择测试内容块来进行耗时统计，可以在开发阶段就去发现那些性能较差的代码块。

3. 数组拷贝

System 类还提供了一个常用的方法，即数组内容拷贝，该方法可以将指定的数组内容拷贝到目标数组中去。

案例 4-13　数组拷贝

文件 ArrayCopyDemo.java

```
public class ArrayCopyDemo {

    public static void main(String[] args) {
        String[] fromArr = {"abc", "bcd", "cde", "efg", "fgh"}; // 源数组
        String[] toArr1 = {"123", "456"}; // 目标数组1
        String[] toArr2 = new String[9]; // 目标数组2

        // 从源数组中的第0个元素向目标数组2中复制3个元素，从索引位置1开始
        System.arraycopy(fromArr, 0, toArr2, 1, 3);
        for (String str : toArr2) {
            System.out.print(str + " "); // 打印输出数组内的元素
        }
        System.out.println("\n *************************************** ");
        // 从源数组中的第0个元素向目标数组1中复制3个元素，从索引位置1开始
        System.arraycopy(fromArr, 0, toArr1, 1, 3);
        for (String str : toArr1) {
            System.out.print(str + " "); // 打印输出数组内的元素
        }
        System.out.println("\n *************************************** ");
    }
}
```

运行结果如图 4-16 所示。

```
<terminated> ArrayCopyDemo [Java Application] C:\Program Files\Java\jre1.8.0_111\bin\javaw.ex
null abc bcd cde null null null null null
 *************************************
Exception in thread "main" java.lang.ArrayIndexOutOfBoundsException
        at java.lang.System.arraycopy(Native Method)
        at com.lw.normalapi.ArrayCopyDemo.main(ArrayCopyDemo.java:17)
```

图 4-16　运行结果

arraycopy()方法接口的 5 个参数分别是：源数组、复制起始位置、目标数组、存放起始位置、复制长度。在案例 4-13 中，第二次复制操作抛出了异常，原因是数组下标越界。这说明复制不是随心所欲的，必须保证目标数组从开始位置起有足够的容量存放将要复制的数据。同时，也要保证源数组中从复制起始位置起有足够长度的数据可供复制。如果源数组和目标数据其中之一没有足够的数据或容量，都会抛出数组下标越界的错误。

System 类还有 gc()方法来调用垃圾回收器，但是这个方法并不是调用后立即执行的，有兴趣的读者可以查看官方的 API 去学习。同时，该类还有 exit()方法来终止当前的 Java 虚拟机，参数是整型类型 0，则表示系统正常退出，想要进一步了解的读者可以查阅相关的文档。

4.3.2 Random 类与 Math 类

除了 System 类，Java 还提供了 Random 类和 Math 类来处理相应的操作。Random 类顾名思义是随机数生成类，该类可以随机生成一些数字，我们称之为随机数，而 Math 类则是处理一些简单的数学运算的函数，例如正弦、余弦等。

1. Random 随机数

案例 4-14　Random 随机生成随机数

文件 RandomDemo.java

```
public class RandomDemo {
```

```
    public static void main(String[] args) {
        Random rm = new Random(); // 初始化随机数对象
        System.out.println(rm.nextInt(100)); // 随机从0-100选取一个随机数
        System.out.println(rm.nextInt(100)); // 随机从0-100选取一个随机数
        System.out.println(rm.nextInt()); // 生成一个int类型的随机数
        System.out.println(rm.nextBoolean()); // 生成一个boolean类型的随机数
        System.out.println(rm.nextDouble()); // 生成一个double类型的随机数 0.0~1.0
        System.out.println(rm.nextBoolean());
        System.out.println(rm.nextFloat()); // 生成一个float类型的随机数 0.0~1.0
        System.out.println("**********************************************");

        rm = new Random(47); // 初始化时设定随机种子
        System.out.println(rm.nextInt()); // int类型随机数
        System.out.println(rm.nextInt());
        System.out.println(rm.nextInt(100)); // 0~100的随机数
        System.out.println(rm.nextInt(100));
    }
}
```

运行结果如图 4-17、图 4-18 所示。

```
<terminated> RandomDemo [Java Application] C:\Program Files\Java\jre1.8.0_111\
9
917087903
false
0.9048183315275503
true
0.16061532
**********************************************
-1172028779
1717241110
93
61
```

图 4-17　运行结果 1

```
<terminated> RandomDemo [Java Application] C:\Program Files\Java\jre1.8.0_111\bin\java
84
1055883525
false
0.29736451765915417
false
0.8699984
**********************************************
-1172028779
1717241110
93
61
```

图 4-18　运行结果 2

Random 类是随机数类，它可以随机生成一个整型、浮点类型的随机数，甚至可以产生一个随机的 boolean 值。Random 的 nextInt()方法用于生成一个在 int 有效值以内的数值，nextInt(int range)则生成一个在 0～range 范围以内的整数。double 类型和 float 类型随机数生成方式与 int 类型一致。因为 boolean 类型只有两个值，所以 nextBoolean()方法只会生成 false 或者 true。

在案例 4-14 中有个特殊的地方，就是在代码的后半部分重新初始化了 rm 对象，这次初始化的时候使用了有参构造函数的方式。在 Random 类中，这个参数成为随机种子，一旦使用了随机种子，那么该对象生成的随机数就会固定不变，无论使用多少次，相同的方法只会返回相同的值。在运行结果图中经对比即可发现。

2. Math 数学类

数学类是为了简便一些常用的数学计算的类，例如平方根、正弦、余弦等，Math 类还提供了角度和弧度转换、求取两数之间的较大数或较小数等。

案例 4-15 数学类

文件 MathDemo.java

```
public class MathDemo {

    public static void main(String[] args) {
        System.out.println(Math.PI); // 打印输出PI的数值
        System.out.println(Math.abs(-9)); // 返回绝对值
        System.out.println(Math.acos(0.4)); // 返回一个值的反余弦；返回的角度范围在 0.0 到 pi 之间
        System.out.println(Math.asin(0.4)); // 返回一个值的反正弦；返回的角度范围在 -pi/2 到 pi/2 之间
        System.out.println(Math.sin(0.4)); // 返回角的三角正弦
        System.out.println(Math.sqrt(16)); //  返回正确舍入的 double 值的正平方根
        System.out.println(Math.tan(4)); // 返回角的三角正切
        System.out.println(Math.pow(3, 3)); // 返回第一个参数的第二个参数次幂的值
        System.out.println(Math.exp(19)); // 返回欧拉数 e 的 double 次幂的值
        System.out.println(Math.max(15.23, 15.22)); // 返回两个数中的较大数

        System.out.println(Math.toDegrees(1)); // 将用弧度表示的角转换为近似相等的用角度表示的角
        System.out.println(Math.toRadians(90)); // 将用角度表示的角转换为近似相等的用弧度表示的角
    }
}
```

运行结果如图 4-19 所示。

```
<terminated> MathDemo [Java Application] C:\Program Files\Java\jre1.8.0_111\bin\javaw.ex
3.141592653589793
9
1.1592794807274085
0.41151684606748806
0.3894183423086505
4.0
1.1578212823495777
27.0
1.7848230096318725E8
15.23
57.29577951308232
1.5707963267948966
```

图 4-19 运行结果

Math 类的方法比较多，大小值比较和平方根以及幂函数等会经常用到，正弦、余切等函数只会在特殊场景下使用。想要深入了解的读者可以查阅相关文档或 API，此处不再赘述。

4.4 动手任务：猜数字游戏

动手任务：猜数字游戏

【任务介绍】

1. 任务描述

在春节期间，移动推出了一元抢流量包活动。移动用户可以使用一元钱购买流量包，购买后可以多人共享，每个移动号码可以猜一次，如果猜中了，则所有人都会有流量奖励，购买者获得 70%的总流量值，其余的流量由参加猜值的用户分得。

活动中，移动用户通过分享链接进入猜流量页面，输入一个移动号码即有一次猜值资格，如果猜中了，提示用户已猜中，如果未猜中，则提示用户猜测值是大了还是小了，用户可以根据之前的提示缩小范围继续猜值。

参考移动的活动，我们可以将其简化成一个动手任务：猜数字游戏。系统随机生成一个 1～100 的随机数，玩家键入自己猜测的数字，如果猜中了，则提示玩家赢了，游戏结束，否则提示用户猜测的数字是大了或者小了，让玩家继续猜，玩家有十次猜测机会。

2. 运行结果

猜测失败的运行结果如图 4-20 所示。

```
<terminated> GuessNumber [Java Application] C:\Program Files\Java\jre1.8.0_
请输入一个0~100的数字：
55
对不起，猜小了。
56
对不起，猜小了。
57
对不起，猜小了。
58
对不起，猜小了。
59
对不起，猜小了。
60
对不起，猜小了。
61
对不起，猜小了。
62
对不起，猜小了。
63
对不起，猜小了。
64
对不起，猜小了。
对不起，您的机会已经用完。该数值是：76
```

图 4-20　运行结果 1

猜测成功的运行结果如图 4-21 所示。

```
<terminated> GuessNumber [Java Application] C:\Program Files\Java\jre1.8.0_11
请输入一个0~100的数字：
55
对不起，猜大了。
28
对不起，猜大了。
14
对不起，猜小了。
20
对不起，猜小了。
24
对不起，猜小了。
26
恭喜您，猜对了。实际数字是：26
```

图 4-21　运行结果 2

【任务目标】

- Random 类随机产生一个随机数。
- Scanner 类接收用户的输入。
- System 类实现系统退出。

【实现思路】

Scanner 可以从输入源中获取数据，此处需要使用该类来检测用户的输入，用户输入使用系统标准输入设备（键盘）即可。

Scanner 是一个可以使用正则表达式来解析基本类型和字符串的简单文本扫描器。它使用分隔符模式将其输入分解为标记，默认情况下该分隔符模式与空白匹配。然后可以使用不同的 next()方法将得到的标记转换为不同类型的值。

案例 4-16　Scanner 初识

文件 ScannerDemo.java

```
public class ScannerDemo {
    public static void main(String[] args) {
```

```
        Scanner scan = new Scanner(System.in); // 初始化scanner对象

        String line = scan.nextLine(); // 获取一行输入，以回车键作为结束
        System.out.println("您输入的一行内容是：" + line); // 打印输出

        int number = scan.nextInt(); // 获取下一个输出的int类型的值
        System.out.println("您输入的数字是：" + number);

        int count = 0 ;
        while (scan.hasNext()) { // 如果还有后续，继续执行
            if (count++ == 3) { // 循环三次后跳出循环
                scan.close();  // 关闭scanner
                System.exit(0); // 推出系统
            } else {
                String str = scan.next();
                System.out.println("您输入的第" + count + "个字符串是：" + str); // 打印输出
            }
        }
    }
}
```

运行结果如图 4-22 所示。

```
<terminated> ScannerDemo [Java Application] C:\Program Files\Java\jre1.8.0
nihao
您输入的一行内容是：nihao
1000
您输入的数字是：1000
第一次
您输入的第1个字符串是：第一次
第二次
您输入的第2个字符串是：第二次
第三次
您输入的第3个字符串是：第三次
第四次
```

图 4-22 运行结果

Scanner 类可以从标准输入输出中获取数据，使用 nextLine()可以读取下一行输入，以回车作为结束标记，使用 nextInt()获取下一个输入的整型数据，在源码中，会先将输入的内容转换成 int 类型然后返回。hasNext()用于判断输入输出流是否还有后续输入，如果有则可以使用 next()来获取该输入。

在案例 4-16 中使用 scan.close()来关闭这个 Scanner 文本扫描器。同时使用 System 的 exit(0)方法正常退出。因为此处 scan 对象虽然关闭了，但是循环还没有推出，如果此处不使用系统退出的方式关闭程序的运行，下一次判断标准输入设备是否有后续输入时会抛出连接关闭的异常。

【实现代码】

首先，需要初始化一个 Random 对象，来随机获取一个随机数；其次，使用标准输入流来初始化一个 Scanner 对象，然后从控制台接收输入；最后，将输入的数值与随机产生的数字进行比较，并返回给玩家该次猜测的结果，如果玩家猜对了，会提示玩家赢了，并退出系统；否则，当十次机会用完，会提示玩家游戏结束，告知其该次实际的数值并退出系统。

案例 4-17 猜数字游戏

文件 GuessNumber.java

```
public class GuessNumber {

    public static void main(String[] args) {
        Scanner scan = new Scanner(System.in); // 初始化从键盘输入获取数据的对象
        Random rm = new Random(); // 初始化随机数生成类对象
        int number = rm.nextInt(100); // 随机生成一个100以内的数字
        int times = 10; // 设置玩家最多有10次机会进行猜数
```

```
            int guessNum = 0; // 玩家猜测的数值

            System.out.println("请输入一个0~100的数字：");
            while (times > 0) { // 循环判断
                guessNum = scan.nextInt(); // 获取键盘输入的值，以回车作为结束标记
                if (guessNum == number) {
                    System.out.println("恭喜您，猜对了。实际数字是：" + number);
                    System.exit(0); // 游戏结束，系统退出
                }
                if (guessNum > number) {
                    System.out.println("对不起，猜大了。");
                }
                if (guessNum < number) {
                    System.out.println("对不起，猜小了。");
                }
                times-- ; // 机会减一
            }

            System.out.println("对不起，您的机会已经用完。该数值是：" + number); // 提示用户机会用尽
            scan.close(); // 关闭读取连接
            System.exit(0); // 游戏结束，系统退出
        }
    }
```

4.5 本章小结

本章主要讲解了 String 类和常用的 Java API。首先讲解了 String 类及常用的 String 操作方法，并通过 4 个案例讲解了不同类型的操作方法；然后讲解了 StringBuffer 和 StringBuilder，并通过案例讲解了 StringBuffer 的使用方式；最后讲解了 Java API 中常用的几个工具类，System、Random 和 Scanner 类，同时简单讲解了 Math 类，并结合案例讲解了各个类的使用方式。本章以一个猜数字游戏结束，巩固了 Java API 中常用的几个类的使用方法。因篇幅有限，本章只介绍了一次常用的类和方法，如果读者想要深入了解，可以查阅官方 API 或查阅源代码进行学习。

【思考题】

1. 一个系统中数据传输使用 key：value，key：value 的方式传值，密码的 key 是 PWD，如何将密码使用“*”来代替?

2. 一个多线程环境中，返回的数据需要使用一个约定格式的字符串来组装，中途涉及多个字符串的拼接和处理，此时选择 StringBuffer 还是 StringBuilder 呢?

3. （问题延伸）Scanner 类可以用来处理一个文件吗?

PART05

第5章 面向对象

■ Java 是一门面向对象的编程语言，再加上入门简单，使得 Java 成为了现在热门的开发语言。面向对象编程就是面向对象的程序设计（Object Oriented Programming，OOP），面向对象编程是对 C 语言面向过程编程的简化与升级。

5.1 面向对象概念

面向对象是一种符合人类思维习惯的编程思想。在现实生活中，人们倾向于将不同的事物进行分类，将具有类似属性的事物归为一类，方便记忆与理解。在程序中，通过对象来映射现实生活中的事物，使用对象间的关系来描述事物间的关系，我们便将这种思想称为面向对象。

在 C 语言独领风骚的年代，主流的编程思想是面向过程程序设计。面向过程就是分析出解决问题所需要的步骤，然后用函数把这些步骤一步一步实现，使用的时候一个一个依次调用就可以了；面向对象是把构成问题的事物分解成各个对象，建立对象的目的不是为了完成一个步骤，而是为了描叙某个事物在整个解决问题的步骤中的行为。现在再反过来推想面向过程，会发现程序设计非常地死板，在处理类似的场景时非常吃力。通过这我们也能理解，为何早期的程序员都是人们眼中的天之骄子。

面向对象编程因其关注的是对象，而非过程，这使得其可以更加灵活和便于理解。使用不同的对象去处理不同的事物，在处理问题时可以通过不同的对象相互协调，快速灵活地完成功能的开发。同时，如果相应的规则改变了，仅仅需要修改对应的对象即可，便于开发和维护。

想要理解面向对象，就必须理解封装是什么，继承和多态又是什么。当然，前提是你要理解什么是类。在这之前，首先了解一下包和访问修饰符的概念。

1. 包

包是 Java 提供的用于解决命名冲突的一种机制，其采用了属性目录的存储方式，有效地解决了命名冲突的问题。功能相似或相关的类或接口（本章 5.4 节介绍）组织在同一个包中，便于类的查找和使用，同时可以限定拥有包的访问权限的类才能访问包中的类。Java 的包目录如图 5-1 和图 5-2 所示。

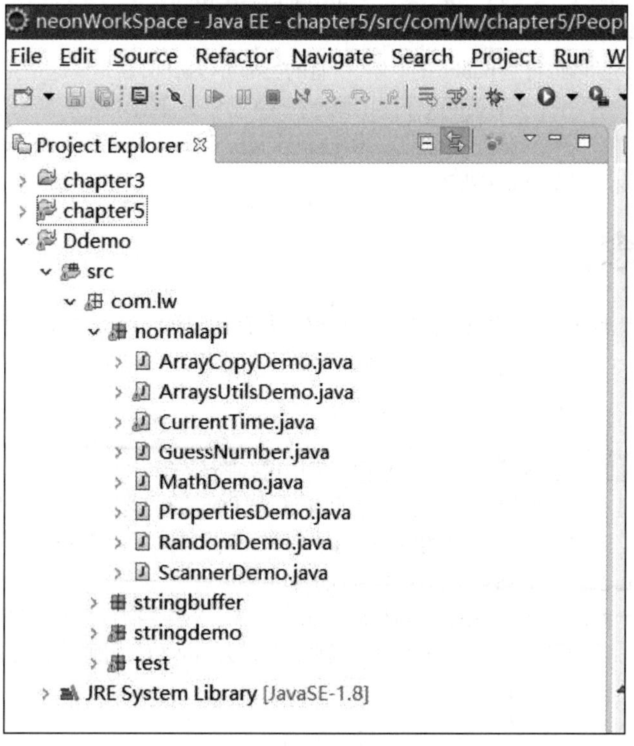

图 5-1　编辑器中的包结构

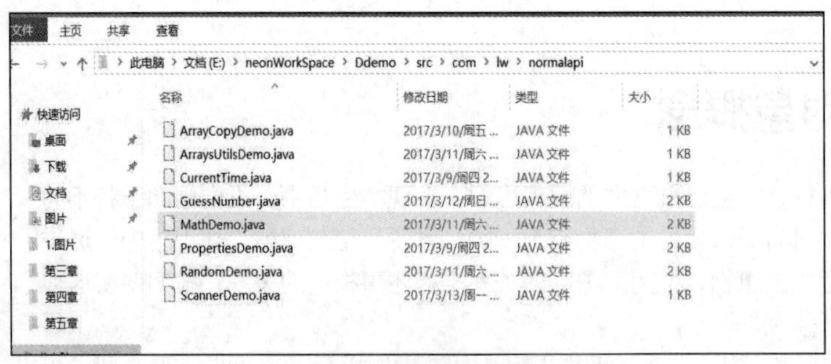

图 5-2 文件中的包结构

在开发的过程中，使用恰当的包结构、包名称和类名称，可以让自己和其他开发人员快速地了解项目并且使用你的类。所以，平时要培养这种命名思想，合理地命名包和类名。

2. 访问修饰符

在 Java 中有 4 种访问修饰符：public、protected、private 和 default，这 4 种访问修饰符的控制范围是不同的，如表 5-1 所示。

表 5-1 访问修饰符的访问控制范围

访问修饰符名称	说明	备注
public	可以被任何类访问	
protected	可以被同一包中的所有类访问 可以被所有子类访问	子类没有在同一包中也可以访问
private	只能够被当前类的方法访问	
default（无访问修饰符）	可以被同一包中的所有类访问	如果子类没有在同一个包中，也不能访问

通过表 5-1 可知，当访问修饰符是 public 的时候，所有的类都可以访问，就是说这是完全公开的；当用 protected 修饰的时候只能被同包下的类和子类所访问（子类的概念在 5.4 节中会详细介绍）；如果是使用 private，则只有当前类可以访问；对于没有修饰符限制的，我们称之为缺省修饰符，这种方法或者属性只能被本包内的其他类所使用，如果其子类不在本包内，也不可以使用。

5.2 类的概念

类的概念

面向对象编程是通过让程序中对事物的描述与其在现实生活中的形态保持一致，这种思想与人类的归类思想一致。面向对象以此抽象出两个概念：对象和类。

5.2.1 什么是类

人们生活中常说，这是鱼类，这是鸟类，在程序开发中这些概念与此相似。

在 Java 中，一切皆是对象，所有的类都直接或者间接继承自 Object。类与对象的概念，映射到现实生活中可以这样理解，某条鲫鱼属于鲫鱼这一种类型的鱼，鲫鱼就是类，而这条鲫鱼就是对象。类是泛指，而对象是特指，我们可以说另外一条鲫鱼是鲫鱼，但不能说这条鲫鱼就是那条鲫鱼。

在 Java 中，类是指一类具有相同属性和具备相同功能的事物，这类事物有着相同的属性和行为。例如鱼都有鱼鳞和鱼鳍，都会游泳，都会用腮呼吸。鱼鳞和鱼鳍就是属性，会游泳和会用腮呼吸则是行为（方法）。

5.2.2 类的使用

类就是对对象的抽象，用于描述一组对象共同的属性和行为。在 Java 中，类可以定义成员变量和成员方法，这些属性就是用于描述对象的属性，也就是对象的特征，方法则用于描述对象的行为。在定义类的时候，使用 class

关键字进行声明。

案例 5-1　类的声明

文件 Wolfdog.java

```
// 定义狼狗类
public class Wolfdog {

    // 狼狗的姓名
    String name;
    // 狼狗的年龄
    int age;
    // 狼狗毛的颜色
    String color;

    // 狼狗叫
    public void bark() {
        System.out.println("Wolfdog named " + name + " dress " + color + " is bark at age " + age + ".");
    }
}
```

在案例 5-1 中，name、age 和 color 都是狼狗的基本属性，而 bark 则是指狼狗会叫，是狼狗的一种行为。此处 name、age 和 color 都是成员变量。变量分为成员变量和局部变量，成员变量是在类中定义用于描述对象基本属性的，而局部变量则是在方法内部定义的，在方法外不可用。例如，此案例中如果在 bark 方法中添加一个叫几声的变量，那么这个变量就是局部变量，只能在方法内部使用，如下所示：

```
public void bark4Times () {
        int times = 4;
        System.out.println("Wolfdog named " + name + " dress " + color + " is bark at age " + age + " barked " + times
+ " times.");
}
```

在 Java 中，变量的取值使用最近原则获取，例如：

```
public void teddyBark () {
    String name = "teddy";
    System.out.println("Wolfdog named " + name + " dress " + color + " is bark at age " + age + ".");
}
```

此时，无论是哪只狗叫，打印输出的狗的名字都会是“teddy”。

1. 方法

方法即是行为。如案例 5-1 中的方法，狼狗叫就是行为。在 Java 中，一个方法的定义格式如下：

```
修饰符　返回值类型 方法名称（参数类型1 参数名称，参数类型2 参数名称，...）{
    方法体;
}
```

其中，修饰符、返回值类型和方法名称是必须有的，而一个方法是可以没有传入参数的。

修饰符有 4 种类型：public、private、protected 和 default，用于限制访问权限。返回值类型在有返回值的时候必须声明，其类型与返回值的类型一致。方法名称是一个方法的名字，例如狼狗会叫，则定义方法 bark，可以说明这是狼狗叫的行为；狗会吃东西，可以定义方法为 eat，说明这是狼狗吃东西的行为。传入参数可有可无，但如果有，必须说明类型，多个传入参数使用逗号“,”隔开。

方法名称和传入参数是方法的签名，在一个类中是不允许有两个方法签名相同的方法的。

2. 对象的创建和使用

类是对象必不可少的创建基础，有了类以后，就可以根据类来创建对象了。对象使用 new 关键字来初始化，其初始化的语法如下：

```
类名 对象名 = new 类名 ( );
```

结合案例 5-1，可以初始化一个狼狗:

```
Wolfdog teddyDog = new Wolfdog();
```

new 是 Java 初始化对象的关键字。在声明变量的时候，例如：

```
Wolfdog teddyDog;
```

此时，在 JVM 中会创建一个变量 teddyDog，这个变量是 Wolfdog 类型的。当使用 new 关键字对其进行初始化的时候，JVM 就会在堆栈中分配一块内存，用于存储这个对象的实例信息，并将 teddyDog 指向这块内存。具体的对象创建过程及内存分配如图 5-3 所示。

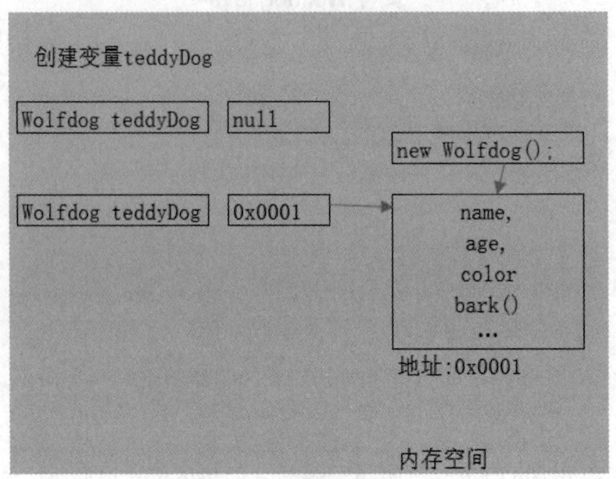

图 5-3　对象的内存分配

在 Java 中，当声明一个变量的时候，会在内存中初始化一块地址用于存放这个声明的变量的指向地址，如果这个变量没有被初始化，则这块地址为空值。在案例中使用 new Wolfdog()的时候，会在内存中再分配一块内存用于存放这个对象，然后将这块地址的位置赋值给这个变量。

在初始化之后，就可以使用对象调用该对象的行为，即方法。方法的调用方式如下：

```
对象名.方法名（传入参数列表）;
```

例如想要调用狼狗的 bark 方法，如下所示：

```
teddyDog.bark();
```

此时，bark 方法内的逻辑则会执行。Java 中所有的程序的入口就是 main 方法，为了方便演示，与之前的案例一致，将入口函数定义在该类中。不过实际开发中，除去自行测试之外，尽量不要在类中使用 main 函数。

案例 5-2　类的使用

文件 Wolfdog1.java

```
// 定义狼狗类
public class Wolfdog1 {

    // 狼狗的姓名
    String name;
    // 狼狗的年龄
    Int age;
    // 狼狗毛的颜色
    String color;

    // 狼狗叫
    public void bark() {
        System.out.println("Wolfdog named " + name + " dress " + color + " is bark at age " + age + ".");
    }

    public static void main(String[] args) {
        Wolfdog teddyDog ; // 声明变量
        teddyDog = new Wolfdog(); // 初始化变量
        teddyDog.bark(); // 狼狗叫，方法调用
    }
}
```

运行结果如图 5-4 所示。

```
<terminated> Wolfdog [Java Application] C:\Program Files\Java\jre1.
Wolfdog named null dress null is bark at age null.
```

图 5-4 运行结果

在案例 5-2 中对变量做了声明、初始化和方法调用，方法的调用可以根据方法签名调用，如果有返回值还可以定义相应的类型来接收。具体实例如案例 5-3 所示。

案例 5-3 方法调用及返回值

文件 Wolfdog2.java

```
public class Wolfdog2 {

    String name;
    int age;
    String color;

    // 无参构造函数
    public Wolfdog2 () {

    }

    // 无参数返回的方法
    public void bark () {
        System.out.println("Wolfdog bark.");
    }

    // 有参数有返回值的方法
    public String barkReturn (String name) {
        System.out.println("Wolfdog bark. Named " + name);
        return name;
    }

    public static void main(String[] args) {
        Wolfdog2 dog = new Wolfdog2(); // 定义并初始化数据
        dog.bark(); // 调用无参数无返回值方法
        String name1 = "teddy"; // 定义传入参数值
        String name2 = dog.barkReturn(name1); // 使用String接收有返回值的方法
        System.out.println(name2); // 打印输出返回值
    }
}
```

运行结果如图 5-5 所示。

```
<terminated> Wolfdog2 [Java Application] C:\Program Files\Java\jre1.8.0_111\bin\jav
Wolfdog bark.
Wolfdog bark. Named teddy
teddy
```

图 5-5 运行结果

在调用一个含有参数的方法时，需要按顺序传入对应个数及类型的参数方能调用。如果方法有返回值，可以视情况决定是否需要接收返回值。如果需要，可以用一个对应类型的变量接收；如果不需要，则直接调用即可。

3. 构造函数

凡是有类，都有构造函数。在第 3 章和第 4 章的案例中并没有声明构造函数，在本章的案例 5-2 中也没有声明构造函数，但是我们可以直接使用构造函数构造出一个对象，这是为什么呢？其实，这是因为编译程序会自行判断。如果一个类中没有定义任何构造函数，则其会自行定义一个无参构造函数。但是读者一定要注意，当你在类中定义了一个有参数的构造函数时，编译器是不会再帮你创建一个无参构造函数的，当你此时再调用无参数的构造函数时，编译器会提示错误，告诉你该构造函数未定义。

构造函数一般是用来初始化类的成员变量的，构造的过程也是给类中变量赋值的过程。构造函数没有返回值类型，并且其以类名为方法名称。

构造函数的格式如下：

```
访问控制符 类名 {
    构造函数体;
}
```

5.3 封装

封装

在现实生活中，封装是个很常见的事情。例如，你无须关心手电筒怎样工作，当你买了一个手电筒之后，只需要提供给它有电量的电池，手电筒就可以工作了。在面向对象中，封装是指无须关注实现，你只需要知道那些已经包装好的类和方法提供的逻辑，可以实现对应的逻辑即可。

在面向对象编程中，封装又叫隐藏实现。如同手电筒一般，只告诉你装好有电的电池打开开关就可以照明，简单点就是只公开代码单元的对外接口，而隐藏该单元的具体实现。下面我们通过一个案例学习一下封装。

案例 5-4　方法封装

文件 LoanRate.java

```
public class LoanRate {

    public double getInterestRate (String term, double floatScale) {
        // 获取最后一位字符，Y代表年，M代表月，D代表天
        String type = term.substring(term.length() - 1);
        // 获取对应的贷款期限
        int terms = Integer.parseInt(term.substring(0, (term.length() - 1)));
        double loanRate = 0.0;
        // 短期期限1年以内，基础利率4.38
        if (!"Y".equals(type)) {
            loanRate = getShortBase() * (1 + floatScale);
            System.out.println("贷款期限是" + term + "，根据基准利率" + getShortBase() + "和浮动比例" +
floatScale + "，计算出来的贷款利率是：" + loanRate);
        } else {
            if (5 > terms) {
                // 中期期限为1～5年，基础理论为4.75
                loanRate = getMidBase() * (1 + floatScale);
                System.out.println("贷款期限是" + term + "，根据基准利率" + getMidBase() + "和浮动比例" +
floatScale + "，计算出来的贷款利率是：" + loanRate);
            } else {
                // 长期期限为5年以上，基础理论为5.25
                loanRate = getLongBase() * (1 + floatScale);
                System.out.println("贷款期限是" + term + "，根据基准利率" + getLongBase() + "和浮动比例" +
floatScale + "，计算出来的贷款利率是：" + loanRate);
            }
        }
        // 返回贷款利率  基准利率 *(1 + 上浮比例)
        return loanRate;
    }

    // 短期基准利率
    public double getShortBase () {
        return 4.38;
    }
```

```
    // 中期基准利率
    public double getMidBase () {
        return 4.75;
    }

    // 长期基准利率
    public double getLongBase () {
        return 5.25;
    }

    public static void main(String[] args) {
        LoanRate lr = new LoanRate(); // 初始化利率计算类的对象
        double loanRateShort = lr.getInterestRate("8M", 0.7); // 短期利率
        double loanRateMid = lr.getInterestRate("4Y", 0.7); // 中期利率
        double loanRateLong = lr.getInterestRate("6Y", 0.6); // 长期利率
    }
}
```

运行结果如图 5-6 所示。

```
<terminated> LoanRate [Java Application] C:\Program Files\Java\jre1.8.0_111\bin\javaw
贷款期限是8M，根据基准利率4.38和浮动比例0.7，计算出来的贷款利率是：7.446
贷款期限是4Y，根据基准利率4.75和浮动比例0.7，计算出来的贷款利率是：8.075
贷款期限是6Y，根据基准利率5.25和浮动比例0.6，计算出来的贷款利率是：8.4
```

图 5-6　运行结果

如案例 5-4 所示，用户不需要知道细节，只需要传入贷款期限和浮动比例，就可以直接获得贷款的执行利率，这就是方法的封装。封装的好处在于某个方法只是为了实现某个特定的功能，而这个功能仅仅供人使用，但是使用者不可以也不需要修改代码逻辑。

封装是面向对象的三大特性之一，其优点如下。

（1）封装使得对代码的修改更加安全和容易。因为代码是一个相对独立的单元，修改不会对其他的单元产生影响。

（2）封装使整个软件开发复杂度大大降低。在协同开发时，只需要关注方法的输入和输出，无需关注其内部实现，它使得不同开发者可以使用其他人写好的代码，加快了开发进度。

不仅是在方法层面可以封装，一个对象的属性也可以封装。下面通过案例 5-5 来详细介绍。

案例 5-5　属性封装

文件 PeopleDemo.java

```
public class PeopleDemo {
    public static void main(String[] args) {
        People person = new People("张三", 15, 100); // 初始化一个人，名叫张三，15岁
        System.out.println(person.toString()); // 格式化输出person的信息
        person.age = 50; // 编译报错
        person.num = 200; // 修改公共属性
        System.out.println(person.toString()); // 格式化输出person的信息
        person.setAge(50); // 调用包装方法设置年龄
        System.out.println(person.toString()); // 格式化输出person的信息
        System.out.println(person.getAge()); // 使用包装方法获取年龄属性的值
    }

}

// 定义一个People类
class People {

    private String name; // 姓名
    private int age; // 年龄
```

```
	public int num; // 编号

	// 根据姓名、年龄和编号初始化对象
	public People (String name, int age, int num) {
		this.name = name; // this.name 表示的是本类的属性 name，等号右边的表示构造方法传入的参数
		this.age = age;
		this.num = num;
	}

	// 获取姓名
	public String getName() {
		return name;
	}
	// 设置姓名
	public void setName(String name) {
		this.name = name;
	}
	// 获取年龄
	public int getAge() {
		return age;
	}

	// 设置年龄
	public void setAge(int age) {
		this.age = age;
	}
	// 获取编号
	public int getNum() {
		return num;
	}
	// 设置编号
	public void setNum(int num) {
		this.num = num;
	}

	@Override
	public String toString() {
		return "People [name=" + name + ", age=" + age + ", num=" + num + "]";
	}

}
```

运行结果如图 5-7 所示。

```
<terminated> PeopleDemo [Java Application] C:\Program Files\Java\jre
People [name=张三, age=15, num=100]
People [name=张三, age=15, num=200]
People [name=张三, age=50, num=200]
50
```

图 5-7 运行结果

在案例 5-5 中，使用了 public 和 private 两个访问修饰符修饰 People 的属性，从代码可以看出，当使用 private 修饰的时候，只能使用 set 方法去设置属性值，使用 get 方法去获取属性值；当使用 public 的时候，则不仅可以使用 set 和 get 方法去设置与获取，还能通过“对象.属性名”的方法去设置与获取，这对于程序来说是非常恐怖的事情。例如在案例 5-4 中，假定将 3 个期限的基准利率设置为 LoanRate 属性，当这个属性是 public 的时候，意味着所有人都可以来修改这个属性，那么这样计算出来的利率将会无法控制。

所以在实际的开发过程中，封装的意义非常重大，将需要封装的封装，将需要暴露的公开，这样不仅便于开发与维护，也便于调用者的使用，不会因为不小心修改了数据导致本该可以预期的调用结果变得无法预测。

5.4 继承

继承是面向对象的另一大特性，通过封装可以隐藏实现，通过继承则可以更好地归类并区分。

生活中的继承一般是指财产的继承，这与面向对象中所说的继承并不等价。人类在对事物的认知过程中将相同的事物分门别类，例如，鲫鱼属于鲫鱼类，鲫鱼类属于淡水鱼类，淡水鱼类又归属于鱼类。从面向对象的思想来看，鱼类就是鱼这种类型的统称，只要是鱼类都会有鱼的特征，但是具体到鲫鱼和武昌鱼，它们又有所不同。从面向对象的角度来看，鲫鱼和武昌鱼则继承自鱼类，因为它们同属于鱼类，有鱼的特点，但是每种鱼又有各自不同的特点。

继承的思想如图 5-8 所示。

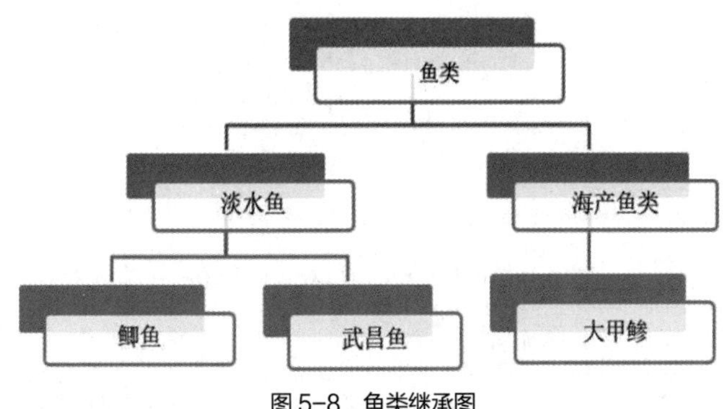

图 5-8　鱼类继承图

在面向对象中，继承的思想就如图 5-8 所示，如果对象有相同的属性和行为，那么就归为一类，当这种归类还可以延伸时，则继续分类，直到细化至需要的层级。这种层级关系就是继承。在继承的概念中，结合图 5-8，鲫鱼是淡水鱼类的子类，淡水鱼类是鲫鱼的父类，同时也是鱼类的子类。在 Java 中，所有类型的共同父类都是 Object。一定要注意，继承是 “is a” 的关系，绝非 “like a” 的关系。例如，打开正在工作中的冰箱门，可以降低室内温度，这同空调的制冷效果有些类似，但是我们只能说这个打开冰箱门的冰箱像一个空调，而不能说它是一个空调，二者的关系是 “like a” 的关系。但对于一个非洲人来说，他就是一个人，两个概念的关系是 “is a” 的关系，这时我们就不能说这个非洲人像一个人。

在 Java 中，继承的特性如下。

（1）继承关系是传递的。如果 A 继承了 B，B 继承了 C，那么 A 继承 C。

（2）继承简化了人们对事物的认识和描述，能清晰体现出相关类的层级结构关系。

（3）继承提供了软件复用功能。若 A 继承了 B，那么 A 就无需再描述 B 已经描述的特征，只需要将自己独有的属性描述出来即可。这大大减少了代码和数据冗余，并且增强了程序的重用性。

（4）继承通过一致性来减少模块间的接口和界面，大大增加了程序的易维护性。

（5）在理论上，一个类可以是多个类的特殊类，它可以从多个类中继承属性和方法，这便是多重继承。为了安全性和可靠性考虑，Java 仅支持单一继承，但可以通过接口机制来实现多重继承。

继承概念的实现方式有 3 类：实现继承、接口继承和可视继承。

- 实现继承是指使用基类的属性和方法而无须额外的编码能力。
- 接口继承是指仅使用属性和方法的名称，子类必须提供实现的能力。
- 可视继承是指子窗体（类）使用基窗体（类）的外观和实现代码的能力。

在 Java 中继承使用 extends 关键字修饰，其语法如下：

```
public class A extends B {
}
```

下面通过案例 5-6 来说明 Java 中的继承。

案例 5-6　鱼的继承

文件 FishDemo.java

```
public class FishDemo {
    public static void main(String[] args) {

        // 基类类型创建基类类型对象
        Fishes fishes = new Fishes(); // 创建一个鱼类的对象

        fishes.setFins("fishes fins"); // 设置鱼鳍的值
        fishes.setGill("fishes gill"); // 设置鱼鳃的值

        System.out.println("fishes =" + fishes.toString()); // 打印输出对象的属性及属性值


        // 基类类型接收子类对象
        Fishes freshwaterFishes = new FreshwaterFishes(); // 创建一个淡水鱼类对象

        freshwaterFishes.setFins("freshwate fins"); // 设置鱼鳍的值
        freshwaterFishes.setGill("freshwater gills"); // 设置鱼鳃的值

        System.out.println("freshwaterFishes =" + freshwaterFishes); // 打印输出对象的属性及属性值

        // 因为是父类类型，父类中没有这个成员变量及对应的get set方法，故此处编译器会报错误
        freshwaterFishes.setFreshWater("freshwater"); // 设置freshwater的值
        // 将父类型接收的子类型对象转换成子类型
        FreshwaterFishes freshwaterFishes2 = null;
        if (freshwaterFishes instanceof FreshwaterFishes) { // 为了防止强转失败，先进行类型判定
            freshwaterFishes2 = (FreshwaterFishes) freshwaterFishes; // 用自身类型接收父类类型的子对象
        }
        freshwaterFishes2.setFreshWater("freshwater"); // 设置淡水鱼属性值
        System.out.println("freshwaterFishes2 =" + freshwaterFishes2); // 打印输出对象的属性及属性值

        // 深水鱼类型的使用模型参考淡水鱼的代码逻辑即可
        Fishes abyssalSea = new AbyssalFishes(); // 创建一个深水鱼类对象

        // 基类类型接收子类类型的子类对象
        Fishes crucian = new Crucian(); // 创建一个鲫鱼对象

        crucian.setFins("crucian fins"); // 设置鱼鳍的值
        crucian.setGill("crucian gills"); // 设置鱼鳃的值
        System.out.println("crucian =" + crucian.toString()); // 打印输出对象的属性及属性值

        // 同freshwater对象一样，crucian因为是Fishes类型的，故只能使用父类型有的属性和方法
        crucian.setFreshWater("freshwater"); // 编译报错
        if (crucian instanceof FreshwaterFishes) {
            FreshwaterFishes crucian2 = (FreshwaterFishes) crucian; // 强制向下转型
            crucian2.setFreshWater("crucian freshwater"); // 设定freshwater属性的值
            System.out.println("crucian2 =" + crucian2); // 打印输出对象的属性及属性值

            crucian2.setCruCian("crucian"); // 编译错误
            if (crucian2 instanceof Crucian) {
                Crucian crucian3 = (Crucian) crucian2; // 强制向下转型
                crucian3.setCrucian("crucian"); // 设定crucian的值
                System.out.println("crucian3 =" + crucian3); // 打印输出对象的属性及属性值
            }
        }

        // 如果知道对象的对应具体类型，也可以一步到位，直接将对象向下转型成自身类型
        if (crucian instanceof Crucian) {
```

```
            Crucian crucian2 = (Crucian) crucian; // 强制向下转型
            crucian2.setFreshWater("crucian freshwater"); // 设置freshwater的值
            crucian2.setCrucian("crucian"); // 设置crucian的值
            System.out.println("crucian2 =" + crucian2); // 打印输出对象的属性及属性值
        }

        // 参考crucian对象的使用方式
        Fishes megalaspisCordyla = new MegalaspisCordyla(); // 创建一个大甲鲹对象


    }
}

// 鱼类
class Fishes {
    private String fins; // 鱼鳍
    private String gill; // 鱼鳃

    public Fishes () {

    }

    public Fishes (String fins, String gill) {
        this.fins = fins;
        this.gill = gill;
    }

    public String getFins() {
        return fins;
    }

    public void setFins(String fins) {
        this.fins = fins;
    }

    public void setGill(String gill) {
        this.gill = gill;
    }

    public String getGill() {
        return gill;
    }

    @Override
    public String toString() {
        return " [fins=" + fins + ", gill=" + gill + "]";
    }

}

// 淡水鱼
class FreshwaterFishes extends Fishes {

    private String freshWater; // 淡水生存

    public String getFreshWater() {
        return freshWater;
    }

    public void setFreshWater(String freshWater) {
        this.freshWater = freshWater;
```

```
        }

        @Override
        public String toString() {
            return " [fins= " +super.getFins()+ ", gill= " + super.getGill() + ",freshWater=" + freshWater + "]";
        }


    }

    // 深海鱼类
    class AbyssalFishes extends Fishes {

        private String abyssalSea; // 深海生存

        public String getAbyssalSea() {
            return abyssalSea;
        }

        public void setAbyssalSea(String abyssalSea) {
            this.abyssalSea = abyssalSea;
        }

        @Override
        public String toString() {
            return " [fins= " +super.getFins()+ ", gill= " + super.getGill() + ",abyssalSea=" + abyssalSea + "]";
        }

    }

    // 鲫鱼
    class Crucian extends FreshwaterFishes {

        private String crucian;

        public String getCrucian() {
            return crucian;
        }

        public void setCrucian(String crucian) {
            this.crucian = crucian;
        }

        @Override
        public String toString() {
            return " [fins= " +super.getFins()+ ", gill= " + super.getGill() + ",freshWater=" + super.getFreshWater() + ",
crucian=" + crucian + "]";
        }

    }


    // 大甲鲹
    class MegalaspisCordyla extends AbyssalFishes {

        private String megalaspisCordyla;

        public String getMegalaspisCordyla() {
            return megalaspisCordyla;
        }
```

```
        public void setMegalaspisCordyla(String megalaspisCordyla) {
            this.megalaspisCordyla = megalaspisCordyla;
        }

        @Override
        public String toString() {
            return " [fins= " +super.getFins()+ ", gill= " + super.getGill() + ",abyssalSea= " + super.getAbyssalSea() +
"megalaspisCordyla=" + megalaspisCordyla + "]";
        }

    }
```

运行结果如图 5-9 所示。

```
fishes = [fins=fishes fins, gill=fishes gill]
freshwaterFishes = [fins= freshwate fins, gill= freshwater gills,freshWater=null]
freshwaterFishes2 = [fins= freshwate fins, gill= freshwater gills,freshWater=freshwater]
crucian = [fins= crucian fins, gill= crucian gills,freshWater=null,crucian=null]
crucian2 = [fins= crucian fins, gill= crucian gills,freshWater=crucian freshwater,crucian=null]
crucian3 = [fins= crucian fins, gill= crucian gills,freshWater=crucian freshwater,crucian=crucian]
crucian2 = [fins= crucian fins, gill= crucian gills,freshWater=crucian freshwater,crucian=crucian]
```

图 5-9 运行结果

在 java 中一个类文件有且只能有一个公共类，即用 public 修饰的类，但是非公共类则可以拥有很多个。如案例 5-6 所示，在该类文件中，仅含有一个 FishDemo 公共类，非公共类则如 Fishes 类及其子类一样可以拥有好多个。实际开发时，不建议使用这个方式，可以将每一个类单独命名创建对应的类文件，然后使用 import 关键字引用即可。

在继承的体系中，访问看类型，调用看对象，在案例 5-6 中，当一个 Crucian 对象的类型被定义成 Fishes 时，这个对象只能访问 Fishes 所拥有的属性和方法，但是实际方法调用则会到该对象的定义类中查找，如果该方法在这个对象的类中定义了，则会调用这个方法，否则调用 Fishes 类中定义的该方法。从案例 5-6 的 toString()方法的输出就可以得出该结论。

1. 抽象类

在实现继承关系的时候，有时候可能会用到抽象类，而抽象类的标志就是该类拥有抽象方法。抽象类就是为了继承而存在的，它让子类去实现对应的功能，而其本身仅提供这些方法的获取通道（该内容将在 5.5.2 节重写与重载中介绍）。在大多数场景下，基类无需提供方法实现，即方法体，因该方法可能根本无需用到。

有些书中将抽象类的概念扩大化了，认为只要是 abstract 关键字修饰的类都是抽象类，抽象类中可以没有抽象方法，也就是说除了无法直接实例化之外，抽象类几乎与普通类毫无二致。

抽象方法是一种特殊的方法，这种方法只有声明但是没有具体的实现，方法使用 abstract 关键字来修饰，其声明方式如下：

```
[public] abstract String getNameInfo();
```

抽象类与普通类的区别主要有以下 3 点。

- 抽象方法必须为 public 或者是 protected，缺省情况默认是 public。（private 无法被子类继承，如果是 private 修饰的，则子类无法实现该方法）
- 抽象类不能用来创建对象。
- 如果某一个类继承一个抽象类，则该类必须实现父类的抽象方法，除非该类也是抽象类。

抽象类的定义和使用参考案例 5-7。

案例 5-7 抽象类的定义和使用

文件 AbstractClassDemo.java

```
public class AbstractClassDemo {
```

```
    public static void main(String[] args) {
        // 抽象类不能直接实例化，必须要构造一个子类来实现，不过不推荐使用直接new的方式来构造
        AbstractClass aClass = new AbstractClass() {

            @Override
            String getInfo() {
                return "aClass Info";
            }
        };

        System.out.println(aClass.getInfo());

        // 子类继承，创建子类对象
        AbstractClass eClass = new ExtendsClass();
        System.out.println(eClass.getInfo());
    }
}

// 抽象类
abstract class AbstractClass {

    // 抽象方法
    abstract String getInfo();

}

// 子类实现抽象类
class ExtendsClass extends AbstractClass {

    @Override
    String getInfo() {
        return "eClass Info";
    }

}
```

运行结果如图 5-10 所示。

```
<terminated> AbstractClassDemo [Java Application] C:\Program Files\Jav
aClass Info
eClass Info
```

图 5-10　运行结果

抽象类不能直接实例化，必须使用子类继承来实现它的一些方法和功能，对于 aClass 所指向的对象，其实际上是在初始化的时候虚拟了一个子类，然后返回这个子类的对象。

2. 接口

在软件工程中，接口泛指提供别人调用的方法或者函数，在 Java 中它是一个对行为的抽象的类。接口使用 interface 关键字修饰，接口可以有成员变量，但是这些变量必须是使用 static 和 final 双重修饰的不可变的值，接口中只能声明方法，但不提供实现，具体的实现由其子类进行。一个类想要“继承”接口的声明方法，则需要实现接口，接口的实现使用 implements 关键字进行修饰。接口的使用方式如案例 5-8 所示。

案例 5-8　接口的使用

文件 InterfaceDemo.java

```
public class InterfaceDemo {
    public static void main(String[] args) {
        // 汽车的出行方式
        Travel carTravel = new Car(); // 实现类可以向上转型成为接口类型
        carTravel.setWay("Car"); // 调用子类的实现方法设定出行方式
```

```
        System.out.println(carTravel.getTravelWay()); // 打印出行方式

        // 飞机的出行方式
        Travel airplaneTravel = new Airplane();
        airplaneTravel.setWay("Airplane");
        System.out.println(airplaneTravel.getTravelWay());

        if (carTravel instanceof Car) {
            Car car = (Car) carTravel;
            System.out.println(car.getTravelWay());
        }
    }
}

// 定义出行的接口，包含一个变量和两个方法
interface Travel {
    static final String TWAY = "Travel By ";

    // 接口中的方法如没有访问修饰符修饰，则默认是public类型的
    abstract String getTravelWay();

    // 接口中的方法可以省略abstract方法，默认该方法是抽象方法
    void setWay(String travelWay);
}


// 通过汽车可以实现旅行的功能
class Car implements Travel {
    // 旅行的方式
    private String travelWay = "";

    // override注释用于说明该方法是重写该类继承的类或者实现的接口中定义的方法
    @Override
    public String getTravelWay() {
        return travelWay;
    }

    @Override
    public void setWay(String subWay) {
        travelWay = TWAY + subWay;
    }

}

// 接口定义的是行为，如果具有该种行为，则都可以实现该类
class Airplane implements Travel {

    private String travelWay = "";

    @Override
    public String getTravelWay() {
        return travelWay;
    }

    @Override
    public void setWay(String subWay) {
        travelWay = TWAY + subWay;
    }

}
```

运行结果如图 5-11 所示。

```
<terminated> InterfaceDemo [Java Application] C:\Program Files\Java\jre
Travel By Car
Travel By Airplane
Travel By Car
```

图 5-11 运行结果

接口把方法的特征和方法的实现分割开来，这使得抽象类和接口的功能就各自明确化了。抽象类用于表明一个类是不是该抽象类的一个更具体的子集，而接口则是表明一个类是否具有某种特性和功能，接口更像是该实现类的一个子集。

当仅仅需要使用到一个类的某些行为时使用接口是合适的，如果不仅需要使用到某些行为，还需要使用对应的属性时，抽象类则是最佳的方式。Java 仅支持单一继承，但是接口可以实现多个（使用逗号隔开每个需要实现的类），这使得接口可以完成一些需要多重继承的场景且不会让代码结构过于复杂。

3. super 和 this 关键字

在继承关系中，经常会使用到 super 和 this 关键字，super 是指调用对象的父类型，例如 super.getName()说明调用的是父类的 getName()方法，如果是 super.name 则表示调用父类的 name 属性。this 则表示当前对象，例如 this.getName()表示调用当前类型的 getName()方法，而 this.name 则表示调用对象自己的 name 属性。super 关键字一般用于继承中，在构造函数和需要用到父类属性和方法的时候使用。this 则更加通用，在介绍 StringBuider 的时候就提到过，该类的一些方法会返回 this，也就是当前对象，这使得一些操作更加方便、简捷。

4. 向上转型和向下转型

一般来说，当一个类继承一些类或者实现一些类，那么这些被继承和被实现的类就是一般通用类型，在开发中使用这些类型可以不必考虑每种类型，避免产生代码臃肿的问题，并且方法实现是根据对象调用的，无需考虑子类型，只需要将子类型的方法实现控制好就能达到目的。

但是，有时候子类型可能有自己的一些属性和方法，当使用通用类型时这些属性和方法是无法使用的，虽然子类型可以直接定义为其继承或实现的类型（自动转型），但是这些类型不能直接反向转换类型，因为编辑器无法预测这个对象是该类型的哪一个子类型，所以开发者必须要明确说明需要转换成的类型，这就是向下转型。

5. instanceof 关键字

instanceof 关键字用于判断当前引用指向的对象是否是指定的类型，如果是则返回 true，适用于含有继承或实现场景的类型。否则返回 false，其用法在案例 5-8 中已经演示过，此处不再赘述。

instanceof 关键字用于向下转型的场景。例如一个 Fishes 接收的 Crucian 对象，如果想要向下转成 Crucian 类型，则需要强制转换，但是实际上编译器是不知道当前引用指向的对象是否想要强制转换成为的类型，因为这个类型有很多子类型。当然，强制转换是可以的，但如果不判断当前类型是否是想要转换成为的那种类型，则强制转换就会抛出异常。故此，一般在强制转换却无法明确知道该类型到底是什么的时候，首先使用 instanceof 判断类型，然后再强制转换，这无疑增强了代码的健壮性，防止因为转换异常抛出错误导致程序出现故障。

5.5 多态

多态

多态是面向对象的重要特性，多态顾名思义就是多种形态，多态机制在提高了程序的简洁性的同时，提升了程序的可扩展性。

5.5.1 多态的概念

Java 语言支持两种形式的多态：运行时多态和编译时多态。运行时多态是指 Java 中一种动态性的多态，通过覆盖基类中相同方法签名的形式来实现。编译时多态是指 Java 中一种静态性的多态，通过重载函数的形式来实现。

5.5.2 重写与重载

重写和重载是 Java 中两个重要的概念。重载可以实现本类内的方法多态性，重写可以实现子类或实现类的多态性。

1. 重载

重载是指在同一方法内，方法名称相同，但是传入参数不同。这样就可以根据传入的参数来判断调用的到底是哪一个方法。重载大大增强了方法的功能性，在第 4 章字符串章节中，StringBuffer 的 append()方法支持多种类型的数据传入，但是它们实现的功能是相同或者相似的。具体的使用参看案例 5-9。

案例 5-9 方法的重载

文件 OverwriteDemo.java

```
public class OverwriteDemo {

    void print(int i) {
        System.out.println("打印整型值：" + i);
    }

    void print(String s) {
        System.out.println("打印字符串类型值：" + s);
    }

    void print(String s1, String s2) {
        System.out.println("打印字符串类型值1：" + s1 + ";字符串类型值2：" + s2);
    }

    public static void main(String[] args) {
        OverwriteDemo owd = new OverwriteDemo();
        // 编译时多态
        owd.print(12);
        owd.print("1234");
        owd.print("字符串1", "字符串2");
    }
}
```

运行结果如图 5-12 所示。

```
<terminated> OverwriteDemo [Java Application] C:\Program Files\J
打印整型值：12
打印字符串类型值：1234
打印字符串类型值1：字符串1;字符串类型值2：字符串2
```

图 5-12 运行结果

重载提升了方法的扩展性，例如在案例 5-9 中，如果只有一个接受 int 类型的值的打印方法，那么如果是一个 String 对象，则无法打印。又或者如果打印方法只能接受一个参数，那么两个字符串或者多个字符串就无法打印，这就让程序的兼容性和扩展性大打折扣。但这并不是说重载的方法越多越好，需要视具体情况而定，重载方法过多，但是从来不会用到，那么这种重载就失去了意义。

2. 重写

同重载不同，重写是发生在两个类中的，且两个类是继承关系或者实现关系，同时方法签名完全相同！也就是说，方法名称和传入参数要完全一致。重写是 Java 实现运行时多态的方式，这种通过对象类型而非定义类型去匹配实现方法的方式极大地提升了程序的开发效率和扩展性，同时也让程序更加易于维护。

多态的案例在继承中已经有所体现，为了使读者加深印象，这里我们通过一个动物的继承模型来重现，如案例 5-10 所示。

案例 5-10　方法的重写

文件 AnimalsDemo.java

```
public class AnimalsDemo {
    public static void main(String[] args) {

        // 基类类型的对象调用基类的对应方法
        Animals animal = new Animals();
        animal.eat();
        animal.sleep();

        // 子类的对象调用各自重写后的方法
        Animals dog = new Dog();
        Animals cat = new Cat();

        dog.eat();
        cat.eat();

        dog.sleep();
        cat.sleep();
    }
}

public class Animals {

    public String name;
    public int age;

    public Animals() {
        name = "animal";
        age = 0;
    }
    public void eat(){
        System.out.println("animals [named " + name + ",at aged " + age + " can eat...]");
    }

    public void sleep() {
        System.out.println("animal [named " + name + ",at aged " + age + " can sleep...");
    }
}

public class Cat extends Animals {

    private String type = "cat";

    public Cat() {
        super();
        name = "cat";
        age= 8;
    }

    @Override
    public void eat() {
        System.out.println(type + " [named " + name + ",at aged " + age + " can eat...]");
    }

    @Override
    public void sleep() {
        System.out.println(type + " [named " + name + ",at aged " + age + " can sleep...]");
    }
```

```
    }

    public class Dog extends Animals {
        private String type = "Dog";

        public Dog() {
            super();
            name = "dog";
            age = 10;
        }
        @Override
        public void eat() {
            System.out.println(type + " [named " + name + ",at aged " + age + " can eat...]");
        }

        @Override
        public void sleep() {
            System.out.println(type + " [named " + name + ",at aged " + age + " can sleep...]");
        }
    }
```

运行结果如图 5-13 所示。

```
<terminated> AnimalsDemo [Java Application] C:\Program Files\Java\j
animals [named animal,at aged 0 can eat...]
animal [named animal,at aged 0 can sleep...
Dog [named dog,at aged 10 can eat...]
cat [named cat,at aged 8 can eat...]
Dog [named dog,at aged 10 can sleep...]
cat [named cat,at aged 8 can sleep...]
```

图 5-13　运行结果

重写使用@Override 注解注释，使用该注释编辑器会在编译时就检查该方法是否符合重写的条件，避免了以为是重写却因粗心导致该方法只是重载的尴尬情况的发生。

重写使得基类或者 Java 接口有了更加强大的功能，只需要关注基类类型或者接口的类型，让子类自行重写父类或接口中定义好的方法，将其改造为自己想要的样子，就能快速地扩展程序，这不仅减少了代码的编写量，还能降低程序的耦合度，极大地提升了开发效率和易维护性。

5.5.3　内部类

当一个类定义在另一个类的内部，前者就是后者的内部类，后者就是前者的外部类。从类的定义上来看，内部类和外部类没有区别，它们都可以定义自己的成员变量和方法，但是内部类因其位置的独特性，在定义成员变量时多了诸多的限制。

内部类可以独立地继承或者实现一个类或接口，无论外部类是否继承或实现，内部类不受影响。如果说接口解决了一些问题，而内部类则让多重继承趋于完美。这种利用内部类实现某些接口或继承某些类的方式增强了类的自由性，让类不拘泥于死板的继承或者实现，让代码更加优雅与简洁，结构更加清晰明了。

内部类的特性如下。

- 内部类可以有多个实例，每个实例都有自己的状态信息，并与其他外部类对象的信息相互独立。
- 在单个外部类中，可以让多个内部类以不同的方式实现同一个接口或继承同一个类。
- 内部类的对象创建不依赖于外部类的对象创建。
- 内部类没有了令人迷惑的“is - a”关系，因为内部类本身就是一个独立的实体。
- 内部类提供了更好的封装，这些封装仅仅提供给外部类，其他类均不能访问。

在深入学习内部类之前，我们先通过案例 5-11 来介绍内部类的创建和使用。

案例 5-11　内部类的创建及使用

文件 InnerClassDemo.java

```
public class InnerClassDemo {
    public static void main(String[] args) {
        OuterClass oClass = new OuterClass(); // 创建外部类对象
        oClass.display(); // 打印外部类信息

        OuterClass.InnerClass iClass = oClass.new InnerClass(); // 创建内部类对象
        iClass.showInfo(); // 打印内部类信息

    }
}

// 定义外部类
class OuterClass {
    private String name;
    private int serno;

    // 定义内部类
    public class InnerClass {
        public InnerClass() {
            name = "innerClass";
            serno = 1;
        }

        // 信息打印
        public void showInfo() {
            System.out.println("name = " + name + "; serno = " + serno);
        }
    }

    public OuterClass() {
        name = "outerClass";
        serno = 0 ;
    }

    // 打印信息
    public void display() {
        System.out.println("name = " + name + "; serno = " + serno);
    }
}
```

运行结果如图 5-14 所示。

```
<terminated> InnerClassDemo [Java Application] C:\Program Files\Java\jre
name = outerClass; serno = 0
name = innerClass; serno = 1
```

图 5-14　运行结果

外部类引用内部类的方式是：OuterClassName.InnerClassName，内部类对象则是通过外部类对象.new 的方式创建，具体可参考案例 5-11。从输出结果不难发现，内部类的创建虽然与外部类有关，但内部类的数据与外部类并没有任何关系，同时，内部类可以无限制访问内部类的所有成员变量。

值得注意的是，内部类虽然定义在外部类内，但是内部类也会和外部类一样生成一个独立的 class 文件，这个 class 文件的命名格式是：OuterClassName$InnerClassName.class，如果内部类是本地类，因本地类可以重名，所以在生成 class 文件的时候，会根据定义的顺序编号，编号从 1 开始，编号在$符和内部类名之间，每当有重名的本地类，对应的编号增加 1。

从严格意义上来说，内部类分为 3 类：嵌入类、内部成员类和本地类。

1. 嵌入类

当一个内部类使用 static 修饰时，它就是嵌入类，嵌入类只能和外部类的成员并列，不能定义在方法中。嵌入类和外部类的成员属性和方法处于同一个层次。

关键字 static 可以修饰成员变量、方法、代码块和内部类。static 修饰的内容是跟随类加载而加载的，而且内容只有一份，不随对象的创建而变化，且所有的类对象都能访问。static 修饰的方法使用“类名.方法名”的方式调用，而不需要初始化对象去调用，如下所示。

```
ClassName.methodName();
```

静态内部类和非静态内部类的最大区别是非静态内部类编译后会隐含地保存一个引用，这个引用指向创建它的外部类，但静态内部类却没有。所以，结合 static 的性质，嵌入类的创建就无需外部类的对象，同时，也无法访问外部类的所有非静态成员变量和方法。

案例 5-12　嵌入类

文件 InnerClass4StaticDemo.java

```
import com.lw.chapter5.OuterClass1.InnerClass1;

public class InnerClass4StaticDemo {
    public static void main(String[] args) {
        // 创建外部类对象
        OuterClass1 oClass1 = new OuterClass1();
        oClass1.display(); // 打印信息

        // 创建嵌入类对象（推荐）
        InnerClass1 iClass2 = new InnerClass1();
        iClass2.showInfo(); // 打印信息      }
}

class OuterClass1 {
    private String name;
    private static int SERNO = 0;

    public OuterClass1() {
        name = "outerClass1";
    }

    // 打印信息
    public void display() {
        System.out.println("name = " + name + ";serno = " + SERNO);
    }

    public static int getSerno() {
        return SERNO;
    }

    public String getName() {
        return name;
    }

    // 嵌入类
    public static class InnerClass1 {
        private String innerName;
        public InnerClass1() {
//              name = "innerClass1"; // 编译错误，无法访问父类非静态成员变量
            innerName = "innerClass1";
        }

        public void showInfo() {
            // getSerno是静态方法，可以访问
```

```
                System.out.println("name = " + innerName + ";serno = " + getSerno());
                // getName是非静态方法，无法访问
//              System.out.println("show outerClass1 name : " + getName());
            }

        }
}
```

运行结果如图 5-15 所示。

```
<terminated> InnerClass4StaticDemo [Java Application] C:\Pr
name = outerClass1;serno = 0
name = innerClass1;serno = 0
```

图 5-15 运行结果

因嵌入类的特殊性，嵌入类在使用时必须导入该类。在初始化的时候，无需使用外部类声明就可以创建，而且所有的外部类对象共享一份嵌入类数据。嵌入类内部可以定义静态和静态的成员变量及方法。

2. 内部成员类

如果内部类不使用 static 修饰，则称之为内部成员类，内部成员类与内部变量相当。内部成员类不能定义静态成员变量和静态方法，但是可以定义静态常量。如果该内部成员变量继承的类含有静态常量，则该类是可以继承父类的静态变量的。

案例 5-13 内部成员类

文件 InnerClass4MemberDemo.java

```
public class InnerClass4MemberDemo {
    public static void main(String[] args) {
        OuterClass2 oClass2 = new OuterClass2(); // 创建外部类对象
        OuterClass2.InnerClass iClass = oClass2.new InnerClass(); // 创建内部类对象
        // 打印输出内部类的静态常量
        System.out.println("自定义的静态常量：" + iClass.getVALUE());
        // 获取内部类继承而来的静态变量
        System.out.println("继承而来的静态变量：" + Base.getValue());
        // 获取外部类的静态变量
        System.out.println("访问外部类静态变量：  " + iClass.getOuterName());
        // 使用外部类的静态方法
        iClass.showOuterInfo();
    }
}

// 基类
class Base {
    private static int value = 123;

    public static int getValue() {
        return value;
    }

    public static void setValue(int value) {
        Base.value = value;
    }

}
// 外部类
class OuterClass2 {
    // 静态的外部类变量
    private static String name = "outerClass Name";
    // 内部类
    public class InnerClass extends Base {
```

```
        private static int innerValue = 111; // 错误，不可以含有静态变量
        private static final int VALUE = 100; // 正确，可以含有静态常量

        public static getInnerValue() { // 错误，不能含有静态方法
            return innerValue;
        }

        public int getVALUE() { // 正确
            return VALUE;
        }

        // 可以调用外部类的静态方法
        public void showOuterInfo() {
            display();
        }

        // 可以访问外部类的静态变量
        public String getOuterName() {
            return name;
        }
    }

    // 静态的外部类方法
    public static void display() {
        System.out.println("outerClass's static method");
    }
}
```

运行结果如图 5-16 所示。

```
<terminated> InnerClass4MemberDemo [Java Application] C:\Program Files\Ja
自定义的静态常量：100
继承而来的静态变量：123
访问外部类静态变量： outerClass Name
outerClass's static method
```

图 5-16 运行结果

外部类可以含有多个内部类，内部类也可以继承一个类或实现多个接口。从严格意义上来说，内部成员类不能定义静态变量，但是因为可以继承或者实现的关系，内部成员类可以含有静态变量，所以当一个内部成员类有静态变量时，不要以为代码或者编译器出了问题。

3. 本地类

定义在方法内部的内部类称为本地类，这种内部类仅相当于定义了一个数据类型。同内部成员类一样，其内部不能定义静态变量和静态方法，但是可以定义静态常量。本地类特殊的地方在于，无论它定义在静态方法里还是非静态方法里，本地类都不可以使用 static 修饰，而且，本地类的作用域是定义它的方法，因此它没有访问类型，而且可以在不同的方法内定义相同名称的本地类。

案例 5-14 本地类

文件 InnerClass4LocalDemo.java

```
public class InnerClass4LocalDemo {
    public static void main(String[] args) {
        OuterClass3 oClass3 = new OuterClass3(); // 创建外部类对象

        oClass3.localDemo1(); // 调用非静态方法

        OuterClass3.localDemo2(); // 调用静态方法
    }
}
```

```
class OuterClass3 {
    // 非静态方法含有内部类
    public void localDemo1() {
        class Local {
            static final int TYPE_VALUE = 1; // 可以含有常量
            private int serno = 1; // 可以含有非静态变量
            static String vlaue = "124"; // 错误，不可以有静态变量

            public void showInfo() {
                System.out.println("Local : serno = " + serno + ", type_value = " + TYPE_VALUE);
            }
        }
        new Local().showInfo(); // 输出本地类的信息
    }

    // 静态方法含有内部类
    public static void localDemo2() {
        class Local {
            static final int TYPE_VALUE = 1; // 可以含有常量
            private int serno = 2; // 可以含有非静态变量

            public void showInfo() {
                System.out.println("Local : serno = " + serno + ", type_value = " + TYPE_VALUE);
            }
        }
        new Local().showInfo(); // 输出本地类的信息
    }
}
```

运行结果如图 5-17 所示。

```
<terminated> InnerClass4LocalDemo [Java Application] C:\Program Files\Java
Local : serno = 1, type_value = 1
Local : serno = 2, type_value = 1
```

图 5-17 运行结果

虽然本地类可以包含同名的内部类，但为了便于阅读和理解，并不建议使用相同名称的本地类，因为这会给阅读代码的人增加一些障碍。

Java 允许内部类中再定义内部类，但是这并没有太大的意义，而且多层的内部类会增加代码的阅读难度和维护成本。

内部类可以相互访问，但是由于嵌入类是静态的，所以它只能访问其他的嵌入类。内部成员类可以访问嵌入类和其他内部成员类。本地类因作用域只限于方法，所以嵌入类和内部成员类不能访问本地类，本地类可以随意访问嵌入类，但因为内部成员类是非静态的，所有只有非静态方法中的本地类能访问内部成员类，同一方法内的本地类可以相互访问。

案例 5-15 内部类的相互访问

文件 InnerClassVisibleDemo.java

```
public class InnerClassVisibleDemo {

    static class StaticInnerClass1 {

        void showInfo() {
            // 嵌入类无法使用成员内部类
            MemberInnerClass1 mi1 = new MemberInnerClass1();
            mi1.showInfo();
            System.out.println(this.getClass().getName());
```

```
        }

        void visitStatic() {
            // 可以使用其他嵌入类
            StaticInnerClass2 si2 = new StaticInnerClass2();
            si2.showInfo();
        }
    }

    static class StaticInnerClass2 {
        void showInfo() {
            System.out.println(this.getClass().getName());
        }
        void visitStatic() {
            // 可以相互使用
            StaticInnerClass1 si1 = new StaticInnerClass1();
            si1.showInfo();
        }
    }

    public class MemberInnerClass1 {
        void showInfo() {
            System.out.println(this.getClass().getName());
        }
        // 可以访问嵌入类
        void visitStatic() {
            StaticInnerClass1 si1 = new StaticInnerClass1();
            si1.showInfo();
        }
        // 可以访问其他内部类
        void visitMember() {
            MemberInnerClass2 mi2 = new MemberInnerClass2();
            mi2.showInfo();
        }

    }

    public class MemberInnerClass2 {
        void showInfo() {
            System.out.println(this.getClass().getName());
        }
    }

    public void showInfo() {
        class NativeInnerClass1 {
            void showInfo() {
                System.out.println(this.getClass().getName());
            }
            // 可以访问嵌入类
            void visitStatic() {
                StaticInnerClass1 si1 = new StaticInnerClass1();
                si1.showInfo();
            }
        }

        class NativeInnerClass2 {
            void showInfo() {
                System.out.println(this.getClass().getName());
```

```
            }
            // 可以访问其他本地类
            NativeInnerClass1 ni1 = new NativeInnerClass1();
            void visitNative() {
                ni1.showInfo();
            }

            void visitStatic() {
                ni1.visitStatic();
            }
            // 访问内部成员类
            void visitMember() {
                MemberInnerClass1 mi1 = new MemberInnerClass1();
                mi1.showInfo();
            }
        }
        NativeInnerClass2 ni2 = new NativeInnerClass2();
        ni2.showInfo();
        ni2.visitNative();
        ni2.visitStatic();
        ni2.visitMember();


    }

    public static void display() {
        class NativeInnerClass3 {
            void showInfo() {
                System.out.println(this.getClass().getName());
            }
            // 不能访问内部成员类
            MemberInnerClass1 mi2 = new MemberInnerClass1();
            void visitStatic() {
                StaticInnerClass1 si1 = new StaticInnerClass1();
                si1.showInfo();
            }
        }
        new NativeInnerClass3().visitStatic();

    }
    public static void main(String[] args) {
        InnerClassVisibleDemo icvd = new InnerClassVisibleDemo();
        System.out.println("********* 静态方法中本地类访问嵌入类开始 ****************");
        display();
        System.out.println("********* 静态方法中本地类访问嵌入类结束 ****************\n");

        System.out.println("********* 非静态方法中本地类访问嵌入类、内部成员类开始 ****************");
        icvd.showInfo();
        System.out.println("********* 非静态方法中本地类访问嵌入类、内部成员类结束 ****************\n");

        StaticInnerClass1 sic1 = new StaticInnerClass1();
        sic1.showInfo();
        System.out.println("********* 嵌入类访问嵌入类开始 ****************");
        sic1.visitStatic();
        System.out.println("********* 嵌入类访问嵌入类结束 ****************\n");

        MemberInnerClass1 mic1 = icvd.new MemberInnerClass1();
        mic1.showInfo();
```

```
        System.out.println("********* 内部成员类访问嵌入类开始 ****************");
        mic1.visitStatic();
        System.out.println("********* 内部成员类访问嵌入类结束 ****************\n");

        System.out.println("********* 内部成员类访问其他内部成员类开始 ****************");
        mic1.visitMember();
        System.out.println("********* 内部成员类访问其他内部成员类结束 ****************\n");


    }
}
```

运行结果如图 5-18 所示。

```
<terminated> InnerClassVisibleDemo [Java Application] C:\Program Files\Java\jre1.8.0_111
********* 静态方法中本地类访问嵌入类开始 ****************
com.lw.chapter5.InnerClassVisibleDemo$StaticInnerClass1
********* 静态方法中本地类访问嵌入类结束 ****************

********* 非静态方法中本地类访问嵌入类、内部成员类开始 ****************
com.lw.chapter5.InnerClassVisibleDemo$1NativeInnerClass2
com.lw.chapter5.InnerClassVisibleDemo$1NativeInnerClass1
com.lw.chapter5.InnerClassVisibleDemo$StaticInnerClass1
com.lw.chapter5.InnerClassVisibleDemo$MemberInnerClass1
********* 非静态方法中本地类访问嵌入类、内部成员类结束 ****************

com.lw.chapter5.InnerClassVisibleDemo$StaticInnerClass1
********* 嵌入类访问嵌入类开始 ****************
com.lw.chapter5.InnerClassVisibleDemo$StaticInnerClass2
********* 嵌入类访问嵌入类结束 ****************

com.lw.chapter5.InnerClassVisibleDemo$MemberInnerClass1
********* 内部成员类访问嵌入类开始 ****************
com.lw.chapter5.InnerClassVisibleDemo$StaticInnerClass1
********* 内部成员类访问嵌入类结束 ****************

********* 内部成员类访问其他内部成员类开始 ****************
com.lw.chapter5.InnerClassVisibleDemo$MemberInnerClass2
********* 内部成员类访问其他内部成员类结束 ****************
```

图 5-18　运行结果

内部类在框架中使用较多，但在日常开发中并不常用，故此处只给出内部类的一些基本知识和简单应用。感兴趣的读者可以查阅相关资料进一步了解，此处不再赘述。

5.5.4　拓展：Object 类

在第 4 章中提到，Java 中所有的类都直接或间接继承自 Object 类，该类是所有类型的起点，当你不知道定义的或者想要接收的类型到底是什么类型时，就可以使用 Object 类型去定义。

Object 类中定义了一些 Java 对象常用的方法，例如 hashCode()和 toString()方法，这两个方法用于等值比较，重写 hashCode()和 toString()方法会让 equals()方法不再比较对象是否是同一个对象，而是比较对象的某个属性是否相同。有兴趣的读者可以参考 String 类的 hashCode()和 toString()方法的重写逻辑，这些方法的重写使得字符串在使用 equals()比较的时候只比较值的内容，而不比较两个对象的地址值是否一致。Object 类中还定义了 clone()方法，可以复制当前对象的一份拷贝。

5.6　动手任务：多态的强大——间谍的变身技能

动手任务：多态的强大——间谍的变身技能

【任务介绍】

1. 任务描述

Tom 是一个间谍，为了获取敌方情报，Tom 会多项技能，能在不同的场景下扮演不同的角色以迷惑对方。Tom 拥有丰富的地理知识，在日常生活中他是一位地理老师；为了能够获取敌方的数据库内容，Tom 拥有丰富的黑客知识，能够破解很多服务器；为了逃避敌人的追捕，必要的时候还要飙车以逃脱敌人的跟踪；同时 Tom 也是一位密码学方面的高手，能够利用摩斯密码传递情报并且能够破解敌方发送的加密信息。

2. 运行结果

任务运行结果如图 5-19 所示。

```
<terminated> SpyDemo [Java Application] C:\Program Files\Java
learning ...
Stealing Infomations ...
Cracking Passwords ...
Driving for escape ...
Teaching  Geography ...
```

图 5-19　运行结果

【任务目标】

- 掌握对象的封装、继承和多态的概念和使用。
- 掌握抽象类和接口的使用。
- 掌握重写和重载的使用。
- 掌握强制类型转换（向下转型）的概念和使用方式。

【实现思路】

（1）人是有种族和国家归属的，所以我们首先定义一个人类的抽象类，这个类有种族和国籍属性；其次，人类是会学习的，这个类有一个学习的抽象类，因为每个人的学习方式是不一样的。

（2）Tom 首先是一个人，所以首先需要定义一个人的类型，这个类型是生物的一种，该类拥有人的一些基本特征，例如姓名、年龄、性别等。为了简化代码，只定义姓名、年龄和性别属性。同时为了胜任更加艰巨的任务，Tom 还需要学习更多知识，而每个人都有这种学习的能力。

（3）Tom 是一个间谍，具有多种技能，这些技能是一些功能，所以，需要定义对应的接口，让 Tom 能够转换相应的身份。

（4）并不是所有人都是间谍、都会这些技能，但是 Tom 是一个间谍，也拥有这些技能，所以我们需要把这个人变成 Tom。

【实现代码】

（1）定义一个 Person 抽象类，该类包含姓名、性别和年龄属性，同时包含一个抽象方法 learn。

文件 Person.java

```
abstract class Person {

    private String name; // 姓名
    private Integer age; // 年龄
    private String gender; // 性别

    public String getName() {
        return name;
    }

    public void setName(String name) {
        this.name = name;
    }

    public Integer getAge() {
        return age;
    }

    public void setAge(Integer age) {
        this.age = age;
```

```
        }

        public String getGender() {
            return gender;
        }

        public void setGender(String gender) {
            this.gender = gender;
        }

        void learn() { // 持续学习中……
            System.out.println("learning ...");
        }

}
```

在上述代码中定义了种族和国籍，并定义了相应的 getter 和 setter 方法，用于获取和设置对应的值，同时定义了一个 learn 的抽象方法。

（2）定义一个 Teacher 接口，该接口含有一个 teach()方法，表示老师可以从事教学工作。

文件 Teacher.java

```
public interface Teacher {

        void teach(); // 教师能够教学
}
```

教师类接口用于教师的教学工作，接口中没有使用访问限制修饰符的方法都默认是 public 的，此处省略次访问修饰符。

（3）定义一个 Driver 接口，同 Teacher 接口模式一致，含有一个 driveCar()方法。

文件 Driver.java

```
public interface Driver {

        void driveCar(); // 司机会开车
}
```

（4）定义一个 SpySkill 接口，用于说明间谍所需技能，该接口含有两个方法，一个是盗取信息的方法 stealInfo()，另一个是破解密码的方法 crackingPasswords()。

文件 SpySkills.java

```
public interface SpySkills {

        void stealInfo(); // 窃取信息

        void crackingPasswords() ; // 会破解密码
}
```

（5）定义一个间谍对象，继承 Person 类型并实现 Teacher、Driver 和 SpySkills 接口。

文件 Spy.java

```
public class Spy extends Person implements SpySkills, Driver, Teacher {

        @Override
        public void teach() {
            System.out.println("Teaching   Geography ...");
        }

        @Override
        public void driveCar() {
            System.out.println("Driving for escape ...");
        }
```

```
    @Override
    public void stealInfo() {
        System.out.println("Stealing Infomations ...");
    }

    @Override
    public void crackingPasswords() {
        System.out.println("Cracking Passwords ...");
    }

    public void userComputer() {
        System.out.println("Operating computer ...");
    }
}
```

（6）模拟一次信息窃取的过程。

文件 SpyDemo.java

```
public class SpyDemo {

    public static void main(String[] args) {
        Person person = new Spy(); // 创建一个person类型的间谍对象

        person.setAge(30); // 设置年龄为30
        person.setGender("M"); // 设置性别为男
        person.setName("Tom"); // 设置姓名为Tom

        person.learn(); // 人可以学习

        if ( person instanceof SpySkills) { // 如果此人是一个间谍，并且学会了所有的技能
            SpySkills spyer = (SpySkills) person; // 强制转型成为间谍
            spyer.stealInfo(); // 窃取信息
            spyer.crackingPasswords(); // 破解密码
        }

        // 窃取结束，逃避追捕
        if (person instanceof Driver) {
            Driver driver = (Driver) person; // 强制转型成为司机
            driver.driveCar(); // 飙车躲避追杀
        }

        // 躲避成功，继续上课避免被怀疑
        if (person instanceof Teacher) {
            Teacher teacher = (Teacher) person; // 强制转型成为老师
            teacher.teach(); // 教学避免被怀疑
        }
    }
}
```

案例中涉及了封装（属性和方法）、继承（Person 和 Spy）、实现（Teacher、Driver 和 SpySkills）、多态（继承和实现）和重写，如果考虑重载，可以在 Spy 类中添加一个学习的方法，并告诉这个方法要学习的知识。

```
public void learn(String knowledgeType) {
    // 学习传入的类型的知识
}
```

5.7 本章小结

本章主要介绍了 Java 开发中最重要的内容，即面向对象的知识。在本章中，首先介绍了 Java 中包和访问修饰

符的概念，之后介绍了类的概念。接着介绍了封装、继承和多态的概念。封装包含两个层面，属性的封装和方法的封装（类也是一种形式的封装），属性的封装是让属性隐藏起来，只能通过特定方式获取和修改，方法的封装则是将方法的实现隐藏起来，将方法名称暴露出去。继承的子类和父类在《Thinking in Java》中被定义为“is - a”的关系，这种说明非常贴切。多态是指多种形态，也就是说一个类如果实现或者继承某个类，那么它不仅可以是自己的类型，也可以是它实现或者继承的类型，或者它实现或继承类型实现或者继承的类型，即使定义成为了上层类型（所有类型都可以定义为 Object 类型），它还是可以向下强制转换成自己的类型。一个对象可以是多种类型就是多态。本章还介绍了重写和重载，重写是覆盖父类或实现接口中某个方法的方法体，但是方法签名不变，重写使用@Override 注解注释；重载是指可以定义多个重名方法，但这些重名方法的方法签名是不同的，也就是说，传入的参数类型或者个数是不相同的。

【思考题】

1. 接口和抽象类有哪些异同点？它们的使用场景有什么异同点？
2. 重载的方法是否能被重写？构造方法是否能被重载？
3. 构造方法是否能被重写？

PART 06

第6章 集合和数组

■ Pascal 之父——Nicklaus Wirth 曾提出一个公式“算法+数据结构=程序”，这个公式对于计算机而言可媲美物理学的质能方程“E=MC^2”，Nicklaus Wirth 也因此获得了计算机领域著名的图灵奖。在面向对象程序设计中常常将数据封装到各个类中，这与传统的面向过程的编程相比，无论是数据的组织还是数据的操作，其重要性都没有丝毫降低，如何存储、查找及排序因不同的实现方法会在内存占用和运行效率间存在着巨大的差异。

研究数据如何占用更少的内存并且有更高的运行效率是非常消耗时间和精力的，不过 Java 的设计者为了帮助开发者快速地绕过这个门槛，设计了大量的类将常用的数据结构和算法封装起来供开发者调用，来消除一些数据结构和算法给开发者带来的麻烦，这些类放在了集合库中。

6.1 集合初探

通常情况下，将具有相同性质的一类事物汇聚成一个整体，即成为集合，集合框架则是为了表示和操作集合而规定的统一的标准的体系结构。集合框架包含三大部分：对外接口、接口实现和对集合运算的算法。

- 对外接口：表示集合的抽象数据类型，提供了对集合中所表示的内容单独操作的可能。
- 接口实现：集合框架中接口的具体实现，也就是可复用的数据结构。
- 对集合运算的算法：在一个实现了某个集合框架中的接口的对象身上完成某种有用的计算方法。

Java 提供了 Collection 的集合框架，在其内定义了很多抽象的数据类型，包括集（Set）、链表（List）、数组（Array）、树（Tree）和散列表（HashTable）等，另外还有比较特殊的映射（Map），这些抽象数据类型几乎涵盖了程序开发中会用到的数据结构。在 JDK1.5 之后，这些类型都可以很方便地使用，大大提升了程序的开发效率。

6.1.1 Collection

在所有的 Java 集合框架中，Collection 是其顶层的接口。集合中有丰富的抽象数据类型，这些数据类型也封装了对应的算法以实现数据低耗高效的特点。Collection 的继承结构如图 6-1 所示。

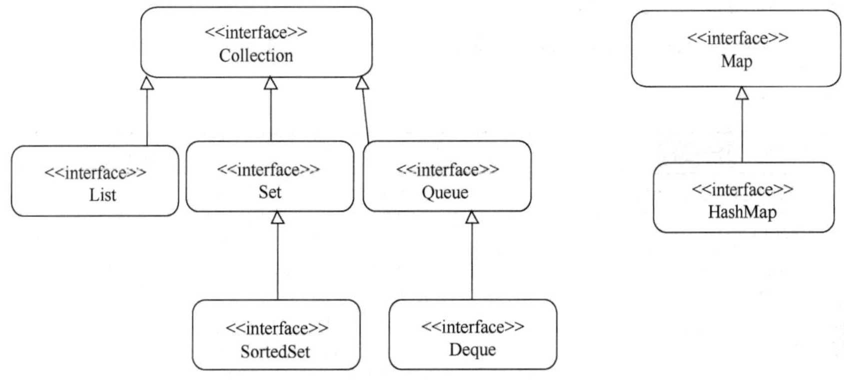

图 6-1 常用集合的继承关系图

图 6-1 是常用的抽象数据类型，其中 Map 和 List 是最通用且使用频率最高的两种数据类型，有时，Set 和 Queue 在一些特殊的场景下使用，有时候我们还会用到 Stack，Stack 也是 Collection 的一种数据类型。在这些抽象的数据类型中，Map 比较特殊，自成一体，是键值对存储的数据类型。需要时，也可以通过 keySet()和 values()方法从一个 Map 中得到键的 Set 集合或者 Collection 集。

Java 的集合操作类的基本接口是 Collection，该接口用于表示任何元素或对象组，支持添加、删除和迭代等功能。Collcction 的通用方法如表 6-1 所示。

表 6-1 Collection 通用方法

方法名称	功能描述
boolean add(Object element)	添加一个元素到集合中
boolean addAll(Collection from)	将 from 集合中的所有元素添加到集合中
void clear()	清空集合
boolean contains(Object obj)	判断集合中是否含有该元素
boolean containsAll(Collection c)	判断集合中是否包含了集合 c 中所有的元素
boolean equals(Object obj)	判断集合是否相等

续表

方法名称	功能描述
bollean isEmpty()	判断集合是否为空
Iterator iterator()	返回一个实现了 Iterator 接口的对象
boolean remove(Object element)	删除集合中的该元素
boolean removeAll(Collection c)	删除集合中所有与 c 集合中相同的元素
boolean retainAll(Collection c)	删除集合中不在 c 中的元素
int size()	返回集合中元素的数目

add()方法用于将对象添加给集合，如果添加对象后集合确实发生了变化则返回 true，否则返回 false。如果集合中已经有了这个对象，则直接返回 false，remove()方法执行的操作与 add()相反。iterator()方法返回一个实现了 Iterator 接口的对象，用于对集合内元素的遍历。在遍历的时候会用到两个 Iterator 定义的遍历方法：hasNext()和 next()，next()方法返回集合中的下一个元素，如果不存在下一个元素则会抛出 NoSuchElementException 异常，所以一般在使用 next()方法的时候都会使用 hasNext()方法来判断是否还有可供访问的对象。

6.1.2 Map 集合

Map 不是 Collection 接口的继承，Map 接口维护着不可重复的键值对的映射关系。这组不可重复的键值对映射可以执行修改、查询和提供可选视图等操作。

Map 有自己的接口，其方法与 Collection 中定义的方法稍有不同。Map 接口的方法如表 6-2 所示。

表 6-2 Map 常用方法

方法名称	功能描述
Object put(Object key, Object value)	添加一个键值对到 Map 中
Object remove(Object key)	删除键值是 key 的映射并返回该 key 映射的 value
void putAll(Map mapping)	将另一个 Map 添加到该 Map 中
void clear()	清除 Map 中的数据
Object get(Object key)	获取该 key 映射的 value 值
boolean containsKey(Object key)	判断映射表是否含有该 key 值的映射
boolean containsValue(Object key)	判断映射表是否含有该 value 值的映射
int size()	返回该映射表的键值对个数
boolean isEmpty()	判断映射表是否为空
Set keySet()	返回映射表的键的 Set 集合
Set entrySet()	返回一个实现了 Map.Entry 接口的对象集合
Collection values()	返回 Map 的 value 值的集合

Map 与 Collection 稍有区别，对于添加元素的操作，Map 使用 put(Object key, Object value)，在 Map 中，键值对的 key 和 value 都可以为 null。

案例 6-1 Map 的使用

文件 MapDemo.java

```
public class MapDemo {

    public static void main(String[] args) {
        Map<String, String> map = getMap(); // 获取一个map

        System.out.println(map); // 打印输出map的数据
```

```
        System.out.println("打印key=null的value值： " + map.get(null)); // 根据key获取其value值

        Set<String> keySet = map.keySet(); // 获取map对象key的set集合
        System.out.println("key值的集合： " + keySet); // 打印输出map的key集合

        Collection<String> valueCollection = map.values(); // 获取map的value的集合
        System.out.println("value值集合： " + valueCollection); // 打印输出map的value值

        Set<Entry<String, String>> entrySet = map.entrySet(); // 获取map.Entry的对象
        System.out.println(" ****************** 以Entry对象的方式打印输出Map中的映射键值对开始");
        System.out.print("[");
        for (Entry<String, String> entry : entrySet) {
            System.out.print("key=" + entry.getKey() + ": value=" + entry.getValue() + "; ");
        }
        System.out.println("]\n ****************** 以Entry对象的方式打印输出Map中的映射键值对结束");

        Map<String, String> hashMap = new HashMap<>();
        hashMap.put("hashMap", "hashMap");
        hashMap.put("treeMap", "treeMap");
        hashMap.put("gender", "M");

        map.putAll(hashMap); // 将hashMap中的数据添加到map对象中
        System.out.println(map);

        // 是否包含的判断
        System.out.println("是否包含key=gender的对象： " + map.containsKey("gender"));
        System.out.println("是否包含key=Java的对象： " + map.containsKey("Java"));

        System.out.println("是否包含value=M的对象： " + map.containsValue("M"));
        System.out.println("是否包含value=F的对象： " + map.containsValue("F"));

        System.out.println("map集合是否为空： " + map.isEmpty());
        System.out.println("map集合的大小是： " + map.size());

        map.clear(); // 清空map对象

        System.out.println("map集合是否为空： " + map.isEmpty());
        System.out.println("map集合的大小是： " + map.size());

    }

    // 返回一个含有键值对的map对象
    public static Map<String, String> getMap() {
        Map<String, String> map = new HashMap<>(); // 初始化一个HashMap对象
        map.put(null, "key null"); // 添加一个键值对到map中（key和value均可以为null）
        map.put("null", null);
        map.put("name", "map");
        map.put("gender", "F");
        map.put("home", "house");
        return map;
    }
}
```

运行结果如图 6-2 所示。

Map 中的元素是可以替换的，这在 putAll(Map map)的使用中就可以看出来，在添加之前，gender=F，Map 中含有一个 gender 的键值对，gender=M，添加完成之后，Map 中的 gender 的值改变了，变成了 gender=M，这说明了 Map 中的数据是可以被覆盖的，当添加一个已经存在的 key 的数据时，Map 并不会真的增加键值对，而是会将该 key 对应的 value 值做修改。Map 中含有 Collection 中也有过的 clear()方法，该方法用于清除 Map 对象中的所有数据。

```
<terminated> MapDemo [Java Application] C:\Program Files\Java\jdk1.8.0_111\bin\javaw.exe (2017年4月9日 下午3:35:31)
{null=key null, null=null, gender=F, name=map, home=house}
打印key=null的value值：key null
key值的集合：[null, null, gender, name, home]
value值集合：[key null, null, F, map, house]
 ****************** 以Entry对象的方式打印输出Map中的映射键值对开始
[key=null: value=key null; key=null: value=null; key=gender: value=F; key=name: value=map; key=home: value=house; ]
 ****************** 以Entry对象的方式打印输出Map中的映射键值对结束
{null=key null, null=null, gender=M, treeMap=treeMap, name=map, hashMap=hashMap, home=house}
是否包含key=gender的对象：true
是否包含key=Java的对象：false
是否包含value=M的对象：true
是否包含value=F的对象：false
map集合是否为空：false
map集合的大小是：7
map集合是否为空：true
map集合的大小是：0
```

图 6-2 运行结果

Map 定义了自己的 Entry 对象，该对象用于接收 Map 中的 key 和 value，从形式上看有些类似于一个映射关系类，该类中封装了 key 和 value 属性，用于获取 Map 的键与值信息。

Map 接口有两个具体的实现类，HashMap 和 TreeMap。HashMap 是基于 hash 表的实现，可用来替代 HashTable，此类提供了时间恒定的插入与查询。在构造函数中可以通过设置 hash 表的 capacity 和 load factor 来调节 HashMap 的性能。TreeMap 是基于红黑树数据结构的实现，它是一个有序的 Map，它也是唯一一个含有 subMap()方法实现的 Map 类型，该方法用于获取这个树的子树。

HashMap 和 TreeMap 都实现了 Cloneable 接口，在实际业务中可以按需决定使用哪一个。相比较而言，如果要在 Map 中插入、删除和定位元素，HashMap 的性能较为优越；如果要按照顺序遍历键，TreeMap 的有序特性则更加突出。

案例 6-2　HashMap 及 TreeMap 的使用

文件 TreeMap2HashMapDemo.java

```
public class TreeMap2HashMapDemo {
    public static void main(String[] args) {

        // 创建HashMap对象
        Map<String, String> hashMap = new HashMap<>();

        // 添加元素
        hashMap.put("Java", "Java User");
        hashMap.put("C", "C user");
        hashMap.put("C++", "C++ user");
        hashMap.put("Go", "Go user");

        System.out.println("hashMap = " + hashMap);

        // 根据hashMap构建一个TreeMap
        TreeMap<String, String> treeMap = new TreeMap<>(hashMap);

        System.out.println("treeMap = " + treeMap);

        HashMap<String, String> hMap = new HashMap<>(treeMap);
        System.out.println("hMap = " + hMap);
    }

}
```

运行结果如图 6-3 所示。

```
<terminated> TreeMap2HashMapDemo [Java Application] C:\Program Files\Java
hashMap = {Java=Java User, C++=C++ user, C=C user, Go=Go user}
treeMap = {C=C user, C++=C++ user, Go=Go user, Java=Java User}
hMap = {Go=Go user, Java=Java User, C++=C++ user, C=C user}
```

图 6-3 运行结果

从运行结果可以明显看出，TreeMap 是有一定的排序规则的，当然读者可以自己实现这个规则，也可以使用默认的规则。相比 HashMap 的无序，TreeMap 在遍历时无疑会快很多，但因为它是根据二叉树进行存储的，那么其随机访问和插入性能势必弱于 HashMap，不过两者的相互转换无疑消除了这种鸿沟，对于不同的数据类型仅需要转换成合适的类型即可。

WeakHashMap 是 Map 的一个特殊的实现，仅用于存储键的弱引用。当映射的某个键在 WeakHashMap 的外部不再被引用时，就允许垃圾收集器收集映射中对应的键值对。这种数据类型在维护注册表的数据结构时效果明显，当某个条目的键不再被任何线程访问时，该条目就可以被回收了。

6.1.3 List 链表

我们在日常生活中用到的自行车上有一个链条用于拉动后轮齿轮的转动，从而带动自行车前行。在集合中，链表的形式与之类似。链表分为两个部分，一个是数据部分，用于存储数据；另一个是连动部分，用于指向前一个元素的位置和后一个元素的位置。链表继承 Collection 接口，用于定义一个可以重复的有序集合。该接口允许用于对列表按位置的操作，查询则是从链表的头部或尾部开始。

List 接口有两个实现类，ArrayList 和 LinkedList。ArrayList 是用数组实现的 List，能进行快速的随机访问，但是随机插入和删除操作比较慢。LinkedList 对顺序访问进行了优化，在插入和删除元素的操作上代价也不高，但是随机访问的速度相比就会很慢。在实际应用中，LinkedList 可以当成栈（Statck）、队列（Queue）或双向队列（Deque）来使用。

List 是常用且简单的数据结构，又称为线性表。在线性表中（非空且有限），有且仅有一个元素被称为第一个元素和最后一个元素，同时，除去第一个元素，每个元素都有一个前驱元素，除去最后一个，每个元素都有一个后继元素。在线性表中，所有的相邻数据元素之间存在这样的先后顺序。图 6-4 所示是一个长度为 n 的线性表。

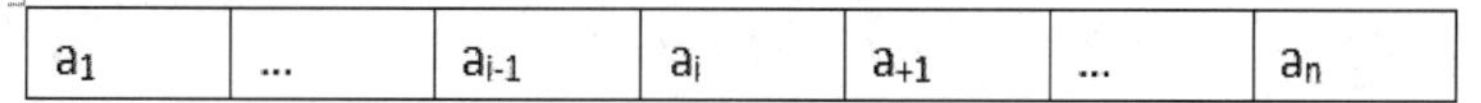

图 6-4　长度为 n 的线性表

线性表有两种存储方式：顺序表和链表。

1. ArrayList（顺序表）

顺序表的特点是用元素在计算机内物理位置的相邻来表示线性表中数据元素之间的逻辑关系，这种模式使得顺序表的随机读取速度非常快。顺序表元素的插入和删除如图 6-5 所示。

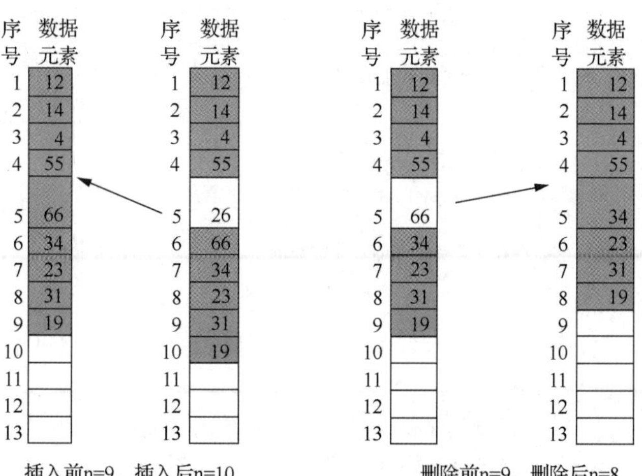

图 6-5　顺序表元素的插入和删除

因线性表是顺序存储的，所以每当有一个元素插入或者删除时，其后的所有元素位置都要做相应的变动，导致顺序表的插入、删除操作平均需要移动 n/2 个元素，这相当耗时（如果是自末尾删除和插入则无须移动元素）。

案例 6-3　顺序表

文件 ArrayListDemo.java

```
public class ArrayListDemo {

    public static void main(String[] args) {
        List<String> arrList = new ArrayList<>(); // 创建一个顺序表对象

        // 添加元素（顺序表末尾添加）
        arrList.add("one");
        arrList.add("two");
        arrList.add("three");
        arrList.add("four");
        arrList.add("five");
        arrList.add("six");

        System.out.println("arrList = " + arrList); // 打印顺序表的内容

        System.out.println("设置索引位置2上的值为3，原值是：" + arrList.set(2, "3"));

        // 在索引位置4上添加一个元素，值为5（指定位置添加）
        arrList.add(4, "5");
        System.out.println("arrList = " + arrList); // 打印顺序表的内容

        // 获取索引对应的值
        System.out.println("索引位置1上的值是：" + arrList.get(1));

        System.out.println("删除索引位置为4的值，该值是：" + arrList.remove(4));

        System.out.println("arrList = " + arrList); // 打印顺序表的内容

        // 顺序表有clear和isEmpty方法用于清除顺序表数据和判断链表是否为空
        System.out.println("顺序表是否为空：" + arrList.isEmpty());
        System.out.println("顺序表的数据量是：" + arrList.size());
        System.out.println("查询two元素所在的下标：" + arrList.indexOf("two"));
        System.out.println("查询Seven元素所在的下标：" + arrList.indexOf("seven"));
        System.out.println("顺序表中是否含有元素 Seven：" + arrList.contains("Seven"));

        // 获取顺序表的子表
        List<String> subList = arrList.subList(0, 3);
        System.out.println("subList = " + subList); // 打印输出子表数据

        // 修改子表数据，然后查看子表数据和原顺序表数据
        subList.set(1, "Seven");
        System.out.println("subList = " + subList); // 打印输出子表数据
        System.out.println("arrList = " + arrList); // 打印顺序表的内容

        arrList.set(0, "serven");
        System.out.println("subList = " + subList); // 打印输出子表数据
        System.out.println("arrList = " + arrList); // 打印顺序表的内容

        arrList.clear();
        System.out.println("subList = " + subList); // 打印输出子表数据
    }
}
```

运行结果如图 6-6 所示。

```
<terminated> ArrayListDemo [Java Application] C:\Program Files\Java\jdk1.8.0_111\bin\javaw.exe (2017年
arrList = [one, two, three, four, five, six]
设置索引位置2上的值为3，原值是：three
arrList = [one, two, 3, four, 5, five, six]
索引位置1上的值是：two
删除索引位置为4的值，该值是：5
arrList = [one, two, 3, four, five, six]
顺序表是否为空：false
顺序表的数据量是：6
查询two元素所在的下标：1
查询Seven 元素所在的下标：-1
顺序表中是否含有元素 Seven：false
subList = [one, two, 3]
subList = [one, Seven, 3]
arrList = [one, Seven, 3, four, five, six]
subList = [serven, Seven, 3]
arrList = [serven, Seven, 3, four, five, six]
Exception in thread "main" java.util.ConcurrentModificationException
	at java.util.ArrayList$SubList.checkForComodification(ArrayList.java:1231)
	at java.util.ArrayList$SubList.listIterator(ArrayList.java:1091)
	at java.util.AbstractList.listIterator(AbstractList.java:299)
	at java.util.ArrayList$SubList.iterator(ArrayList.java:1087)
	at java.util.AbstractCollection.toString(AbstractCollection.java:454)
	at java.lang.String.valueOf(String.java:2994)
	at java.lang.StringBuilder.append(StringBuilder.java:131)
	at com.lw.collection.ArrayListDemo.main(ArrayListDemo.java:55)
```

图 6-6　运行结果

从运行结果可以看出，ArrayList 的 subList(beginIndex，endIndex)方法返回的不是原对象的一份拷贝，而是共享原对象的数据内容，原顺序表与其子表的改变是同时的。在判断链表中是否含有一个对象时，如果含有则返回该数据的下标，否则返回-1 表示未匹配到。添加元素时，可以指定下标插入，但是这种插入一般比较耗时，在对线性表插入和删除的时候，一般会使用 LinkedList（链表）来进行。

2. LinkedList（链表）

链表就像长城上的烽火台，它们遥相呼应但不在一起，但是信息能准确地一点一点地向下传递，直到传递到最后一个烽火台。链表就是这样，可以存在于计算机的互不相邻的物理内存中，但是根据每个元素的前驱地址就可以找到上一个元素或者根据后继地址找到下一个元素。链表分为单向链表和双向链表，单向链表只能从链表的第一个元素依次向下查找，双向链表则可以从任意位置向前或者向后查找。

链表的数据结构如图 6-7 所示。

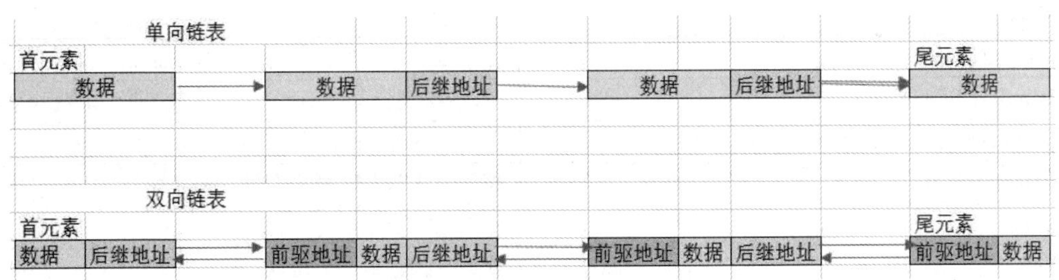

图 6-7　链表的数据结构

单向链表中的元素可以是不连续的存储空间，这种连续是指逻辑上的连续。元素在存储的时候需要多存储后继数据的信息，单向链表查找后继很方便，但是找到前驱就很困难了，双向链表则克服了这个问题，不过相比单向链表，它要多存储一份前驱的数据。LinkedList 实现的就是双向链表。

与顺序表的插入、删除不同，链表只需要修改对应节点的前驱结点存储的后继节点信息和后继节点存储的前驱结点信息即可。具体的插入与删除如图 6-8 所示。

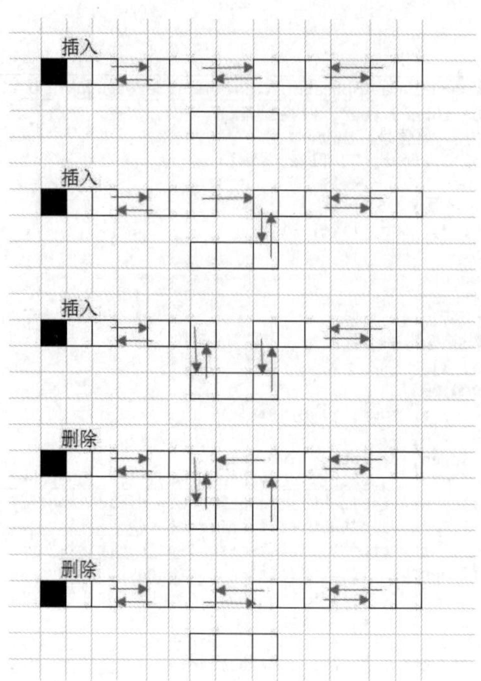

图 6-8　链表的插入与删除

因链表只需要改变元素的前驱和后继，所以其删除和插入的效率非常高，因此对于插入和删除的操作会使用链表进行。链表的常用方法如表 6-3 所示。

表 6-3　LinkedList 常用方法

方法名称	功能描述
void addFirst(E e)	将给定的元素放到链表的最前面
void addLast(E e)	将给定的元素放到链表的最后面
E element()	获取链表的第一个元素
E get(int index)	获取指定位置的元素
E getFirst()	获取第一个元素
E getLast()	获取最后一个元素
int indexOf(Object obj)	获取 obj 在链表中第一次出现的位置，-1 表示未找到
int lastIndexOf(Object obj)	获取 obj 在链表中最后一次出现的位置，-1 表示未找到
ListIterator<E> listIterator(int index)	获取从 index 开始的迭代器
boolean offer(E e)	将元素 e 加入链表的尾部
E peek()	获取第一个元素
E poll()	获取并删除第一个元素
E remove()	获取并删除第一个元素
E remove(int index)	获取并删除指定位置的元素
E removeFirst()	获取并删除第一个元素
E removeLast()	获取并删除最后一个元素
E set(int index, Element e)	将指定位置的值用 e 代替
Object[] toArray()	将所有元素组织成一个数组

案例 6-4　链表操作

文件 LinkedListDemo.java

```
public class LinkedListDemo {

    public static void main(String[] args) {
        LinkedList<Integer> numList = getList(100);

        // 约瑟夫环 数字13出列
        josephRing();

        System.out.println("删除下标是19的元素，其值是：" + numList.remove(19));

        ListIterator<Integer> it = numList.listIterator(94); // 获取从坐标为94开始的迭代器
        System.out.print("输出结果是：[");
        while (it.hasNext()) {
            System.out.print(it.next() + " ");
        }
        System.out.print("] \n");

        // 获取下标是55-63的子链表
        List<Integer> subList = getList(10);
        numList.retainAll(subList);   // 除去非subList中的元素
        System.out.println("subList = " + subList);
        System.out.println("去除非subList链表中的数据后的numList中的元素为：" + numList);

        System.out.println("获取第一个元素(不删除)：" + numList.peek());
        System.out.println("numList = " + numList);

        System.out.println("获取第一个元素(删除)：" + numList.poll());
        System.out.println("numList = " + numList);

        System.out.println("获取第一个元素(不删除)：" + numList.getFirst());
        System.out.println("numList = " + numList);

        System.out.println("获取最后一个元素(不删除)：" + numList.getLast());
        System.out.println("numList = " + numList);
    }

    // 约瑟夫环，数到13的元素出列
    public static void josephRing() {
        LinkedList<Integer> list = getList(100); // 获取1～100的链表

        int count = 100; // 从100开始计数，count = 1 的时候说明结束
        int number = 0; // 用于标记是否已经到达14

        Iterator<Integer> it = list.iterator(); // 获取list的迭代器对象

        while (count > 1) {
            if (it.hasNext()) {
                it.next(); // 跳过该数字
                number ++; // 计数器自增
            } else {
                it = list.iterator(); // 链表访问到末尾，重新将其重置到表头
            }

            if (number == 13) {
                number = 0 ; // 重置计数器
                it.remove(); // 出列
                --count; // 总数自减
```

```
            }
        }

        System.out.println("最后的幸存者是：" + list.element() + "号。");
    }

    // 从1到100的数字链表
    public static LinkedList<Integer> getList(int number) {
        LinkedList<Integer> list = new LinkedList<>();
        for (int i = 1 ; i < number + 1 ; i++) {
            list.add(i);
        }
        return list;
    }

}
```

运行结果如图 6-9 所示。

```
<terminated> LinkedListDemo [Java Application] C:\Program Files\Java\jdk1.8.0_111\bin\javaw.ex
最后的幸存者是：70号。
删除下标是19的元素，其值是：20
输出结果是：[96 97 98 99 100 ]
subList = [1, 2, 3, 4, 5, 6, 7, 8, 9, 10]
去除非subList链表中的数据后的numList中的元素为：[1, 2, 3, 4, 5, 6, 7, 8, 9, 10]
获取第一个元素(不删除)：1
numList = [1, 2, 3, 4, 5, 6, 7, 8, 9, 10]
获取第一个元素(删除)：1
numList = [2, 3, 4, 5, 6, 7, 8, 9, 10]
获取第一个元素(不删除)：2
numList = [2, 3, 4, 5, 6, 7, 8, 9, 10]
获取最后一个元素(不删除)：10
numList = [2, 3, 4, 5, 6, 7, 8, 9, 10]
```

图 6-9　运行结果

链表继承了 Collection 的所有方法，但是它本身也有 listIterator(int index)方法，该方法可以指定的下标开始迭代。如果知道了需要开始迭代的下标，链表的遍历速度也会有很大的提升，同时也省去了将链表转换成顺序表的步骤。读者在此处一定要注意，该方法是链表独有的，List 接口没有该方法，想要使用该方法一定要用链表的实现类 LinkedList 去定义该链表对象。

6.1.4　Set 集合

Set 是集合中不可以重复的一种抽象数据类型，这与数学中的集合有相同的意思，集合中的元素不可以重复，Set 中的元素也是如此，向 Set 集合中插入一个已经存在的数据时，方法会返回一个 false，表示该集合未能插入数据。

案例 6-5　计算出现的次数

文件 CountCharRepeatTimes.java

```
public class CountCharRepeatTimes {

    public static void main(String[] args) {
        String charSeq = getCharSequence(20);
        System.out.println("随机生成的字符序列是：" + charSeq);

        // 创建用于存放字符的Set集合及用于存放字符串及其出现次数的map
        Map<Character, Integer> map = new HashMap<>();
        Set<Character> charSet = new HashSet<>();

        for (int i = 0 ; i < charSeq.length() ; i++) {
```

```
                Character ch = charSeq.charAt(i);
                if(charSet.add(ch)) { // 成功插入，说明是第一次出现
                    map.put(ch, 1); // 将该key插入map，出现次数赋值为1
                } else { // 插入失败，说明已经出现过
                    map.put(ch, map.get(ch) + 1); // 将该key对应的出现次数 +1
                }
            }

            System.out.println("charSeq中字符及其出现的次数是：" + map);
        }

        public static String getCharSequence(int len) {
            String baseChar = "adcdefghijklmnopqrstuvwxyz";
            StringBuilder sb = new StringBuilder();
            Random rm = new Random();
            for (int i = 0 ; i < len ; i++) {
                sb.append(baseChar.charAt(rm.nextInt(26))); // 根据给的长度，随机从baseChar中获取一个随机的字符
            }
            return sb.toString();
        }
    }
```

运行结果如图 6-10 所示。

```
<terminated> CountCharRepeatTimes [Java Application] C:\Program Files\Java\jdk1.8.0_111\bin\javaw.exe (2017年
随机生成的字符序列是：sniynpdtlnmjpkrlspjl
charSeq中字符及其出现的次数是：{p=3, r=1, s=2, d=1, t=1, i=1, y=1, j=2, k=1, l=3, m=1, n=3}
```

图 6-10　运行结果

本案例使用的是随机的字符序列，所以每次运行都会产生不同的字符序列，对应的输出结果也会有所不同，考虑到多次运行均可以验证的缘故，没有进行修改，读者可以根据自己的需求稍作修改。如果想让每次输出的结果均一致，那么可以对案例的代码做如下修改：

```
// Random rm = new Random();
Random rm = new Random(47); // 指定随机数种子，使得每次运行的输出结果均一致即可
```

6.2　集合的遍历

集合的遍历

数据的存在就是为了读取和修改，所以对于任何一种数据类型，读取都是必不可少的。在 6.1 小节中也使用到了集合的遍历。Colleciton 的遍历可以使用 iterator()方法获取一个实现了 Iterator 接口的可遍历对象。如果是 Map 类型，则可以使用 Map.Entry 对象或者 keySet()方法获取一个 Set 类型的 key 集合，或者使用 values()方法获取一个 Collection 对象然后调用 iterator()方法。

6.2.1　Iterator 接口

Iterator（迭代器）是一种设计模式，开发人员无须了解序列的底层结构就可以遍历该序列。迭代器创建代价小，是轻量级的对象，在 Java 中，Iterator 的功能比较简单，只能单向移动。

在 Java 中，实现了 Collection 接口或者直接实现 Iterator 接口的数据类型都可以使用迭代器遍历查找。Iterator 接口含有 3 个重要的方法：hasNext()、next()和 remove()方法。首先使用 hasNext()判断迭代器是否有后续对象，如果有，用 next()方法接收，同时还可以用 remove()方法删除该元素。

案例 6-6　集合的迭代

文件 IteratorDemo.java

```
public class IteratorDemo {

    public static void main(String[] args) {
```

```
        Map<String, String> map = MapDemo.getMap(); // 获取Map数据集
        List<Integer> list = LinkedListDemo.getList(20); // 获取list数据集
        Set<String> keySet = map.keySet(); // 获取map的key的Set集合
        Collection<String> valuesCollection = map.values(); // 获取map的values集合对象

        // 打印输出数据
        System.out.println("map = " + map);
        System.out.println("list = " + list);
        System.out.println("keySet = " + keySet);
        System.out.println("valuesCollection = " + valuesCollection);

        Iterator<Integer> listIt = list.iterator(); // 获取list的迭代器
        System.out.println("****** 遍历链表迭代器开始 ******");
        printInfo(listIt); // 迭代
        System.out.println("****** 遍历链表迭代器结束 ******");


        Iterator<String> setIt = keySet.iterator(); // 获取set的迭代器
        System.out.println("****** 遍历Set集合迭代器开始 ******");
        printInfo(setIt); // 迭代
        System.out.println("****** 遍历Set集合迭代器结束 ******");

        Iterator<String> collectionIt = valuesCollection.iterator(); // 获取Collection的迭代器
        System.out.println("****** 遍历Collection集合迭代器开始 ******");
        printInfo(collectionIt); // 迭代
        System.out.println("****** 遍历Collection集合迭代器结束 ******");

    }

    // 遍历迭代器
    @SuppressWarnings("rawtypes")
    public static void printInfo(Iterator it) {
        if (null == it) {
            throw new RuntimeException("传入的迭代器是空值！");
        }
        System.out.print("*** 开始迭代：[");
        while (it.hasNext()) { // 判断迭代器是否有后续
            System.out.print(it.next() + " ");
        }
        System.out.println("] 迭代结束 ***");
    }
}
```

运行结果如图 6-11 所示。

```
<terminated> IteratorDemo [Java Application] C:\Program Files\Java\jdk1.8.0_111\bin\javaw.exe (2017年4月
map = {null=key null, null=null, gender=F, name=map, home=house}
list = [1, 2, 3, 4, 5, 6, 7, 8, 9, 10, 11, 12, 13, 14, 15, 16, 17, 18, 19, 20]
keySet = [null, null, gender, name, home]
valuesCollection = [key null, null, F, map, house]
****** 遍历链表迭代器开始 ******
*** 开始迭代：[1 2 3 4 5 6 7 8 9 10 11 12 13 14 15 16 17 18 19 20 ] 迭代结束 ***
****** 遍历链表迭代器结束 ******
****** 遍历Set集合迭代器开始 ******
*** 开始迭代：[null null gender name home ] 迭代结束 ***
****** 遍历Set集合迭代器结束 ******
****** 遍历Collection集合迭代器开始 ******
*** 开始迭代：[key null null F map house ] 迭代结束 ***
****** 遍历Collection集合迭代器结束 ******
```

图 6-11　运行结果

6.2.2 增强型 for 循环

for 循环的普通使用格式如下：

```
for (nitValue ; boolean expresion ; initValue step) {
    // TODO
}
```

这种写法用起来比较繁琐，对于一些特殊的数据结构，Java 给出了增强型的 for 循环用于简化代码的书写：

```
for (type value : typeColleciton) {
    // TODO
}
```

案例 6-7　增强型 for 循环

文件 EnhanceForDemo.java

```
public class EnhanceForDemo {
    public static void main(String[] args) {
        Map<String, String> map = MapDemo.getMap(); // 获取map数据
        System.out.println("map中的数据：" + map);

        Set<Entry<String, String>> entrySet = map.entrySet(); // 获取map映射的EntrySet集合
        System.out.println("    **********************    ");
        for (Entry<String, String> entry : entrySet) {
            System.out.println("Entry对象的键值对是：key = " + entry.getKey() + " : value = " + entry.getValue());
        }
        System.out.println("    **********************    ");

        Collection<String> valuesColl = map.values(); // 获取map的values的collection对象
        System.out.print("valuesColl中的数据是 : [");
        for (String value : valuesColl) {
            System.out.print(value + " ");
        }
        System.out.print("] \n");

        LinkedList<Integer> list = LinkedListDemo.getList(15);
        System.out.print("list中的数据是 : [");
        for (Integer value : list) {
            System.out.print(value + " ");
        }
        System.out.print("]");
    }
}
```

运行结果如图 6-12 所示。

```
<terminated> EnhanceForDemo [Java Application] C:\Program Files\Java\jdk1.8.0_111\bin
map中的数据：{null=key null, null=null, gender=F, name=map, home=house}
    **********************
Entry对象的键值对是：key = null : value = key null
Entry对象的键值对是：key = null : value = null
Entry对象的键值对是：key = gender : value = F
Entry对象的键值对是：key = name : value = map
Entry对象的键值对是：key = home : value = house
    **********************
valuesColl中的数据是 : [key null null F map house ]
list中的数据是 : [1 2 3 4 5 6 7 8 9 10 11 12 13 14 15 ]
```

图 6-12　运行结果

从运行结果可以看出，增强型 for 循环可以循环实现 Iterator 接口的数据类型，这种循环只能做简单的遍历工作，无法像 Iterator 对象那样删除数据等。

6.3 动手任务：三人斗地主——洗牌发牌程序

动手任务：三人斗地主——洗牌发牌程序

【任务介绍】

1. 任务描述

编写一个自动发牌程序，模拟三人斗地主的摸牌场景。首先要给出提示，谁首先开始摸牌，并且摸牌要和现实摸牌一样，三人循环摸牌，最后还要剩余三张底牌，同时给出地主牌，摸到地主牌的玩家拥有三张底牌，三张底牌三人都可以看到。当三张底牌派发给地主后提示玩家摸牌结束。

2. 运行结果

任务运行结果如图 6-13 所示。

```
<terminated> DealCardsDemo [Java Application] C:\Program Files\Java\jdk1.8.0_111\bin
地主牌是：spade 3
派牌开始!
...
派牌结束!
底牌是：[spade 5, club Ace, club 8]
地主是玩家B
玩家A的手牌是：
【 heart Queen, heart Jack, spade Ace, club King, heart 8, heart 4,
club 10, diamond King, diamond 6, diamond 9, club 2, club 5,
club 7, spade 2, spade 4, spade 10, spade 9 】
玩家B的手牌是：
【 diamond Jack, spade Queen, diamond 10, heart 6, heart 3, heart 5,
spade King, diamond 2, diamond 5, diamond Ace, club 3, heart Ace,
heart King, club Jack, spade 3, spade 8, RED JOKER, spade 5,
club Ace, club 8 】
玩家C的手牌是：
【 BLACK JOKER, diamond Queen, heart 7, heart 9, heart 2, club Queen,
diamond 3, diamond 7, diamond 4, diamond 8, club 4, club 6,
club 9, heart 10, spade 6, spade 7, spade Jack 】
```

图 6-13 运行结果

【任务目标】

- 学会分析如何通过操作链表实现链表的插入与删除。
- 掌握如何通过 Map 保存玩家的牌。
- 掌握循环控制语句的使用。

【实现思路】

（1）首先将一副牌的四种花色和对应的牌面值随机组合放进 Set 集合，因为 Set 集合是非重复集合，所以无须考虑重复的问题。另外，因为每个牌面值出现的次数只能是四次，所以，当该牌面值出现了四次以后，将该牌面删除。

（2）获取洗牌结束的牌组（链表，用 Set 集合作为初始化数据集），随机抽取三张牌作为底牌，不对玩家展示，并从剩余的牌组中随机选取一张牌作为地主牌，对所有人展示但不移动其位置。

（3）顺序循环发牌，直到牌组没有牌为止，将底牌展示并发给地主。提示玩家发牌结束。

【实现代码】

发牌程序的具体代码如下所示。

文件 DealCardsDemo.java

```
public class DealCardsDemo {

    List<String> cardList = new ArrayList<>(); // 随机牌组的链表
    private List<String> bottomCards = new ArrayList<>(); // 底牌组
    private String landLordCard = null; // 地主牌

    private Random rm = new Random(); // 随机数生成对象实例
```

```
private List<String> playerA = new ArrayList<>(); // 玩家A
private List<String> playerB = new ArrayList<>(); // 玩家B
private List<String> playerC = new ArrayList<>(); // 玩家C

public static void main(String[] args) {
    DealCardsDemo dealCards = new DealCardsDemo(); // 初始化对象

    dealCards.dealCards(); // 派发牌

    System.out.println("玩家A的手牌是：");
    showCards(dealCards.getPlayerA());
    System.out.println("玩家B的手牌是：");
    showCards(dealCards.getPlayerB());
    System.out.println("玩家C的手牌是：");
    showCards(dealCards.getPlayerC());
}

// 发牌程序
public void dealCards() {
    cardList = new ArrayList<>(getCardSet());
    // 获取三张底牌
    while (bottomCards.size() < 3) {
        // 随机从牌组中抽出一张牌（删除），并将该牌放入底牌中
        bottomCards.add(cardList.remove(rm.nextInt(cardList.size())));
    }

    landLordCard = cardList.get(rm.nextInt(cardList.size())); // 从剩余牌组中翻一张牌作为地主牌

    System.out.println("地主牌是：" + landLordCard);
    // 循环发牌给玩家A、玩家B和玩家C(假设玩家A先摸牌)
    int cardNuber = cardList.size();
    System.out.println("派牌开始！");
    System.out.println("...");
    for (int i = 1 ; i <= cardNuber ; i++ ){ // 如果
        if (i % 3 == 0) { // 如果下标+1是3的倍数，说明这张牌是玩家C的
            playerC.add(cardList.get(i - 1));
        } else if (i % 2 == 0) { // 否则，如果是2的倍数，说明这张牌是玩家B的
            playerB.add(cardList.get(i - 1));
        } else { // 否则，这张牌就是玩家A的
            playerA.add(cardList.get(i - 1));
        }
    }
    System.out.println("派牌结束！");
    System.out.println("底牌是：" + bottomCards);
    if (playerA.contains(landLordCard)) {
        System.out.println("地主是玩家A");
        while (!bottomCards.isEmpty()) {
            playerA.add(bottomCards.remove(0)); // 删除底牌牌组并将牌组中的牌派发给地主
        }
    } else if (playerB.contains(landLordCard)) {
        System.out.println("地主是玩家B");
        while (!bottomCards.isEmpty()) {
            playerB.add(bottomCards.remove(0)); // 删除底牌牌组并将牌组中的牌派发给地主
        }
    } else {
        System.out.println("地主是玩家C");
        while (!bottomCards.isEmpty()) {
```

```
                playerC.add(bottomCards.remove(0)); // 删除底牌牌组并将牌组中的牌派发给地主
            }
        }

    }

    // 随机牌组生成程序
    public Set<String> getCardSet() {

        Set<String> cardSet = new HashSet<>(); // 随机的Set牌组

        Map<String, Integer> timesCounter = new HashMap<>(); // 牌面值出现的次数

        List<String> cardColors = getCardColor(); // 牌面颜色链表
        List<String> cardValues = getCardValue(); // 牌面值链表

        // 如果牌面值的链表中还有值，说明牌组还没有初始化好
        while(!cardValues.isEmpty()) {
            String cardColor = cardColors.get(rm.nextInt(cardColors.size())); // 获取牌面颜色（随机）
            String cardValue = cardValues.get(rm.nextInt(cardValues.size())); // 获取牌面值（随机）
            String card = cardColor + " " + cardValue; // 获取随机的一张牌面值
            if (cardSet.add(card)) { // 向牌组插入该张牌，如果成功插入，说明该牌是第一次插入，有效
                if(timesCounter.containsKey(cardValue)) { // 如果牌面的值不是第一次插入，那么将该值的计数器加1
                    timesCounter.put(cardValue, timesCounter.get(cardValue) + 1);
                    if(4 == timesCounter.get(cardValue)) { // 如果该牌面值出现4次，说明该牌面值将不会再出现了
                        cardValues.remove(cardValue); // 从牌面值的list中将该牌面值删除
                    }
                } else { // 牌面值第一次插入，则将插入次数计数器置为1次
                    timesCounter.put(cardValue, 1);
                }
            }
        }

        cardSet.add("RED JOKER"); // 加入大王王牌
        cardSet.add("BLACK JOKER");     // 加入小王王牌

        return cardSet;
    }

    // 格式化输出链表数据
    public static void showCards(List<String> list) {
        System.out.print("【 ");
        int count = 0 ;
        while (!(list.size() == 1)) { //如果链表中的元素个数大于1，则输出格式是：元素值 + ", "
            count++; // 计数器自增
            System.out.print(list.remove(0) + ", ");
            if (count % 6 == 0) { // 每6个元素换行一次
                System.out.println();
            }
        }
        System.out.println(list.remove(0) + " 】");
    }

    // 获取牌组中非大小王牌的牌面值
    public List<String> getCardValue() {
        List<String> cardValue = new ArrayList<>();

        // 牌面值
```

```
        cardValue.add("Ace");
        cardValue.add("2");
        cardValue.add("3");
        cardValue.add("4");
        cardValue.add("5");
        cardValue.add("6");
        cardValue.add("7");
        cardValue.add("8");
        cardValue.add("9");
        cardValue.add("10");
        cardValue.add("Jack");
        cardValue.add("Queen");
        cardValue.add("King");

        return cardValue;
    }

    // 获取牌组中牌的颜色（黑桃、红桃、方片和梅花）
    public List<String> getCardColor() {
        List<String> cardColor = new ArrayList<>();

        cardColor.add("spade"); // 黑桃
        cardColor.add("heart"); // 红桃
        cardColor.add("diamond"); // 方片
        cardColor.add("club"); // 梅花

        return cardColor;
    }

    // 获取玩家手牌的get方法
    public List<String> getPlayerA() {
        return playerA;
    }

    public List<String> getPlayerB() {
        return playerB;
    }

    public List<String> getPlayerC() {
        return playerC;
    }

}
```

案例中并没有给予随机数生成对象一个生成数种子，所以每运行一次，地主牌及底牌都会因此而改变，这也是为了更好地重现现实中摸牌的场景。

在该案例中，集合的 3 种类型都有所体现，读者需要注意的是集合的添加方法 add()和删除方法 remove()的特性，add()方法会在插入成功时返回 true，否则返回 false，这个特性可以很好地提醒使用者本次插入是否成功，这个返回值在 Set 集合里极为有用；remove()方法是将该元素删除并返回该元素，这在一些条件下可以减少代码的行数。

6.4 数组

数组

数组同字符串一样，是所有编程语言必不可少的数据类型，也是最常用的数据类型。在 Java 中，数组是相同类型数据的有序集合，这些数据可以是简单类型，也可以是类。

6.4.1 数组的定义及初始化

数组的存取是以数组中的一个元素为单位进行的，一个数组中拥有的元素的个数是该数组的长度。在 Java 中，数组也是对象，需要动态地生成，数组一般分为一维数组、二维数组和多维数组，由于多维数组自身的复杂性导致其不如前两者使用得那么频繁，故本书只介绍一维数组和二维数组。

一维数组的声明方式如下：

```
数据类类型[] 数组名；  // 尽量避免使用 数据类型 数组名[]；声明方式
```

值得注意的是，数组一旦被定义，那么它的数据类型和数组名就不能再更改，而且数组在使用前必须进行初始化，初始化时必须显式或隐式地告诉 Java 虚拟机数组的长度，这个长度一旦确定，不可以被修改。

数组的创建与初始化有以下方式：

```
int[] arr = {1,2,3}; // 以赋值的方式直接初始化，数组的大小是其值元素的个数（长度是3）
int[] arr = new int[3]; // 同上，创建一个没有赋值的长度是3的数组
```

数组可以直接使用 clone()方法，复制另一个数组的元素，或者直接引用其他数组元素，但条件是这些数组的数据类型要一致。

二维数组和一维数组一样，都可以直接使用值初始化和 new 关键字的方法创建。二维数组可以看作是多个一维数组对象作为元素的一维数组。

6.4.2 数组的使用

在使用字符串和集合的时候，有使用下标访问对象的方法，在数组中，同样是使用下标来访问数组中的元素，虽然 ArrayList 对链表进行了优化，但是这个操作是使用迭代器来实现的，即使 Java 开发者对此做了优化，但是，对于一组相同的数据，如果读取远远大于修改的时候，数组绝对是最好的选择，因为在随机访问数据耗时方面，数组是要优于 Collection 集合中所有的数据类型的。

案例 6-8　一维数组的使用

文件 ArrayDemo.java

```
public class ArrayDemo {

    public static void main(String[] args) {
        int[] arrInt = {1, 2, 3, 4, 5}; // 声明并初始化一个数组，该数组长度是5
        System.out.println("数组的长度是：" + arrInt.length); // 打印数组的长度
        System.out.println("arrInt = " + forDemo(arrInt)); // 通过for循环遍历

        int[] arrInt1 = new int[4];
        System.out.println("arrInt1 = " + forDemo(arrInt1)); // 通过for循环遍历

        String[] arrStr = new String[4]; // 创建一个String类型的数组，长度是4
        System.out.println("数组的长度是：" + arrStr.length);
        arrStr[0] = "zero"; // 根据下标对元素进行赋值
        arrStr[3] = "three";
        System.out.println("arrStr = " + enhanceForDemo(arrStr)); // 使用增强型for循环

        String[] arrString = arrStr.clone(); // 使用clone方式创建对象
        System.out.println("arrString = " + forDemo(arrString)); // 通过for循环遍历
        arrString[0] = "0"; // 重新赋值
        System.out.println("arrStr = " + forDemo(arrStr)); // 通过for循环遍历
        forDemo(arrString); // 分别打印两者，查看区别

        arrString = arrStr; // 直接赋值的方式
        arrString[0] = "零"; // 重新赋值
        System.out.println("arrString = " + forDemo(arrString)); // 通过for循环遍历
        System.out.println("arrStr = " + forDemo(arrStr)); // 通过for循环遍历
```

```
    }

    // 数组的遍历
    public static String forDemo(int[] arr) {
        StringBuilder sbuilder = new StringBuilder("【 ");
        for (int i = 0 ; i < arr.length ; i++) {
            sbuilder.append(arr[i] + ", ");
        }
        sbuilder.setCharAt(sbuilder.length() - 2, '】');
        return sbuilder.toString();
    }

    // 数组的遍历
     public static String forDemo(String[] arr) {
            StringBuilder sbuilder = new StringBuilder("【 ");
            for (int i = 0 ; i < arr.length ; i++) {
                sbuilder.append(arr[i] + ", ");
            }
            sbuilder.setCharAt(sbuilder.length() - 2, '】');
            return sbuilder.toString();
        }

    // 增强型for循环遍历数组
    public static String enhanceForDemo(String[] arr) {
        StringBuilder sbuilder = new StringBuilder("【 ");
        for (String str : arr) {
            sbuilder.append(str + ", ");
        }
        sbuilder.setCharAt(sbuilder.length() - 2, '】');
        return sbuilder.toString();
    }
}
```

运行结果如图 6-14 所示。

```
<terminated> ArrayDemo [Java Application] C:\Program Files\Java\jdk1
数组的长度是：5
arrInt = 【1, 2, 3, 4, 5】
arrInt1 = 【0, 0, 0, 0】
数组的长度是：4
arrStr = 【zero, null, null, three】
arrString = 【zero, null, null, three】
arrStr = 【zero, null, null, three】
arrString = 【零, null, null, three】
arrStr = 【零, null, null, three】
```

图 6-14　运行结果

通过该案例可以看出来，clone()方法是创建了一个新的对象副本，副本的修改不会作用于原对象，但是直接赋值则会修改对象的内容。数组是通过下标访问元素的，同时也使用下标修改元素内容。数组在使用 new 关键字创建的时候，如果没有对元素进行赋值，则 Java 虚拟机会给每个元素赋默认值，对于基本类型，整型类型的值是 0，而对象类型则是 null。

二维数组可以看作是一张表，表里含有列数和行数，这里称为列号和行号。二维数组通过列号和行号来确定元素。值得注意的是，每一行内的列数可以不同，并且在创建的时候，只需要指定二维数组的行数就可以了，列数可以不指定。除了维数不同，二维数组和一维数组没有更多的区别，为了便于理解，可以将二维数组看作是一个以一维数组作为元素的一维数组。

案例 6-9　二维数组

文件 ArrayDemo1.java

```
public class ArrayDemo1 {

    public static void main(String[] args) {
        int[][] arr = new int[4][]; // 创建二维数组时，只需要指定前一个维度的元素个数即可
        int[] arrSub = new int[5]; // 创建一个一维数组
        Arrays.fill(arrSub, 5);

        System.out.println("arrSub =" + ArrayDemo.forDemo(arrSub)); // 打印输出

        /*
         * 通过以下代码，可以将二维数组理解为是以一维数组为其元素的一维数组
         */
        arr[0] = arrSub;

        int[][] arrInt = {{1,2,3},{5,6,7,8},{1,2}};
        System.out.print("arrInt = 【 ");
        for (int i = 0 ; i < arrInt.length ; i++) {
            for(int j = 0 ; j < arrInt[i].length ; j++) {
                if (!(i == arrInt.length - 1 && j == arrInt[i].length - 1)) {
                    System.out.print(arrInt[i][j] + ", ");
                } else {
                    System.out.print(arrInt[i][j]);
                }

            }
        }
        System.out.println(" 】");

    }
}
```

运行结果如图 6-15 所示。

```
<terminated> ArrayDemo1 [Java Application] C:\Program Files\Java\jc
arrSub =【5, 5, 5, 5, 5】
arrInt = 【 1, 2, 3, 5, 6, 7, 8, 1, 2】
```

图 6-15　运行结果

案例中使用了 Arrays 的一个方法 fill()，该方法用于向指定的数组注入给定的值来覆盖默认值。

6.5　动手任务：数组排序

动手任务：数组排序

【任务描述】

1. 任务介绍

对于一个给定的数组，如果通过冒泡排序的方式进行实现，那么对一些元素庞大的任务而言，无疑是一个灾难，在猜数字的游戏中使用的中分法猜数字的方式能够快速且准确地缩小数字的所属范围。如果使用这种方式来排序，效率也会相应地高很多。

2. 运行结果

任务运行结果如图 6-16 所示。

```
<terminated> DichotomySortDemo [Java Application] C:\Program Files\Java\jdk
二分法排序耗时：3906；排序后的数组是：
冒泡排序耗时：53036；排序后的数组是：
```

图 6-16　运行结果

【任务目标】

- 熟悉数组的操作。
- 掌握二分法排序的思想。

【实现思路】

二分法插入排序是在插入第 i 个元素时，对前面的 0～i-1 元素进行折半，先跟它们中间的那个元素比较，如果比这个元素小，则对前半部分再进行折半，否则对后半部分进行折半，直到左边部分 left>right 右边部分，然后再把第 i 个元素前 1 位与目标位置之间的所有元素后移，再把第 i 个元素放在目标位置上。

【实现代码】

为了对比冒泡排序和二分法排序，在代码中使用了两种不同的方式来实现。

文件 DichotomySortDemo.java

```
public class DichotomySortDemo {

    public static void main(String[] args) {
        Random rm = new Random();
        int[] arr = new int[100000];
        for (int i = 0 ; i < arr.length ; i++) {
            arr[i] = rm.nextInt(1000000000);
        }
        int[] arr1 = arr.clone(); // 复制一份副本

        long start = System.currentTimeMillis();
        int[] sortedArr = dichotomySort(arr);
        long end = System.currentTimeMillis();
        System.out.println("二分法排序耗时：" + (end -start) + "; 排序后的数组是：");
        // showInfo(sortedArr); // 格式化打印

        long start1 = System.currentTimeMillis();
        int[] sortedArr1 = bubbleSort(arr1);
        long end1 = System.currentTimeMillis();
        System.out.println("冒泡排序耗时：" + (end1 -start1) + "; 排序后的数组是：");
        // showInfo(sortedArr1); // 格式化打印
    }

    // 二分法排序
    public static int[] dichotomySort(int[] arr) {
        int[] temp = new int[arr.length]; // 创建一个临时数组用于存放数组
        for (int i = 0; i < temp.length; i++) { // 对元素进行遍历
            if (i == 0) {
                temp[i] = arr[i]; // 将传入的数组的第一个值赋值给临时数组
            } else {
                for (int j = 0, k = i - 1; j < i && k >= 0;) {
                    // 获取temp中间的元素，跟传入数组的第i个元素比较
                    if (temp[(j + k) / 2] >= arr[i]) { // 中间索引元素大于等于arr[i]
                        if ((j + k) / 2 == 0) { // 如果下标是0，表示是第一个元素，在该元素前插入该值
                            for (int n = i; n > 0; n--) {
                                temp[n] = temp[n - 1];
                            }
                            temp[0] = arr[i];
                            break;
                    } else if (temp[(j + k) / 2 - 1] <= arr[i]) {
                        // 获取中间索引的前一个索引比较，如果小于等于arr[i]
                        // 将元素全部前移，将arr[i]插入中间索引位置
                        for (int n = i; n > (j + k) / 2; n--) {
                            temp[n] = temp[n - 1];
                        }
```

```
                        temp[(j + k) / 2] = arr[i];
                        break;
                    } else { // 否则，索引前移，继续匹配
                        k = (k + j) / 2 - 1;
                    }
                } else if (temp[(j + k) / 2] < arr[i]) {
                    // 逻辑类上
                    if ((j + k) / 2 == i - 1) {
                        temp[i] = arr[i];
                        break;
                    } else {
                        j = (k + j) / 2 + 1;
                    }
                }
            }
        }
    }
    return temp;
}

// 冒泡排序法
public static int[] bubbleSort(int[] arr) {
    int tempValue = 0 ;
    for (int j = arr.length - 1; j > 0  ; j--) {
        // 从左向右遍历，将未排序的数组中的最大数字运送到剩余数组的最右边
        for (int i = 0 ; i < j - 1 ; i++) {
            if (arr[i] > arr[i+1]) { // 如果左边的值比右边的值大，则交换两者的位置
                tempValue = arr[i];
                arr[i] = arr[i+1];
                arr[i+1] = tempValue;
            }
        }
    }
    return arr;
}

// 格式化打印数据
public static void showInfo(int[] arr){
    StringBuilder sBuilder = new StringBuilder("【 ");
    int count = 1;
    for (int i = 0 ; i < arr.length ; i++) {
        count++; // 计数器自增
        sBuilder.append(arr[i] + ", ");
        if(count % 12 == 0) {
            sBuilder.append("\n");
        }
    }
    sBuilder = sBuilder.deleteCharAt(sBuilder.lastIndexOf(","));
    sBuilder.append(" 】");
    System.out.println(sBuilder);
}
}
```

案例中添加了对输出的格式化打印，因为测试数据较多，可能会导致输出被覆盖，读者可以自行考量设定数据的个数。

6.6 本章小结

本章介绍了集合与数组。在集合中着重介绍了 Set 集合、List 集合和 Map 集合，其中 Set 是无序不重复的集合，List 是可重复的有序链表，Map 是 key 值不重复的散列表，这些数据类型封装了实现算法，让开发者无须知道算法就可以高效地使用这些数据类型。之后介绍了数组，数组是一种快速随机访问的数据类型，对于查询操作远远大于写出操作的场景，数组是不二之选。

集合的存在消除了开发者必须要熟悉并且能编写算法才能开发程序的障碍，熟练地掌握这些数据类型是必要的。在集合中还有栈、队列和位图等数据类型，有兴趣的读者可以去参考相关文档。

【思考题】

1. 在 List 数据类型中，元素的插入和删除是通过什么方式实现的?
2. 多个读取的迭代器，如果中间对元素的一个值做了修改，会影响其他的迭代器吗? 如果该操作是添加或者删除操作呢?

PART07

第7章 文件及流

■ 输入和输出是指程序与外部设备和其他计算机进行交流的操作，其操作的内容便是数据，数据是载荷或记录信息的按一定规则排列组合的物理符号。Java 对于数据的处理大致分为文件数据和流式数据两类。对于这两类数据，Java 提供了丰富的 API 包，便于开发者对数据进行操作和处理。

7.1 File 类

File 类

文件是指封装在一起的一组数据，许多操作系统把输入和输出有关的操作统一到文件的概念中，程序与外部的数据交换都通过文件概念来实现，这样就能通过单纯对文件概念的处理来达到对数据的操作。在 Java 中，此种操作被封装在 File 包中。

需要注意的是，File 类的对象是文件类型，但是 Java 中的文件类型是不区分文件和文件夹的，也就是说，文件可能是一个文件夹而非一个类似文本、视频或者音频等类型的文件。不过，Java 给出了判断文件是否是文件而非目录类型的方法。

7.1.1 File 的常用 API

文件有其固有属性，如大小、创建时间、读写属性等，同时还有创建与删除的操作，这些在 Java 中都由 File 类来实现。为了方便开发者处理文件，File 类提供了丰富的 API 供开发者使用。File 提供的常用方法如表 7-1 所示。

表 7-1 File 的常用方法

方法名称	方法说明
File(File parent,String child)	创建一个 File 对象，以 parent 的绝对路径加上 child 成为新的目录或文件
File(String pathName)	创建一个 File 对象，将 pathName 指定路径转换成绝对路径
File(URL url)	创建一个 File 对象，将 URL 转换成绝对路径
boolean canRead()	判断文件是否可读
boolean canWrite()	判断文件是否可写
boolean createNewFile()	创建一个文件或目录
boolean delete()	删除一个文件
boolean exist()	判断文件是否存在
String getName()	获取文件或目录的名字
boolean isDirectory()	判断是否是目录
boolean isFile()	判断是否是文件
boolean isHidden()	判断文件是否是隐藏文件
long lastModified()	文件最后一次的修改时间
long length()	返回文件的长度
String[] list()	返回当前对象所指示的目录下的文件和目录列表
File[] listFiles()	返回当前对象所指示的目录下的文件列表
File[] listFiles(FileFilter filter)	返回当前对象所指示的目录下的文件列表，要求符合过滤规则
boolean mkdir()	创建目录
boolean renameTo(File dest)	将文件改名成 dest 对象所指示的名字
boolean setLastModified(long time)	设置文件或目录的最后修改时间
boolean setReadOnly()	将文件或目录设置成可读

案例 7-1 文件的创建

文件 FileCreateAndDelDemo.java

```
import java.io.File;
```

```
import java.io.IOException;

public class FileCreateAndDelDemo {

    public static void main(String[] args) {
        File file = new File("Hello.txt"); // 创建一个文件类型对象
        File dir = new File("\\creatDir");
        System.out.println("文件是否存在：" + file.exists());
        System.out.println("文件夹是否存在：" + dir.exists());

        if (!file.exists()) {
            try {
                file.createNewFile(); // 如果文件不存在，则创建一个新的文件
            } catch (IOException e) {
                e.printStackTrace();
            }
        }
        if (!dir.exists()) {
            dir.mkdir(); // 如果文件夹不存在，则创建一个文件夹
        }
        System.out.println("文件是否存在：" + file.exists());
        System.out.println("文件夹是否存在：" + dir.exists());
        System.out.println("文件的绝对路径是：" + file.getAbsolutePath());
        System.out.println("文件夹的绝对路径是：" + dir.getAbsolutePath());

        file.delete(); // 删除文件
        System.out.println("文件是否存在：" + file.exists());
    }
}
```

运行结果如图 7-1 所示。

```
<terminated> FileCreateAndDelDemo [Java Application] C:
文件是否存在：true
文件夹是否存在：true
文件是否存在：true
文件夹是否存在：true
文件的绝对路径是：E:\neonWorkSpace\chapter7\Hello.txt
文件夹的绝对路径是：E:\creatDir
文件是否存在：false
```

图 7-1 运行结果

文件对象是通过 new File(“文件路径”)的方式创建的，但是创建之前虚拟机不知道这个文件是否存在，为了防止抛出文件找不到的错误，一般会先判断文件是否存在，文件是否存在是使用 File 类的 exists()方法去判断的。一般情况下，如果文件不存在，可以使用 createNewFile()方法创建一个这样的文件，这是为了防止虚拟机抛出错误，而产生意想不到的问题，所以做一个安全性的拦截。值得注意的是，如果文件存在，但这个文件是一个文件夹而非一个文件，如果将此以文件类型而非文件夹类型处理，也会抛出文件找不到的异常。所以，一般判断了文件是否存在之后，还会对文件夹做是否是文件夹类型的处理。文件的删除比较简单，直接调用 File 对象的 delete()方法就可以删除了。

文件夹与文件一样，使用 exists()方法判断目录是否存在，但创建方法与文件不同，它使用 mkdir()方法创建。如果是创建一个文件夹簇，也就是多层嵌套的文件夹，使用 mkdirs()方法进行创建。文件夹的删除方式与文件的删除方式有所区别，如果一个文件夹是空文件夹，则可以直接调用 delete()方法进行删除，否则，delete()方法并不能删除该文件夹。文件夹的删除需要遍历文件夹，使用递归的方式一层一层地删除，直到目标文件夹被清空后删除，方能删除该目录。文件遍历将在 7.1.2 章节中进行讲解，知道如何遍历一个文件夹直到其最内层的文件，那么删除一个非空文件夹就是很简单的事情了。

为了获取文件的固有属性，例如文件的路径、内容长度和是否隐藏等，我们首先在项目的路径下创建一个 txt 文件，名称是 InherenetAttributeTest，可以在里面写一些内容，如：“This file is the test for file's inherent attribute.”让 getlength()方法返回不是 0。

案例 7-2 文件的固有属性

文件 FileInherentAttributeDemo.java

```
import java.io.File;
```

```
public class FileInherentAttributeDemo {
    public static void main(String[] args) {
        File file = new File("InherenetAttributeTest.txt");
        if (file.exists()) {
            System.out.println("文件的长度：" + file.length());
            System.out.println("文件的绝对路径：" + file.getAbsolutePath());
            System.out.println("文件的相对路径：" + file.getPath());
            System.out.println("文件是否是隐藏文件：" + file.isHidden());
            System.out.println("是否是文件类型：" + file.isFile());
            System.out.println("是否是文件夹类型：" + file.isDirectory());
        }
    }
}
```

运行结果如图 7-2 所示。

```
<terminated> FileInherentAttributeDemo [Java Application] C:\Program Files\Java\jdk1.8.0
文件的长度：52
文件的绝对路径：E:\neonWorkSpace\chapter7\InherenetAttributeTest.txt
文件的相对路径：InherenetAttributeTest.txt
文件是否是隐藏文件：false
是否是文件类型：true
是否是文件夹类型：false
```

图 7-2 运行结果

指定文件对象是否是文件类型，使用 isFile()方法进行判断，如果需要判断是否是文件夹类型，则使用 isDirectory()方法进行判断。需要注意的是，建议这个操作在文件是否存在的判断之后进行，因为如果文件不存在，或者文件夹不存在，那么这两个判断都是 false。例如，如果这个文件对象不是目录，那么它也有可能不是文件，这一点必须要注意！文件是否是隐藏文件，使用 isHidden()方法进行判断，文件的长度使用 length()方法获取，文件的绝对路径使用 getAbsolutePath()方法获取，同时，其绝对路径通过 getPath()返回。这些属性是跟随一个文件而存在的，不可以通过 file 对象来进行修改。

文件的有些属性是可以被修改的，这些内容包含文件的可读、可写性和最后修改时间等。

案例 7-3 文件的可变属性

文件 FileVariableAttributeDemo.java

```
import java.io.File;

public class FileVariableAttributeDemo {

    public static void main(String[] args) {
        File file = new File("InherenetAttributeTest.txt"); // 创建文件对象
        if (file.exists()) { // 判断文件是否存在
            System.out.println("文件是否可读：" + file.canRead());
            System.out.println("文件是否可写：" + file.canWrite());
            System.out.println("文件上一次修改的时间（系统当前毫秒值）：" + file.lastModified());

            file.setReadable(!file.canRead()); // 设置文件是否可读
            file.setWritable(!file.canWrite()); // 设置文件是否可写
            file.setLastModified(0); // 设置文件的最后修改时间（毫秒值）

            System.out.println("文件是否可读：" + file.canRead());
            System.out.println("文件是否可写：" + file.canWrite());
            System.out.println("文件上一次修改的时间（系统当前毫秒值）：" + file.lastModified());

        }
    }
}
```

运行结果如图 7-3 所示。

```
<terminated> FileVariableAttributeDemo [Java Application] C:\Progr
文件是否可读：true
文件是否可写：true
文件上一次修改的时间（系统当前毫秒值）：1496501011847
文件是否可读：true
文件是否可写：false
文件上一次修改的时间（系统当前毫秒值）：0
```

图 7-3 运行结果

文件的可读写性与实际的编程关系密切，正常情况下是很少使用的。判断文件是否可以进行读取，使用 canRead()方法，是否可读可以使用 setReadable(boolean flag)方法进行设置。根据官方文档描述，在有些系统中虽然设置了不可读，但是系统显示该文件仍是可读文件，所以读者要小心这个陷阱，对于特殊的系统使用相应的方式进行处理。与可读类似，是否可以写入使用 canWrite()方法进行判断，同时可以使用 setWritable(boolean flag)方法进行设置。与读取不同，如果文件是不可写的属性，那么当使用输入流写入时，会抛出 FileNotFoundException 异常，并提示文件拒绝访问。

文件的基本操作可以帮助我们快速地创建和删除文件，或判断文件的属性和其他信息，例如文件是目录还是文件、是否可读可写、是否存在、何时被修改过等，这些信息可以帮助开发者判断文件是不是自己需要的数据源。

Java 中的文件包含了文件夹，所以有时候是要对文件进行是否文件或者文件夹的类型判断，如果把一个文件夹当作文件去处理，会抛出 FileNotFoundException 异常，这个异常并非是因为这个文件不存在，也可能是误把文件夹当成文件处理了。

7.1.2 目录文件遍历

目录文件也是一个文件夹，文件夹中会有子文件夹和子文件，子文件夹中有可能也有子文件或者子文件夹，所以对一个文件夹的遍历应当是一个递归的过程，如果只对一个文件夹下的所有文件夹和文件进行遍历则比较简单。

案例 7-4 获取子文件列表和目录

文件 IteratorFilesDemo.java

```
import java.io.File;

public class IteratorFilesDemo {

    public static void main(String[] args) {
        File file = new File("C:\\Users"); // 获取Users目录对象

        if (file.exists()) { // 如果文件或目录存在
            String[] files = file.list(); // 获取目录下的文件和目录的名称
            for (String fileName : files) {
                System.out.println(fileName);
            }

            System.out.println("************************************");
            File[] subFiles = file.listFiles(); // 获取文件列表
            for(File f : subFiles) {
                if (f.isDirectory()) { // 如果是目录
                    System.out.println("|— " + f.getName());
                } else { // 如果是文件
                    System.out.println(" - " + f.getName());
                }
            }
        }

    }
}
```

运行结果如图 7-4 所示。

```
<terminated> IteratorFilesDemo [Java Application] C:\Program Files\Java\jc
Administrator
All Users
Default
Default User
Default.migrated
desktop.ini
Public
***********************************
|- Administrator
|- All Users
|- Default
|- Default User
|- Default.migrated
 - desktop.ini
|- Public
```

图 7-4　运行结果

Java 中子文件的遍历比较简单，在 API 中也给出了对应的方法，如果只是单纯获取子文件的名称，使用 list()方法即可，该方法可以获取子文件的名称列表，包含子文件和子文件夹，返回的是一个字符串数组，在简单遍历时比较方便；如果需要对子文件进行处理，则使用 listFiles()方法更加有效，该方法返回一个文件类型的数组，对文件的后续处理更加方便。

ListFiles()方法还支持过滤，读者可以给定过滤规则，过滤掉不需要的文件对象。

案例 7-5　获取目录下的所有文本文件并打印输出

文件 FilterFileDemo.java

```java
import java.io.File;
import java.io.FilenameFilter;

public class FilterFileDemo {

    public static void main(String[] args) {
        File file = new File("C:/Program Files/Intel/Media SDK");

        // 自定义一个文件过滤器，过滤掉非.dll结尾的文件
        FilenameFilter filter = new FilenameFilter() {

            @Override
            public boolean accept(File dir, String name) {
                File curFile = new File(dir, name);
                // 只有以dll结尾的数据才返回true，否则返回false
                if (curFile.isFile() && name.endsWith(".dll")) {
                    return true;
                }
                return false;
            }
        };

        // 使用自定义的过滤器过滤文件
        File[] files = file.listFiles(filter);
        for (File f : files) { // 循环打印输出
            System.out.println(f.getName() );
        }
    }
}
```

运行结果如图 7-5 所示。

```
<terminated> FilterFileDemo [Java Application] C:\Program Files\Java\jdk1.8
libmfxhw32.dll
libmfxhw64.dll
mfxplugin32_hw.dll
mfxplugin64_hw.dll
mfx_mft_h264ve_32.dll
mfx_mft_h264ve_64.dll
mfx_mft_h265ve_32.dll
mfx_mft_h265ve_64.dll
mfx_mft_mjpgvd_32.dll
mfx_mft_mjpgvd_64.dll
mfx_mft_vp8vd_32.dll
mfx_mft_vp8vd_64.dll
mfx_mft_vp9vd_32.dll
mfx_mft_vp9vd_64.dll
```

图 7-5　运行结果

想要过滤不需要的文件需要自定义过滤规则，只需要自定义一个 FilenameFilter 对象，并实现该对象的 accept() 方法即可，accept()方法包含两个参数，一个是文件对象，另一个是文件对象的名称，案例对以非“.dll”结尾的文件进行过滤，凡是不以此结尾的文件类型全部跳过，最后返回文件列表。

文件的删除在 7.1.1 小节中介绍了，此处将介绍如何删除文件夹。文件夹的删除稍微有些复杂，不像文件那样直接调用 delete()方法就可以了。文件夹的删除需要使用到递归的思想，即如果是文件夹，就一直递归，直到碰到空文件夹或者只有文件的文件夹位置。为了便于演示，我们首先选择一个需要删除的文件夹，然后将此文件夹复制到另一个位置，再进行删除，最后直到剩下一个空文件夹为止。为了便于操作，笔者将 C 盘下“C:\Windows\AppPatch”文件夹复制到了 E 盘根目录下，具体信息如图 7-6 所示。

图 7-6　待删除文件夹图

该文件夹比较符合我们将要递归删除的场景，在这个目录下，有文件也有文件夹，其子文件夹有的有空子文件夹，有的子文件夹中有数据，这非常理想。而且这个文件的源文件是系统级别的，我们的电脑中应该都有这个文件夹。此处删除的思想是，删除 AppPatch 下的所有文件及目录，最后仅剩空的 AppPatch 文件夹。

案例 7-6　删除文件夹

文件 DirDelDemo.java

```
import java.io.File;
```

```
public class DirDelDemo {

        public static void main(String[] args) {
                File file = new File("E:/AppPatch");   // 创建file对象

                if (file.exists() && file.isDirectory()) { // 只有文件存在并且是文件夹才进行此操作
                        DirDelDemo del = new DirDelDemo();
                        System.out.println("删除开始！");
                        del.delFile(file); // 递归删除
                        System.out.println("删除结束！");

                }

        }

        // 递归删除文件夹
        public void delFile(File file) {
                File[] files = file.listFiles(); // 获取文件夹下的文件列表
                for (File f : files) { // 遍历文件列表
                        if (f.isDirectory()) { // 如果是文件夹
                                delFile(f); // 递归删除文件夹
                                System.out.println("删除文件夹：" + f.getAbsolutePath());
                                f.delete();
                        } else { // 否则，如果是文件，则直接删除文件
                                System.out.println("删除文件" + f.getAbsolutePath());
                                f.delete();

                        }
                }

                // 如果想将该文件目录也删除，则可以直接调用delete()方法
                // 因为经过递归删除方式删除后，该文件夹已经是空的了
                file.delete(); // 删除根文件夹
        }
}
```

运行结果如图 7-7 所示。

递归的思想非常实用，但是如果无法限定其边界，可能会导致死循环，所以在使用递归思想来处理问题的时候一定要非常小心。当然，递归的强大就在于它能用很少的代码实现很复杂的逻辑，如果能充分利用递归的思想，编程就事半功倍了。

在本案例中，递归思想很简单，即只要有文件就删除，如果是文件夹，就删除文件夹下的所有文件和其下文件夹下的所有文件并删除其文件夹，最终达到删除指定目录下的所有文件及其文件夹的目的。所以，只要先删除文件，随后删除所在文件夹即可。很容易分析，delFile(File file)方法会首先获取文件夹下的文件列表，如果是文件，则直接删除，否则，获取该文件夹的文件列表，继续遍历该文件列表，如果是文件，则删除，否则继续获取其文件列表，当没有获取到文件列表的时候，则说明文件夹是空的，则此时删除该文件夹，依次反推，最终删除所有文件。

```
<terminated> DirDelDemo [Java Application] C:\Program Files
删除开始！
删除文件E:\AppPatch\AcGenral.dll
删除文件E:\AppPatch\AcLayers.dll
删除文件E:\AppPatch\AcRes.dll
删除文件E:\AppPatch\AcSpecfc.dll
删除文件E:\AppPatch\AcWinRT.dll
删除文件E:\AppPatch\acwow64.dll
删除文件E:\AppPatch\AcXtrnal.dll
删除文件E:\AppPatch\apppatch64\AcGenral.dll
删除文件E:\AppPatch\apppatch64\AcLayers.dll
删除文件E:\AppPatch\apppatch64\acspecfc.dll
删除文件E:\AppPatch\apppatch64\AcWinRT.dll
删除文件E:\AppPatch\apppatch64\AcXtrnal.dll
删除文件E:\AppPatch\apppatch64\pcamain.sdb
删除文件E:\AppPatch\apppatch64\sysmain.sdb
删除文件夹：E:\AppPatch\apppatch64
删除文件夹：E:\AppPatch\Custom\Custom64
删除文件夹：E:\AppPatch\Custom
删除文件E:\AppPatch\drvmain.sdb
删除文件夹：E:\AppPatch\en-US
删除文件E:\AppPatch\frxmain.sdb
删除文件E:\AppPatch\msimain.sdb
删除文件E:\AppPatch\pcamain.sdb
删除文件E:\AppPatch\sysmain.sdb
删除文件E:\AppPatch\zh-CN\AcRes.dll.mui
删除文件夹：E:\AppPatch\zh-CN
删除结束！
```

图 7-7　运行结果

7.2 输入输出流

输入输出流

Java 类库将 I/O 分成输入和输出两个部分，即输入流和输出流两个部分，“流”则类似于文件系统，它屏蔽了实际的输入输出设备中处理

数据的细节，让数据的读取和写入更加方便和简单。

7.2.1 输入输出流概念

由于文件类型因操作系统的不同而差异巨大，所以 Java 在处理标准的设备文件和普通文件时并不区分类型，而是采用“数据流”的概念来实现对文件系统的操作，所以流的性质是完全类似的，流中存放的是有序的字符（字节）序列，在操作流对象时，只需要指定对应的目标对象，其数据读写操作基本一致。

流式输入输出是一种很常见的输入和输出方式，输入流代表从外部设备流入计算机内存的数据序列，输出流则表示从计算机内存向外部设备流出的数据序列。流中的数据可以是底层的二进制流数据，也可以是被某种特定格式处理过的数据，这些数据的输入输出都是沿着数据序列顺序进行的，只有前面的数据被处理了，后面的输出才能被处理，这种处理是顺序的，不能随意选择指定的输入输出位置，而且，流中数据一旦被使用完毕，将不能被再次使用！

流中的数据因数据类型不同，可以分为两类，一类是字节流，其顶级父类是 InputStream 类和 OutputStream 类，这种流一次读写 8 位二进制；一类是字符流，其顶级父类是 Reader 类和 Writer 类，这种流一次读写 16 位二进制。因为 Java 使用的是 Unicode 编码，其所有字符占用两个字节，所以每 16 位二进制都能唯一标识一个字符，这个字符可以是数字、字母、汉字和特殊字符。

I/O 是所有程序都必须要处理的问题，是人机交互的核心问题，Java 在 I/O 体系上的优化从其诞生至今从未停止过，例如在 1.4 版本引入了 NIO，提升了 I/O 的性能，在 1.7 版本又引入了 NIO2，对 I/O 做了进一步的优化处理。并且，针对各种输入输出流及需要系统资源开销的链接等可能会在 finally 中仍然存在无法正常关闭的问题，Java 给出了更加方便的处理方式，那就是让这些类继承 Closeable 类，使用 try-catch-resource 的方式定义和使用，这些资源在使用完毕之后会自动关闭，不需要开发者手动关闭且避免了无法关闭的问题。不过需要注意的是没有继承 Closeable 类的资源无法使用 try-with-resource 的方式进行创建。该语法糖的使用方式如下：

```
try (BufferedReader br = new BufferedReader(new FileReader(file));
                    BufferedWriter bw = new BufferedWriter(new FileWriter(file, true))) {
        // TODO 方法处理逻辑
        …
} catch (Exception e) {
        // TODO 异常处理
        …
}
```

Java 中的 I/O 操作类在 java.io 包下，种类繁多，大致可以分为如下 4 类。

（1）基于字节操作的 I/O 接口：InputStream 和 OutputStream。

（2）基于字符操作的 I/O 接口：Reader 和 Writer。

（3）基于磁盘操作的 I/O 接口：File。

（4）基于网络操作的 I/O 接口：Socket。

其中 Socket 是与网络编程有关的接口，所以该类不在 java.io 包中，而是在 java.net 包中，该类将在第 11 章中进行讲解，此处不再赘述。在这 4 种分类中，前两种根据数据传输的格式划分，后两类主要是根据传输数据的方式划分。

7.2.2 字节流

在计算机中，数据的传输一般使用的是二进制的数据流，流中的数据是按字节进行的，所有的数据流都可以使用字节流进行读写操作。InputStream 是所有字节输出的基类，其作用是标识不同数据源产生的输入流，这些数据源包括字节数据、字符串对象、文件、“管道”和一些由其他流组成的序列等。OutputStream 是所有字节输出流的祖先，它定义了数据输出的目的地。它们本身是抽象类，派生出很多个子类，用于不同情况下的数据输入和输出操作。其类的继承关系如图 7-8 所示。

InputStream 类和 OutputStream 的子类众多，InputStream 中常用的类型是 FileInputStream、BufferedInputStream 和 DataInputStream，OutputStream 中常用的类型是 FileOutputStream、BufferedOutputStream 和 DateOutputStream。在实际开发中与 File 相关的 I/O 使用最为频繁。在继承图中，有一个特殊的类——RandomAccessFile 类，该类用于处理根文件相关的 I/O 操作。相较于 FileInputStream 类和 FileOutputStream 类，该类支持重复读取，并且可以跳

转到任意位置进行读写操作。

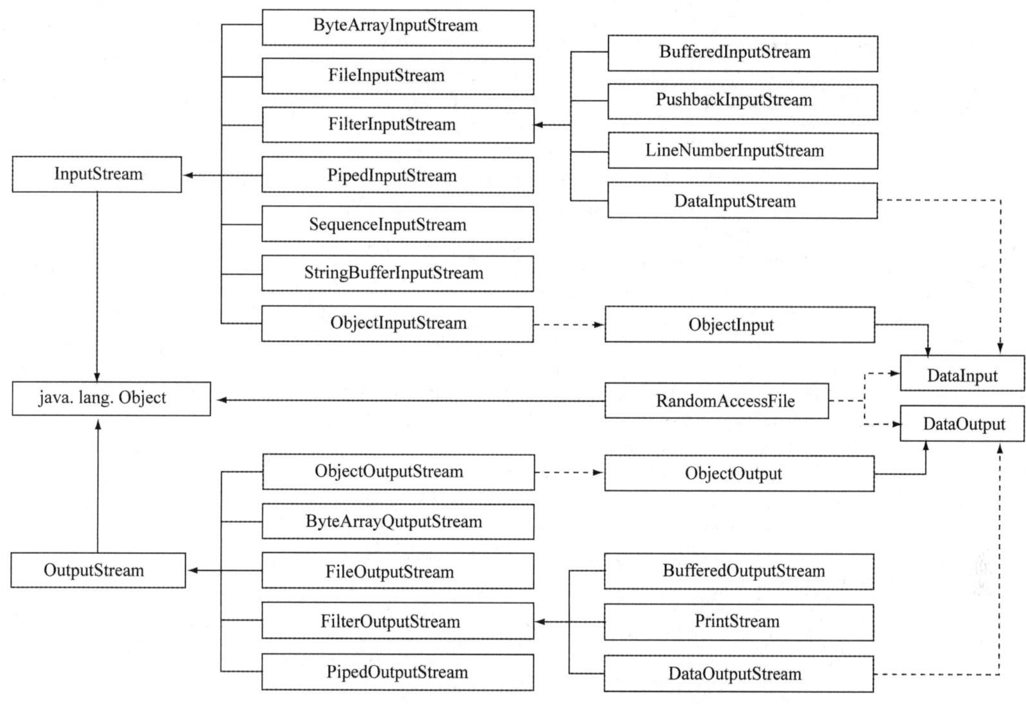

图 7-8　InputStream 和 OutputStream 的继承关系图

InputStream 类定义了流对象的基本数据读取方法和关闭流对象的方法，方法名称和方法说明如表 7-2 所示。

表 7-2　InputStream 类的常用方法

方法名称	方法说明
int available()	返回流中可供读取（或跳过）的字节数据
void close()	关闭输入流，释放相关资源
void mark(int readlimint)	标记输入流中目前的未知
boolean markSupported()	输入流是否支持 mark 和 reset 方法
abstract int read()	从流中读取一个字节的数据
int read(byte[] b)	从流中读取 b.length 大小的数据，放进 b 中
int read(byte[] b, int off, int len)	读取最多 len 长度的数据到 b 中，off 指示开始存放数据的偏移位置
void reset()	将流重置到 mark 方法最后一次标记的位置
void skip(long n)	跳过并抛弃 n 个流中的数据

markSupported()方法用于判断该输入流是否支持 mark()方法，如果支持 mark()方法，则流中的数据可以根据需要进行标记再次读取，避免了一次读取之后 InputStream 数据流已经被读到末尾而不能被再次读取。

与输入流相对应，输出流也有类似的方法用于写入，如 write(byte[] b)方法，同时也有关闭流的 close()方法，输出流的对象没有 mark()方法和 reset()方法用于数据的重新读取，只有 flush()方法强制将缓冲区的数据写出去。

案例 7-7　文件输入输出流

文件 StreamDemo.java

```
import java.io.File;
import java.io.FileInputStream;
import java.io.FileNotFoundException;
```

```
import java.io.FileOutputStream;
import java.io.IOException;

public class FileStreamDemo {

    public static void main(String[] args) {
        File file = new File("FileStreamDemo.txt"); // 创建一个文件对象
        if (!file.exists()) {
            try {
                file.createNewFile(); // 如果文件不存在，则创建文件
            } catch (IOException e) {
                e.printStackTrace();
            }
        }

        /*
         * 使用语法糖（使用更简单的语法写代码），因为FileInputStream和FileOutputStream分别继承了
         * InputStream和OutputStream，而这两个类继承了Closeable接口，
         * 所以此处可以使用try-with-resource方式
         */
        try (FileInputStream fis = new FileInputStream(file);
                FileOutputStream fos = new FileOutputStream(file)) {
            // 如果FileInputStream支持标记，则在文件的开始设置标记
            if (fis.markSupported()) {
                fis.mark(1000); // 设置标记
                System.out.println("文件开始标记设置成功！");
            } else {
                System.out.println("流对象不支持标记设置！");
            }
            int data = -1;
            System.out.println("文件输入流读取开始：");
            while (-1 != (data = fis.read())) {
                System.out.print((char)data + " ");
            }
            System.out.println("\n文件输入流读取结束！");

            String writeLine = "This is the first time to write!";
            fos.write(writeLine.getBytes()); // 在文件中写入一行数据
            fos.flush(); // 强制刷新缓存的数据

            // 再次读取文件
            System.out.println("文件输入流读取开始：");
            while (-1 != (data = fis.read())) {
                System.out.print((char)data + " ");
            }
            System.out.println("\n文件输入流读取结束！");

        } catch (FileNotFoundException e) {
            e.printStackTrace();
        } catch (IOException e) {
            e.printStackTrace();
        }
    }
}
```

运行结果如图 7-9 所示。

通过表 7-2 可以看出，InputStream 中的 read()方法返回的是一个 int 类型的值，但如果输出一个 int 类型的值，我们不好辨认这个值对应的字符是什么，所以在输出的时候一般会强制转型成一个 char 类型。可能有读者会产生疑问，既然如此为什么不直接返回一个 char 类型或 byte 类型的值呢？这样就不需要对返回值进行类型转换了。的确，一般情况下这样做是没有太大问题的，但是如果读取的是二进制文件，就会出现问题了。

```
<terminated> FileStreamDemo [Java Application] C:\Program Files\Java\jdk1.8.0_111\b
流对象不支持标记设置！
文件输入流读取开始：

文件输入流读取结束！
文件输入流读取开始：
This is the first time to write!
文件输入流读取结束！
```

图 7-9　运行结果

Java 中使用-1 作为文件已经读取完毕的标识，如果使用 byte 类型来接收数据，0x000000FF 会被截取成 0xFF，当与整数-1 比较时，需要判断符号，系统默认 byte 类型是带符号数，数 0xFF 就会被扩展成 0xFFFFFFFF，恰好与-1 相等，于是就会误以为文件已经读取完而提前结束读取。如果使用 char 类型，当读到了文件末尾，char 会将 0xFFFFFFFF 截整变成 0xFFFF，当与整数-1 进行比较的时候，也需要扩展，系统默认 char 类型是无符号数，会将 0xFFFF 扩展成 0x0000FFFF，与-1 不相等，导致程序误以为仍未读取到文件末尾而使程序无法结束。所以在读取数据时，尽量使用 int 类型，在输出时可以将此数据转型，避免出现问题。

案例 7-8　文件的复制

文件 FileCopyDemo.java

```
import java.io.File;
import java.io.FileInputStream;
import java.io.FileNotFoundException;
import java.io.FileOutputStream;
import java.io.IOException;

public class FileCopyDemo {

    public static void main(String[] args) {
        String path = FileCopyDemo.class.getResource("").toString(); // 获取当前类的所在路径
        System.out.println("class文件路径是：" + path);
        String filePath = path.substring(path.indexOf("/") + 1).replace("bin", "src");
        System.out.println("java文件路径是：" + filePath);
        File currFile = new File(filePath + "FileCopyDemo.java"); // 获取需要复制的源文件对象
        File destFile = new File("CopyDemo.txt"); // 获取需要将数据复制到的目标文件对象

        try (FileInputStream fis = new FileInputStream(currFile);
                FileOutputStream fos = new FileOutputStream(destFile, false)) {

            byte[] b = new byte[2048]; // 需要读取的字节数组

            while (-1 != fis.read(b)) { // 如果文件中有数据，则继续读取
                fos.write(b); // 将读取到的数据写入目标文件
            }
            fos.flush(); // 刷新缓存
            System.out.println("文件复制结束！");


        } catch (FileNotFoundException e) {
            e.printStackTrace();
        } catch (IOException e) {
            e.printStackTrace();
        }
    }
}
```

运行结果如图 7-10 所示。

```
FileStreamDemo.java   FileCopyDemo.java   CopyDemo.txt
package com.lw.curr;

import java.io.File;
import java.io.FileInputStream;
import java.io.FileNotFoundException;
import java.io.FileOutputStream;
import java.io.IOException;

public class FileCopyDemo {

    public static void main(String[] args) {
        String path = FileCopyDemo.class.getResource("").toString();
        System.out.println("class文件路径是：" + path);
        String filePath = path.substring(path.indexOf("/") + 1).repl
        System.out.println("java文件路径是：" + filePath);
        File currFile = new File(filePath + "FileCopyDemo.java"); //
        File destFile = new File("CopyDemo.txt"); // 获取需要将数据复

        try (FileInputStream fis = new FileInputStream(currFile);
                FileOutputStream fos = new FileOutputStream(destFile

Problems  Javadoc  Declaration  Console  Terminal
<terminated> FileCopyDemo [Java Application] C:\Program Files\Java\jdk1.8.0_111\bin\j
class文件路径是：file:/E:/neonWorkSpace/chapter7/bin/com/lw/curr/
java文件路径是：E:/neonWorkSpace/chapter7/src/com/lw/curr/
文件复制结束！
```

图 7-10　运行结果

从运行结果可以看出，文件 FileCopyDemo.java 被复制到当前文件目录下的 CopyDemo.txt 中，内容与源文件一致。此处使用字节数据 byte[] b = new byte[2048];代码，是为了加快复制速度，有兴趣的读者可以自己仿写一个方法，在调用前后使用系统当前毫秒值对按单个字节拷贝和不同长度字节数组拷贝所使用的时间进行计算，体验多个字节连续读取对拷贝速度的提升。值得注意的是，并非字节数据越长越好，对一个只有 50 个字节的文件使用 4096 长度的字节数组去读取，也是不恰当的。

案例 7-9　RandomAccessFile 操作文件

文件 RandomAccessFileDemo.java

```
public class RandomAccessFileDemo {

    public static void main(String[] args) {
        File file = new File("Test.txt"); // 使用Test.txt文件
        if (!file.exists()) { // 如果文件不存在
            // 调用StreamDemo的文件处理方法，让文件存在数据
            StreamDemo demo = new StreamDemo();
            demo.streamDemo();
        }
        // 使用closeable方式创建RandomAccessFile对象
        try (RandomAccessFile raf = new RandomAccessFile(file, "rw")) {
            System.out.println("文件的长度是：" + raf.length());
            String line = null;
            int count = 1;
            while (null != (line = raf.readLine())) { // 如果文件中存在数据，则按行读取
                System.out.println("文件中的第" + (count++) + "行数据是：" + line);
            }
            System.out.println("当前文件的偏移位置是：" + raf.getFilePointer());
            raf.seek(0);
            System.out.println("文件当前偏移位置：" + raf.getFilePointer());
            System.out.println("当前读取的字符是：" + (char)(raf.readByte()));
            raf.seek(raf.length());
            raf.writeBytes("\r\n");
            raf.writeChars("Hello !");
            raf.seek(0);
```

```
                count = 1;
                while (null != (line = raf.readLine())) { // 如果文件中存在数据，则按行读取
                    System.out.println("文件中的第" + (count++) + "行数据是：" + line);
                }
            } catch (FileNotFoundException e) {
                e.printStackTrace();
            } catch (IOException e) {
                e.printStackTrace();
            }

        }
    }
```

运行结果如图 7-11 所示。

```
<terminated> RandomAccessFileDemo [Java Application] C:\Progr
文件的长度是：41
文件中的第1行数据是：This a new file for test!
文件中的第2行数据是： H e l l o   !
当前文件的偏移位置是：41
文件当前偏移位置：0
当前读取的字符是：T
文件中的第1行数据是：This a new file for test!
文件中的第2行数据是： H e l l o   !
文件中的第3行数据是： H e l l o   !
```

图 7-11　运行结果

RandomAccessFile 类可以使用 seek(long n)跳到文件的任意位置进行文件内容的读取，使用 read()方法及其重载的方法进行数据的读取，读取从 0 位置开始，写入则使用 write()方法和其重载方法，写入位置是当前文件的偏移位置，偏移位置使用 getFilePointer()方法获取，如果当前位置不是写入位置，可以使用 seek()方法进行跳转。RandomAccessFile 还有 length()方法，用于返回文件中数据的长度。

输入输出的字节流还有缓存字节流，如 BufferedInputStream 和 BufferedOutputStream 等，这些流对象有缓存机制，支持 mark()方法和 reset()方法。对于可能需要多次读取的数据，可以将字节流转换成缓存字节流进行处理。

7.2.3　字符流

字节流在无需对数据进行特殊处理时较为常用，但有时读取数据内容，并且需要根据数据内容来进行不同操作的时候，字节流就不太方便了，因为人类的阅读单元是字符，而非计算机的字节。Java 提供了字节流便于开发者使用。字节流的顶级父类是 Reader 和 Writer，一个用于读取，一个用于写入。其对应的输入输出字符流是 InputStreamReader 和 OutputStreamWriter，为了方便读取，转换成缓冲字符流，BufferedReader 和 BufferedWriter 这两个对象可以对流进行按行读取。

案例 7-10　使用缓存字符流读取和写入数据

文件 ReaderAndWriterDemo.java

```
public class ReaderAndWriterDemo {

    public static void main(String[] args) {
        File file = new File("RW.txt");
        if (!file.exists()) {
            System.out.println("不存在，创建新文件！");
            try {
                file.createNewFile(); // 不存在就创建一个文件
            } catch (IOException e) {
                e.printStackTrace();
            }
        } else {
            System.out.println("已存在，无需创建！");
        }
```

```
        try (BufferedReader br = new BufferedReader(new FileReader(file));
                BufferedWriter bw = new BufferedWriter(new FileWriter(file, true))) {
            br.mark(10000); // 在流开始读取时标记
            String line = null ;
            int count = 1;
            System.out.println("开始数据读取：");
            while (null != (line = br.readLine())) { // 按行读取数据
                System.out.println("第" + (count++) + "行数据是：" + line);
            }

            // 按行写入数据 一行
            System.out.println("\n开始数据插入！");
            bw.write("add new line \r\n");
            bw.flush(); // 强制刷新缓存中的数据

            // 再次读取
            count = 1;
            System.out.println("\n再次读取数据：");
            br.reset(); // 跳回到标记位置
            while (null != (line = br.readLine())) {
                System.out.println("第" + (count++) + "行数据是：" + line);
            }
        } catch (FileNotFoundException e) {
            e.printStackTrace();
        } catch (IOException e) {
            e.printStackTrace();
        }
    }
}
```

运行结果如图 7-12 所示。

```
已存在，无需创建!
开始数据读取：
第1行数据是：add new line
第2行数据是：add new line
第3行数据是：add new line

开始数据插入!

再次读取数据：
第1行数据是：add new line
第2行数据是：add new line
第3行数据是：add new line
第4行数据是：add new line
```

图 7-12　运行结果

案例 7-10 中使用了 mark()方法和 reset()方法，使用的原则是需要返回流的哪个位置就从哪里开始标记，因为是对全文本进行读取，所以此处是从缓存字符流的开始位置进行标记，并且在插入数据进行重置后对文件进行读取。此时读取的就是文件的全部内容，如果不进行重置，则只能读取到上次读取后新添加的内容。

在创建 FileWriter 对象时传入了两个参数，一个是 file 对象，另一个是 boolean 类型的数据，这个 boolean 类型的用处是告诉 FileWriter 对象，传入的文件是覆盖原有内容还是在原有内容之后进行追加，案例中是 true，表示该文件的写入是在原有内容之后进行追加操作。

7.3　动手任务：文件系统

动手任务：文件系统

【任务介绍】

1. 任务描述

编写一个文件管理系统，通过控制台的输出内容进行文件操作：1-创建文件、2-删除文件、3-复制文件和 4-根据输入文件名称，读取文件内容执行对应的指令。当用户输入 1 时，会读取用户的下一行输入，会根据用户的名称和后续输入创建一个文件并将输入录入文件；当用户输入 2，则会检索当前目录下的文件，如果文件存在，则删除该文件，否则，提示文件不存在；当用户输入 3，则读取用户输入的文件名称并进行复制，默认是文件名称加后缀“.copy”标注；当用户输入 4，会查找当前目录下的文件，如果文件存在，则执行文件的内容；当用户输入“exit”并在后续输入“Y”则退出当前系统。

2. 运行结果

任务运行结果如图 7-13 所示。

```
<terminated> FileSystemClient [Java Application] C:\Program Files\Java\jre1.8.0_111\bin
1-创建文件  2-删除文件 3-复制文件 4-执行文件 exit-退出系统：
1
请输入文件名称：
first.txt
请输入想要写入文件的内容，以 --END结束输入：
This is the first file to create.
--END
文件创建成功！请执行后续指令！
1-创建文件  2-删除文件 3-复制文件 4-执行文件 exit-退出系统：
3
请输入想要复制的文件全路径：
first.txt
请输入想要复制到的文件名称：
copyFirst.txt
文件复制成功！
1-创建文件  2-删除文件 3-复制文件 4-执行文件 exit-退出系统：
1
请输入文件名称：
exec.txt
请输入想要写入文件的内容，以 --END结束输入：
1 second.txt This is the secode file to create.
2 first.txt
3 exec.txt copyExec.txt
--END
文件创建成功！请执行后续指令！
1-创建文件  2-删除文件 3-复制文件 4-执行文件 exit-退出系统：
4
请输入想要执行的执行文件：
exec.txt
开始执行执行文件：
创建文件：second.txt 成功！
文件删除成功！
文件：exec.txt 复制成功，副本文件是：copyExec.txt
结束执行执行文件！
1-创建文件  2-删除文件 3-复制文件 4-执行文件 exit-退出系统：
exit
```

图 7-13　运行结果

【任务目标】

- 了解文件系统的实现思想和理念。
- 掌握文件创建、删除和写入的方式。
- 掌握文件输入输出的方法。

【实现思路】

（1）首先需要读取控制台的输入内容，获取用户想要处理的下一个操作内容。

（2）根据输入的指令和输入内容，进行相应的操作，例如创建文件、删除文件等。

（3）当输入指定 4 时，需要读取文件内容，判断文件内容是否符合要求，如果内容符合要求，则循环执行文件内容。

【实现代码】

实现代码如下。

文件 FileSystemClient.java

```java
package com.lw.demo;

import java.util.Scanner;
```

```
public class FileSystemClient {

    public static void main(String[] args) {
        Scanner scan = new Scanner(System.in); // 获取控制台输入的内容

        // 文件处理对象初始化
        FileOperator fo = new FileOperator();

        while(true) {
            System.out.println("1-创建文件    2-删除文件   3-复制文件   4-执行文件   exit-退出系统：");
            switch (scan.nextLine()) {
            case "1" :
                fo.createFile(scan);
                break;
            case "2" :
                fo.delFile(scan);
                break;
            case "3":
                fo.copyFile(scan);
                break;
            case "4":
                fo.execFile(scan);
                break;
            case "exit":
                System.exit(0);
                break;
            default:
                System.out.println("未知指令！请输入正确的指令:");
                break;
            }
        }

    }
}
```

文件 FileOperator.java

```
package com.lw.demo;

import java.io.BufferedReader;
import java.io.BufferedWriter;
import java.io.File;
import java.io.FileInputStream;
import java.io.FileNotFoundException;
import java.io.FileOutputStream;
import java.io.FileReader;
import java.io.FileWriter;
import java.io.IOException;
import java.util.Scanner;

public class FileOperator {

    public static final String LINE_END_TAG = "\r\n";
    public static final String END_INPUT = "--END";


    // 创建文件并写入数据
    public void createFile(Scanner scanner) {
        System.out.println("请输入文件名称：");
        String fileName = scanner.nextLine(); // 获取文件名称
        File file = new File(fileName);
        // 如果文件不存在，则创建文件
```

```
        if(!file.exists()) {
            try {
                file.createNewFile();
            } catch (IOException e) {
                e.printStackTrace();
            }
        }
        System.out.println("请输入想要写入文件的内容，以 --END结束输入：");
        // 获取想要写入文件的内容
        String line = scanner.nextLine();

        try(BufferedWriter bw = new BufferedWriter(new FileWriter(file))) {
            while(true) {
                // 如果不是结束输入的标识，则直接结束输入
                if(END_INPUT.equals(line)) {
                    return;
                }
                bw.write(line.concat(LINE_END_TAG));
                line = scanner.nextLine();
            }
        } catch (IOException e) {
            e.printStackTrace();
        }
        System.out.println("文件创建成功！请执行后续指令！");
    }

    // 删除文件
    public void delFile(Scanner scanner) {
        System.out.println("请输入想要删除的文件全路径：");
        String filePath = scanner.nextLine();

        File file = new File(filePath);
        if(file.exists() && file.isFile()) {
            // 文件存在且不是目录，则删除文件
            file.delete();
            System.out.println("文件删除成功！删除文件：" + file.getAbsolutePath());
        } else {
            System.out.println("文件不存在，无法删除！请执行后续指令！");
        }
    }

    // 复制文件
    public void copyFile(Scanner scanner) {
        System.out.println("请输入想要复制的文件全路径：");
        String filePath = scanner.nextLine();

        File file = new File(filePath);
        if (!file.exists()) {
            System.out.println("文件不存在！");
            return;
        }
        if (!file.isFile()) {
            System.out.println("不是文件，无法复制！");
            return;
        }
        // 获取文件路径
        String path = filePath.substring(0, filePath.lastIndexOf("\\") + 1);
        System.out.println("请输入想要复制到的文件名称：");
        String name = scanner.nextLine();

        File newFile = new File(path.concat(name));
```

```
        if(newFile.exists()) {
            System.out.println("目标文件已存在，是否要覆盖（Y/N）：");
            String tag = scanner.nextLine();
            if ("N".equals(tag)) {
                System.out.println("请输入想要复制到的文件名称：");
                name = scanner.nextLine();
                newFile = new File(path.concat(name));
            }
        }
        // 读取源文件内容并写入目标文件中
        try(FileInputStream fis = new FileInputStream(file);
                FileOutputStream fos = new FileOutputStream(newFile)) {
            byte[] buf = new byte[1024];
            // 读取数据
            while(fis.read(buf) != -1) {
                // 如果有内容，则进行文件写入
                fos.write(buf);
            }
        } catch (FileNotFoundException e) {
            e.printStackTrace();
        } catch (IOException e) {
            e.printStackTrace();
        }
        System.out.println("文件复制成功！");
    }

    // 读取执行文件，进行非实时文件处理
    public void execFile(Scanner scanner){
        System.out.println("请输入想要执行的执行文件：");
        String filePath = scanner.nextLine();

        File file = new File(filePath);
        if (!file.exists()) {
            System.out.println("执行文件不存在！");
            return;
        }
        if (!file.isFile()) {
            System.out.println("不是文件，无法进行执行！");
            return;
        }

        System.out.println("开始执行执行文件：");
        // 执行执行文件的逻辑
        try (BufferedReader br = new BufferedReader(new FileReader(file))) {
            String line = br.readLine();
            while (null != line && !"".equals(line)) {
                String[] infos = line.split(" ");
                switch (infos[0]) {
                case "1":
                    createFileByBatch(infos);
                    break;
                case "2":
                    delFileByBatch(infos);
                    break;
                case "3":
                    copyFileByBatch(infos);
                    break;
                default:
                    System.out.println("指令错误！");
                    break;
                }
```

```
                line = br.readLine(); // 读取下一行
            }
        } catch (FileNotFoundException e) {
            e.printStackTrace();
        } catch (IOException e) {
            e.printStackTrace();
        }
        System.out.println("结束执行执行文件！");
    }

    // 执行文件的文件创建方法
    public void createFileByBatch(String[] infos) {
        File file = new File(infos[1]);
        // 文件不存在就创建，否则覆盖
        if(!file.exists()) {
            try {
                file.createNewFile();
            } catch (IOException e) {
                e.printStackTrace();
            }
        }
        // 没有默认写入的数据
        if(null == infos[2] || "".equals(infos[2])) {
            return ;
        }
        // 将数据写入创建的文件中
        try(FileOutputStream fos = new FileOutputStream(file)) {
            for(int i = 2; i < infos.length ; i++) {
                // 如果是文件结束
                if (END_INPUT.equals(infos[i])) {
                    System.out.println("  文件创建内容插入结束！创建成功！");
                    return;
                }
                if (!LINE_END_TAG.equals(infos[2])) {
                    fos.write(infos[2].getBytes());
                    fos.write(" ".getBytes());
                } else {
                    fos.write(LINE_END_TAG.getBytes());
                }
            }
        } catch (FileNotFoundException e) {
            e.printStackTrace();
        } catch (IOException e) {
            e.printStackTrace();
        }
        System.out.println("创建文件：" + infos[1]+ " 成功！");
    }

    // 执行文件的文件删除方法
    public void delFileByBatch(String[] infos) {
        File file = new File(infos[1]);
        // 文件不存在就创建，否则覆盖
        if(!file.exists() || !file.isFile()) {
            System.out.println("文件不存在或者不是文件，无需删除！");
        } else {
            // 文件存在，则删除文件
            file.delete();
            System.out.println("文件删除成功！");
        }
    }
```

```
        // 执行文件的文件赋值方法
        public void copyFileByBatch(String[] infos) {
                File file = new File(infos[1]);

                File newFile = new File(infos[2]);

                if(!file.exists() || !file.isFile()) {
                        System.out.println("文件不存在或者不是文件，无法复制！");
                        return;
                }
                // 复制副本文件不存在则创建
                if (!newFile.exists()) {
                        try {
                                newFile.createNewFile();
                        } catch (IOException e) {
                                e.printStackTrace();
                        }
                }
                // 读取目标数据，写入副本文件
                try(FileOutputStream fos = new FileOutputStream(newFile);
                                FileInputStream fis = new FileInputStream(file)) {
                        byte[] b = new byte[1024];
                        while(fis.read(b) != -1) {
                                fos.write(b);
                        }
                        System.out.println("文件：" + infos[1] + " 复制成功，副本文件是：" + infos[2]);
                } catch (FileNotFoundException e) {
                        e.printStackTrace();
                } catch (IOException e) {
                        e.printStackTrace();
                }

        }
}
```

7.4 本章小结

本章着重讲解了文件和流。在 Java 中，文件的管理依靠 File 类，而文件的读写则依靠输入输出流来读取。在本章的 7.1 节中，主要介绍了 File 类和其相关的 API 方法，想要更好地处理文件，File 是必须要掌握的；在 7.2 节中，讲解了输入输出流的概念和其类的继承结构图，同时分类介绍了字节流和字符流及其对应的缓存流。

输入输出流是 Java 中非常重要的内容，其使用范围比较广泛，例如项目中配置文件的读取、xml 类型文件的读取和 OFFICE 文件的读取等，都是使用输入输出流进行的，Java 的 Web 在实际应用中，也是依靠流的形式进行客户端的浏览器界面与应用服务器的交互。

【思考题】

1. 请简述字节流和字符流的区别和应用场景。
2. 字符流一定优于字符流吗？缓存流是否一定优于非缓存类型的流呢？
3. 复制一个文件，使用哪种输入输出流？如果是要处理文件内容呢？

PART08

第8章

日期和时间

■ 无论是在日常生活中还是在商业软件开发过程中，日期和时间都有着十分重要的意义。准确地获取当前时间，计算未来时间，进行定制化的日期输出并对文本内的日期格式进行解析和处理都是开发者需要掌握的基本内容。

8.1 Date 类

Date 类

出生日期、毕业年月、商品到期日和贷款到期日都是非常重要的概念，这些与日期有关的解析和处理都被封装在了 Java 中的 Date 类中，该类位于 java.util 包中，处理与日期有关的大部分操作。

8.1.1 计算机的时间

1970 年 1 月 1 日是 UNIX 和 C 语言的生日，汤普逊使用 B 语言在 PDP-7 机器上开发出了 UNIX 的一个新版本，随后又与同事丹尼斯里奇改进了 B 语言，开发出了 C 语言并重写了 UNIX，并将其在 1971 年发布。

在当时，计算机系统是 32 位的系统，时间使用 32 位有符号数表示，可以表示 68 年，用 32 位无符号数表示，可以表示 136 年，他们认为可以以 1970 年为时间原点，并在 C 语言的 time 函数中也这么应用了，故此，计算机的元年便使用 1970 年 1 月 1 日零时零分零秒作为开端。随后的语言也沿用了这种设定。

案例 8-1　当前时间与计算机元年

文件 ComputerTimeDemo.java

```
public class ComputerTimeDemo {

    public static void main(String[] args) throws ParseException {
        Date day = new Date(0); // 获取时间原点
        long time = System.currentTimeMillis(); // 获取当前时间相较于时间原点的毫秒数
        Date date = new Date(time); // 获取Date类型的对象，时间默认为当前时间
        // Date类型的该方法已经被废弃，不建议使用，但为了演示方便，暂且使用
        System.out.println("当前时间：" + date.toLocaleString());
        System.out.println("计算机时间原点：" + day.toLocaleString());
        long between = date.getTime() - day.getTime();
        System.out.println("系统当前时间与计算机时间原点的毫秒值；" + between);
        System.out.println("当前时间与原点时间的差值与系统获取的当前毫秒值的差值：" + (time - between));

    }
}
```

运行结果如图 8-1 所示。

```
<terminated> ComputerTimeDemo [Java Application] C:\Program Files\Java\
当前时间：2017-4-23 12:48:03
计算机时间原点：1970-1-1 8:00:00
系统当前时间与计算机时间原点的毫秒值：1492922883158
当前时间与原点时间的差值与系统获取的当前毫秒值的差值：0
```

图 8-1　运行结果

从运行结果不难发现，Java 中日期时间的原点是 1970 年 1 月 1 日（细心的读者可能会问为何不是 0 点，这是因为中国的北京是在东八区，所以使用北京时间会默认是 8 点），Java 中获取系统当前毫秒值的方法是一个 Native 方法，说明该方法是调用的 C 语言实现的。

8.1.2 Date 类的应用

Date 类是 Java 程序开发中最常用的类之一，在早期的版本中，该类包含了很多辅助方法，这些方法在后来的版本中被废弃不再建议开发者使用，在 8.1.1 节中的 toLocaleString()就是这样的方法，这些方法中的一部分被日期工具类代替。

Date 类的无参构造方法是将当前系统毫秒值传入进行初始化的，Date 类还有一个根据传入的毫秒值获取日期对象的构造函数，无参构造方法就是将系统当前毫秒值作为毫秒值传入该构造函数实现的，所以在案例 8-1 中最后的毫秒差值是 0。另外，当传入一个 0 作为参数的时候，返回的是计算机原点时间。SimpleDateFormat 是时间的格式化类，该类包含了日期格式化输出和字符串与日期转换的方法等。

案例 8-2　Date 类的使用

文件 DateDemo.java

```
public class DateDemo {

    public static void main(String[] args) {
        Date date = new Date(); // 获取计算机的当前时间
        SimpleDateFormat sdf = new SimpleDateFormat("yyyy-MM-dd HH:mm:ss"); // 参数是日期的格式
        String dateStr = sdf.format(date); // 将时间格式化
        System.out.println("格式化输出时间：" + dateStr);

        String dayStr = "1990-01-01 00:00:00"; // 格式化后的日期类型的字符串
        try {
            Date day = sdf.parse(dayStr); // 将日期类型的字符串转换成日期类型
            System.out.println("使用格式化的日期字符串创建的日期对象：" + day);
        } catch (ParseException e) {
            e.printStackTrace();
        }

    }
}
```

运行结果如图 8-2 所示。

```
<terminated> DateDemo [Java Application] C:\Program Files\Java\jdk1.8.0_111\bi
格式化输出时间：2017-04-23 13:12:04
使用格式化的日期字符串创建的日期对象：Mon Jan 01 00:00:00 CST 1990
```

图 8-2　运行结果

Date 类定义了一些简单的初始化构造方法，SimpleDateFormat 中也定义了一些简单的格式化方法，但是日期的使用不仅在于此，当我们要计算当前时间后的第一个星期三的时间的时候，这些类就力不从心了。为了帮助开发者，Java 提供了一个功能强大的类——Calendar 类，专门用于对日期的计算和获取。

8.2　Calendar 类

Calendar 类

在日常生活中人们常说，今天是几月几日，下个星期五是几月几日。这些功能在程序中实现起来有些困难，为了方便开发者开发，Java 提供了 Calendar 类来实现这种特定日期计算的类。

8.2.1　什么是日历类型

日历，顾名思义就是我们常说的万年历等，通过日历人们可以快速地对日期进行检索，例如，阴历、阳历对应日期的检索和各种节日的检索。

Calendar 类型是对日期的计算操作，其本身可以由 Date 类型来设置需要进行计算的原点时间，同时也能快速地转换成 Date 类型的对象并输出。因为编程语言大多以 0 为初始值，所以 Calendar 类中的一月份的数字值实际上是 0。由于西方国家认为星期日是一个星期的开始，所以，SUNDAY 对应的数字是 1，而 MONDAY 对应的数字是 2，其他以此类推。

8.2.2　日历类型的计算

Calendar 能够快速进行时间的计算，无论是基于当前日期的某个天数之前或者之后，或者是某个月的第几个星期几。

案例 8-3　日期的计算

文件 CalendarDemo.java

```
public class CalendarDemo {
```

```
	public static void main(String[] args) {
		Date date = new Date(); // 当前时间对象
		SimpleDateFormat sdf = new SimpleDateFormat("yyyy-MM-dd HH:mm:ss");

		System.out.println("当前时间是：" + sdf.format(date));

		//  初始化一个日历对象
		Calendar cale = Calendar.getInstance();
		System.out.println("当前日历类型是：" + cale.getCalendarType());
		// 将星期一设置为每个星期的第一天
		System.out.println("每个星期的第一天是：" + cale.getFirstDayOfWeek());
		cale.setFirstDayOfWeek(2);
		System.out.println("每个星期的第二天是：" + cale.getFirstDayOfWeek());
		cale.setTime(date); // 将当前时间设置为日历类的初始计算时间

		// 当前时间五天前的时间(在当前域中加上传入的值，正数表示之前，负数表示之后)
		cale.add(Calendar.DAY_OF_YEAR, -5);
		Date day = cale.getTime();
		System.out.println("五天前的时间是：" + sdf.format(day));

		// 获取每个域的值
		System.out.println("当前年份是：" + cale.get(Calendar.YEAR));
		System.out.println("当前月份是：" + cale.get(Calendar.MONTH));
		System.out.println("当前日是：" + cale.get(Calendar.DATE));

		// 获取各个域的最大值
		System.out.println("本月份的最大天数：" + cale.getActualMaximum(Calendar.DATE));
		System.out.println("本年份的最大天数：" + cale.getActualMaximum(Calendar.DAY_OF_YEAR));

		// 将当前月份设置为2月（月份从0开始）
		cale.set(Calendar.MONTH, 1);
		System.out.println("当前日期是：" + sdf.format(cale.getTime()));
		System.out.println("本月份的最大天数：" + cale.getActualMaximum(Calendar.DATE));

		System.out.println("今年有多少周：" + cale.getWeeksInWeekYear());
		System.out.println("是否支持周日期：" + (cale.isWeekDateSupported()?"是":"否"));
	}
}
```

运行结果如图 8-3 所示。

```
<terminated> CalendarDemo [Java Application] C:\Program Files\Java\jdk1
当前时间是：2017-04-23 14:07:40
当前日历类型是：gregory
每个星期的第一天是：1
每个星期的第二天是：2
五天前的时间是：2017-04-18 14:07:40
当前年份是：2017
当前月份是：3
当前日是：18
本月份的最大天数：30
本年份的最大天数：365
当前日期是：2017-02-18 14:07:40
本月份的最大天数：28
今年有多少周：53
是否支持周日期：是
```

图 8-3　运行结果

Calendar 类中，add()方法由于在制定的域（年、月、日）增加日期，这个日期可以是负数，负数表示该日期之前，正数表示该日期之后。set()方法用于设置指定域的值，get()方法用于获取指定域的值，getActualMaximum()方法用于获取当前时间对应的域的最大值，与方法 getActualMinimum()对应。

GregorianCalendar 是一个公历的实现类，派生自 Calendar 类，Calendar 的 getInstance()返回的实际上就是 GregorianCalendar 的对象，该类比 Calendar 类多了两个属性：AD 和 BC，分别表示公元后和公元前，它还有一个很有用的方法——isLeapYear()方法，该方法用于判断传入的年份是否为闰年。

案例 8-4　万年历

文件 MonthlyCalendarDemo.java

```
public class MonthlyCalendarDemo {

    // 每个星期的星期
    static final String[] weekDays = {"星期日", "星期一", "星期二", "星期三", "星期四", "星期五", "星期六"};

    public static void main(String[] args) {
        Scanner scan = new Scanner(System.in); // 获取从标准输入中读取数据的Scanner对象
        int counter = 0;

        System.out.println("请输入年份：");
        int year = scan.nextInt();
        System.out.println("请输入月份：");
        int month = scan.nextInt() - 1; // 获取月份

        // 以指定的年份、月份和该月份的第一天作为开始创建对象
        GregorianCalendar gCale = new GregorianCalendar(year, month, 1);
        // 获取当前月份的总天数
        int totalDay = gCale.getActualMaximum(Calendar.DAY_OF_MONTH);
        int startWeekDay = gCale.get(Calendar.DAY_OF_WEEK) - 1;

        for (String weekDay : weekDays) {
            System.out.print(weekDay + "   "); // 三个空格
        }
        System.out.println();  // 换行
        for (counter = 0 ; counter < startWeekDay ; counter++) {
            System.out.print("       "); // 七个空格
        }
        for (int day = 1 ; day < totalDay ; day++) {
            System.out.printf("   %2d   ", day);
            counter++;
            if(counter % 7 == 0) {
                System.out.println(); // 换行
            }
        }
    }

}
```

运行结果如图 8-4 所示。

```
<terminated> MonthlyCalendarDemo [Java Application] C:\Program Files\J
请输入年份：
1993
请输入月份：
4
星期日  星期一  星期二  星期三  星期四  星期五  星期六
                                  1      2      3
  4      5      6      7      8      9     10
 11     12     13     14     15     16     17
 18     19     20     21     22     23     24
 25     26     27     28     29
```

图 8-4　运行结果

Calendar 类中还有一些是与时区和本地化有关的方法，对这些方法感兴趣的读者可以参考 Java 官方的 API。

8.3 动手任务：超市过期提醒及促销活动

【任务介绍】

动手任务：超市过期提醒及促销活动

1. 任务描述

编写一个产品过期提醒的程序，能够自动根据促销要求在适当的时候进行促销活动，并在产品过期前 10 天提醒产品即将过期。产品的过期时间由产品的生产日期及保质期来确定。程序需要正确地计算产品的到期日期，并且根据到期日期来执行促销活动和过期提醒。

2. 运行结果

任务运行结果如图 8-5～图 8-8 所示。

```
<terminated> MaturePromotionDemo [Java Application] C:\Progra
请输入当前日期，格式 yyyy-MM-dd:
2018-2-14
到期日期是：Thu Mar 01 00:00:00 CST 2018
提醒日期是：Mon Feb 19 00:00:00 CST 2018
当前日期是：Wed Feb 14 00:00:00 CST 2018
促销开始日期是：Thu Feb 15 00:00:00 CST 2018
还未到促销时间！
```

图 8-5　运行结果

```
<terminated> MaturePromotionDemo [Java Application] C:\Progran
请输入当前日期，格式 yyyy-MM-dd:
2018-2-15
到期日期是：Thu Mar 01 00:00:00 CST 2018
提醒日期是：Mon Feb 19 00:00:00 CST 2018
当前日期是：Thu Feb 15 00:00:00 CST 2018
促销开始日期是：Thu Feb 15 00:00:00 CST 2018
促销活动已经开始！
```

图 8-6　运行结果

```
<terminated> MaturePromotionDemo [Java Application] C:\P
请输入当前日期，格式 yyyy-MM-dd:
2018-3-1
到期日期是：Thu Mar 01 00:00:00 CST 2018
提醒日期是：Mon Feb 19 00:00:00 CST 2018
当前日期是：Thu Mar 01 00:00:00 CST 2018
产品保质期已到！
```

图 8-7　运行结果

```
<terminated> MaturePromotionDemo [Java Application] C:\Progra
请输入当前日期，格式 yyyy-MM-dd:
2018-3-2
到期日期是：Thu Mar 01 00:00:00 CST 2018
提醒日期是：Mon Feb 19 00:00:00 CST 2018
当前日期是：Fri Mar 02 00:00:00 CST 2018
产品保质期已过！
```

图 8-8　运行结果

【任务目标】

- 学会将字符串的日期格式转换成 Date 类型，再变成 Calendar 类型并最终返回字符串类型。
- 熟练使用 Calendar 类型进行日期的加减和设置。

【实现思路】

（1）程序开发过程中，日期一般使用格式化的字符串进行保存，因此，首先要知道如何将字符串类型的数据最终转换成 Calendar 类型，并在计算结束后返回字符串类型的日期。

（2）一般是在产品过期前的某个星期几或过期前的固定天数来执行促销的。所以还需要知道如何获取某个固定天数前的第几个星期几。

【实现代码】

实现代码如下所示。

文件：MaturePromotionDemo.java

```
public class MaturePromotionDemo {

    public static void main(String[] args) throws ParseException {
        Scanner scan = new Scanner(System.in);
        System.out.println("请输入当前日期，格式 yyyy-MM-dd:");
        String current = scan.nextLine();

        // 假设产品的保质期日是2018年3月1号
        String matureDate = "2018-03-01";
        // 设定日期的格式是 yyyy-MM-dd 也就如matureDate一样
        SimpleDateFormat sdf = new SimpleDateFormat("yyyy-MM-dd");
        Date day = sdf.parse(current); // 获取当前日期，判断是否需要进行促销或到期提醒
```

```
            Calendar caleMature = Calendar.getInstance();
            caleMature.setTime(sdf.parse(matureDate)); // 获取到期日的日历类型

            // 复制一份副本
            Calendar caleNearMature = (Calendar) caleMature.clone();

            Calendar caleCurr = Calendar.getInstance();
            caleCurr.setTime(day); // 获取当前日期的日历类型

            // 将日期设置为过期时间的前10天
            caleNearMature.add(Calendar.DAY_OF_MONTH, -10);

            System.out.println("到期日期是: " + caleMature.getTime());
            System.out.println("提醒日期是: " + caleNearMature.getTime());
            System.out.println("当前日期是: " + caleCurr.getTime());


            // 判断是否是过期前10天之前
            if (caleCurr.before(caleNearMature)) {
                // 保质期前10天的第一个星期二开始促销
                caleNearMature.add(Calendar.DAY_OF_MONTH, -7);
                caleNearMature.set(Calendar.DAY_OF_WEEK, Calendar.THURSDAY);
                System.out.println("促销开始日期是: " + caleNearMature.getTime());
                if (caleCurr.before(caleNearMature)) {
                    System.out.println("还未到促销时间! ");
                } else {
                    System.out.println("促销活动已经开始! ");
                }

            } else {
                if (caleCurr.after(caleMature)) {
                    System.out.println("产品保质期已过! ");
                } else {
                    long between = caleCurr.compareTo(caleMature);
                    int days = (int) (between/1000/3600/24);
                    if (0 == days) {
                        System.out.println("产品保质期已到! ");
                    } else {
                        System.out.println("产品保质期在" + days + "天后到期! ");
                    }
                }
            }
            scan.close(); // 关闭流
        }
    }
```

8.4 本章小结

本章着重讲解了日期类 Date 和日历类 Calendar。日期类 Date 一般作为字符串类型的日期与日历类 Calendar 的中间对象，日期类 Date 方便日期的存储和计算。其中 SimpleDateFormat 是转换字符串类型的日期和日期类型的操作类，该类支持多重格式的日期，例如 2017-03-10 和 2017-03-10 00:00:00 类型等，在这两个常用的格式之外，还有其他类型的格式，如 yy-MM-dd、yy/MM/dd 等。

【思考题】

1. 如果不使用 SimpleDateFormat，仅仅使用 Calendar 类该如何格式化日期？
2. 编写程序，以当前时间为原点，计算：每过一天，小时值增加一天，当前时间经过三个月后的时间是多少。

PART09

第9章

反射、异常及枚举

■ Java 最吸引人的就是它的反射机制和异常处理机制。Java 利用运行时其特有的“反射”机制，可以在运行时独立查找类型信息。Exception 是 Java 的另一个很受欢迎的机制，利用异常机制，开发者可以捕获异常，根据特定的异常进行特定的处理，同时，开发者也可以通过异常信息快速定位异常的类型和位置，快速处理程序异常。枚举也是 Java 的一个限制特定数据的手段，使用这个机制，你可以将月份限制在 12 个月，将一周定义在周一到周日，而不必担心因特殊情况出现的星期八或者 17 月等不合理的数据问题。

9.1 反射

反射（Reflection）是 Java 程序开发语言的特征之一，它允许 Java 在运行时添加新的类或是创建指定类的对象，并将属性值动态地赋值给对象。

反射

9.1.1 什么是反射

反射允许运行中的 Java 程序对自身进行检查，并能直接操作程序的内部属性。例如，使用它能获取 Java 类中各成员的名称，并将该名称显示出来。

Java 的反射被大量地应用于 JavaBeans 中。利用反射，Java 可以支持 RAD 工具，特别是在设计或运行中添加新类时，快速地应用开发工具，能够动态地查询新添加类的功能。这一特性在一般的程序设计语言中很少使用，但在架构和基础组件设计中不可或缺。

在熟悉 Java 中的反射之前，读者需要了解面向对象编程中的一个重要概念——运行时类型识别，也就是 RTTI（Run-Time Type Identification）。运行时类型识别是所有面向对象都必须提供的功能。我们首先看案例 9-1。

案例 9-1　类型自动识别

文件 Shape.java

```
public class Shape {
    public static void drawShape(Shape shape){
        shape.draw();
    }

    public void draw(){
        System.out.println("draw shape!");
    }

    public static void main(String[] args) {
        Shape shape = new Shape();
        Circle circle = new Circle();
        Triangle triangle = new Triangle();
        Square square = new Square();

        drawShape(shape);
        drawShape(circle);
        drawShape(triangle);
        drawShape(square);

    }
}
```

文件 Circle.java

```
public class Circle extends Shape {
    public void draw(){
        System.out.println("draw circle！");
    }
}
```

文件 Square.java

```
public class Square extends Shape {
    public void draw(){
        System.out.println("draw square！");
    }
}
```

文件 Triangle.java

```
public class Triangle extends Shape {
    public void draw(){
```

```
            System.out.println("draw triangle！");
        }
    }
```

运行结果如图 9-1 所示。

```
<terminated> Shape [Java Application] C:\Program Files\Java\jd
draw shape!
draw circle!
draw triangle!
draw square!
```

图 9-1　运行结果

从案例 9-1 可以看出，drawShape()实际上会执行 4 种不同的方法，它会根据实际执行时 shape 对象所属的真正类别来决定调用哪个 draw()方法。这个特性被称为运行时多态。如果程序想要对圆形进行着色，那么程序员就需要知道每个类型的准确信息然后进行着色，此时就需要使用 RTTI 技术，用它来查询某个 shape 对象的准确类型是什么。那么，如何确定某个对象的类型到底是什么呢?

RTTI 的类型识别是基于 Class 类的，Class 是一个特殊形式的对象，其中包含了与类相关的信息。在 Java 中，任何一个作为程序一部分的类都是一个 Class 对象，换言之，每次写一个新类时，同时也会创建一个 Class 对象（更准确地说，是保存在一个完全同名的.class 文件中）。在运行期，一旦程序员想要生成某个类的对象，JVM 首先会检查该类型的 Class 是否载入。若未载入，则 JVM 会查找同名的.class 文件并将其载入。一旦该类型的 Class 对象载入内存，就可以使用它创建该类型的对象。当然，未使用到的 Class 对象是不会载入的。这一点，Java 与许多传统语言都不同。

Class 类中提供了很多方法，其中 forName()就是用来加载一个类的。使用该方法可以不必使用 new 关键字来创建对象。

案例 9-2　利用 Class 创建类对象

文件 DemoClass.java

```
public class DemoClass {

    static {
        System.out.println("This is DemoClass！");
    }

    public static void main(String[] args) {
        System.out.println("DemoClass is Running...");
    }
}
```

文件 TestClass.java

```
public class TestClass {

    public static void main(String[] args) {
        System.out.println("Before Loanding ...");

        try {
            Class demoClass = Class.forName("chapter9.classdemo.DemoClass");
        } catch (ClassNotFoundException e) {
            e.printStackTrace();
        }

        System.out.println("Loading complete!");
    }
}
```

运行结果如图 9-2 所示。

```
<terminated> TestClass [Java Application] C:\Program Files\Java\jd
Before Loanding ...
This is DemoClass!
Loading complete!
```

图 9-2 运行结果

从程序的输出来看，其实通过 Class 创建一个对象和使用 new 似乎没有不同，但实际上两者差别很大：首先，如果 DemoClass 不存在，在使用 new 创建时就会因为编译器的静态检查不同而无法通过编译，但 forName()这种创建方式是动态加载的，即使该类不存在，还是能够通过编译，只是在运行时会因找不到该类而抛出异常；其次，使用 new 关键字可以直接创建一个 DemoClass 类型来接收，而使用 forName()则只能使用 Class 类型来接收，也就是说，使用 forName()创建的对象，无法直接使用 DemoClass 中的方法等信息。所以，forName()多在加载驱动程序的情况下使用。如果需要使用该对象的方法，则一般会使用反射，反射的使用在 9.1.2 小节中讲解。

需要注意的是，使用 forName()时，其参数必须是需要创建对象的全路径，即包路径加上类名，否则会找不到该类而抛出异常。

那么，现在获取到了对象的 Class 对象，应该怎样判断它的类型呢？最简单直接的方式是使用获取类名的方式与特定类名名称进行比较，见案例 9-3。

案例 9-3　通过类名获取类信息

文件 ShapeDemo1.java

```
public class ShapeDemo1 {
    public static void drawShape(Shape shape){
        shape.draw();
    }

    public void draw(){
        System.out.println("draw shape!");
    }

    public static void showMsg(Shape shape) {
        Class c = shape.getClass();
        System.out.println("类名是： " + c.getName());
        if (c.getName().endsWith("Shape")) {
            System.out.println("This is Shape!");
        }
        if (c.getName().endsWith("Circle")) {
            System.out.println("This is Circle!");
        }
        if (c.getName().endsWith("Triangle")) {
            System.out.println("This is Triangle!");
        }
        if (c.getName().endsWith("Square")) {
            System.out.println("This is Square!");
        }

    }

    public static void main(String[] args) {
        Shape shape = new Shape();
        Circle circle = new Circle();
        Triangle triangle = new Triangle();
        Square square = new Square();

        showMsg(shape);
        showMsg(circle);
        showMsg(triangle);
```

```
            showMsg(square);
        }
    }
```

运行结果如图 9-3 所示。

```
<terminated> Shape [Java Application] C:\Program Files\Java\jdk1.8.0_111\bin\java
类名是：chapter9.rttidemo.Shape
This is Shape!
类名是：chapter9.rttidemo.Circle
This is Circle!
类名是：chapter9.rttidemo.Triangle
This is Triangle!
类名是：chapter9.rttidemo.Square
This is Square!
```

图 9-3　运行结果

案例 9-3 在 Shape 的基础上，新增一个方法 showMsg()，传入一个仍是 Shape 类型的参数。其中斜体部分是本次修改的内容。使用 Class 的 getClass 方法可以获取类的信息，通过 getName()方法可以获取类的全路径名称，使用 endsWith()方法可以对类进行判定，从而获取类型信息。但这种方式的效率比较低，通常会使用类标记的方式进行判断。

Java 提供的类标记的判断方法，其使用形式是：

```
Class c = Class.forName("classA");
Boolean b = ( c == T.class); // T代表任意的Java类型
```

使用 Java 提供的类标记，可以将 ShapeDemo1 的 showMsg()方法略微修改就能达到：

```
if (c == Shape.class) {
    System.out.println("This is Shape!");
}
if (c == Circle.class) {
    System.out.println("This is Circle!");
}
if (c == Triangle.class) {
    System.out.println("This is Triangle!");
}
if (c == Square.class) {
    System.out.println("This is Square!");
}
```

这种写法比使用 getName()的方式简单一些，而且效率也更高。不过，此处仍需产生一个 Class 对象，Java 还提供了一个更加简单的方法，即使用 instanceof 关键字。

案例 9-4　instanceof 获取类型信息

文件 ShapeDemo2.java

```
public class ShapeDemo2 {
    public static void drawShape(Shape shape){
        shape.draw();
    }

    public void draw(){
        System.out.println("draw shape!");
    }

    public static void showMsg(Shape shape) {

        if (shape instanceof Circle) {
            System.out.println("This is Circle!");
            return;
        }
        if (shape instanceof Triangle) {
```

```
            System.out.println("This is Triangle!");
            return;
        }
        if (shape instanceof Square ) {
            System.out.println("This is Square!");
            return;
        }
        if (shape instanceof Shape) {
            System.out.println("This is Shape!");
            return;
        }

    }

    public static void main(String[] args) {
        Shape shape = new Shape();
        Circle circle = new Circle();
        Triangle triangle = new Triangle();
        Square square = new Square();

        showMsg(shape);
        showMsg(circle);
        showMsg(triangle);
        showMsg(square);
    }
}
```

运行结果如图 9-4 所示。

```
<terminated> ShapeDemo2 [Java Application] C:\Program F
This is Shape!
This is Circle!
This is Triangle!
This is Square!
```

图 9-4　运行结果

instanceof 关键字是专门用于对类型进行匹配的，其使用形式是：

```
obj instanceof T; // T表示任意的Java类型
```

简单有简单的优点，但也有缺点，那就是 instanceof 关键字只对类型进行判断，无法获取对象的其他属性信息。在某些复杂场景下，instanceof 的单一性功能非常局限，不如其他方式有效。具体的使用，读者可以根据具体情况去取舍。

了解了运行时类型识别，Java 的反射就很好理解了。Java 中的反射就是利用 Class 类来进行一系列的操作，相较于 RTTI 的简单载入功能，Java 的反射可以做更多的事情。为了理解反射能做什么，先给出一个简单的反射案例。

案例 9-5　Java 的 String 类的反射

文件 SimpleReflDemo.java

```
public class SimpleReflDemo {

    public static void main(String[] args) {
        try {
            Class c = Class.forName("java.lang.String");
            Method[] ms = c.getDeclaredMethods(); // 获取类中声明的方法
            for (Method m : ms) {
                System.out.println(m);
            }
        } catch (ClassNotFoundException e) {
            e.printStackTrace();
```

```
            }
        }
}
```

运行结果如图 9-5 所示。

```
<terminated> SimpleReflDemo [Java Application] C:\Program Files\Java\jdk1.8.0_111\bin\javaw.e
public boolean java.lang.String.equals(java.lang.Object)
public java.lang.String java.lang.String.toString()
public int java.lang.String.hashCode()
public int java.lang.String.compareTo(java.lang.String)
public int java.lang.String.compareTo(java.lang.Object)
public int java.lang.String.indexOf(java.lang.String,int)
public int java.lang.String.indexOf(java.lang.String)
public int java.lang.String.indexOf(int,int)
public int java.lang.String.indexOf(int)
static int java.lang.String.indexOf(char[],int,int,char[],int,int,int)
static int java.lang.String.indexOf(char[],int,int,java.lang.String,int)
public static java.lang.String java.lang.String.valueOf(int)
public static java.lang.String java.lang.String.valueOf(long)
public static java.lang.String java.lang.String.valueOf(float)
public static java.lang.String java.lang.String.valueOf(boolean)
```

图 9-5　运行结果

9.1.2　反射的应用

反射应用最广泛的场景是依赖注入，这个特性在 Spring 中非常实用。在一些基础构架中，反射也是被应用得最普遍的 Java 技术之一。

Java 中与反射有关的类都放在了 java.lang.reflect 包中，其中有 3 个类最为重要，即 Field、Method 和 Constructor，它们分别用来描述类的成员属性（域）、方法和构造器。这 3 个类都有一个 getName()方法，可以返回各自对应条目的名称。

案例 9-6　获取类的构造方法

文件 ConstructorDemo.java

```
public class ConstructorDemo {
    public ConstructorDemo(){

    }

    public ConstructorDemo(int a , String str) {

    }

    public static void main(String[] args) {
        try {
            Class cla = Class.forName("chapter9.reflection.ConstructorDemo");
            // 获取构造方法
            Constructor[] constrs = cla.getDeclaredConstructors ();
            for (Constructor c : constrs) {
                System.out.println("\n开始一个新的构造方法输出：");
                System.out.println(" name = " + c.getName());
                System.out.println(" desclaring class = " + c.getDeclaringClass());

                // 获取参数类型
                Class[] paramsT = c.getParameterTypes();
                System.out.print(" param ");
                for(Class p : paramsT) {
                    System.out.print(" " + p);
                }

                // 获取异常类型
                Class[] exceptions = c.getExceptionTypes();
```

```
                System.out.print("\n exception ");
                for (Class e : exceptions) {
                    System.out.print(" " + e);
                }
            }
        } catch (ClassNotFoundException e) {
            e.printStackTrace();
        }
    }
}
```

运行结果如图 9-6 所示。

```
<terminated> ConstructorDemo [Java Application] C:\Program Files\Java\jdk1.8.

开始一个新的构造方法输出：
 name = chapter9.reflection.ConstructorDemo
 desclaring class = class chapter9.reflection.ConstructorDemo
 param
 exception
开始一个新的构造方法输出：
 name = chapter9.reflection.ConstructorDemo
 desclaring class = class chapter9.reflection.ConstructorDemo
 param  int class java.lang.String
 exception
```

图 9-6 运行结果

有时候需要获取构造方法的信息，则需要使用 getDeclaredConstructors()来获取，因构造函数没有返回值类型，所以 Constructor 类中没有 getReturnType()方法。

获取类的构造函数就是为了使用构造方法创建一个对象，其构造函数的实现使用 newInstance()方法，而且不需要返回值。

案例 9-7 使用反射创建一个类的对象

文件 ConstructorDemo1.java

```
import java.lang.reflect.Constructor;
import java.lang.reflect.InvocationTargetException;

public class ConstructorDemo1 {
    public ConstructorDemo1(){
        System.out.println("无参构造函数构造完成！ ");
    }

    public ConstructorDemo1(int a, int b) {
        System.out.println("有参构造函数构造完成，传入参数：a = " + a + ", b = " + b);
    }

    public static void main(String[] args) {
        try {
            Class cla = Class.forName("chapter9.reflection.ConstructorDemo1");
            // 获取构造方法

            Class[] paramTypes = new Class[2];
            paramTypes[0] = Integer.TYPE;
            paramTypes[1] = Integer.TYPE;

            Constructor c = cla.getConstructor(paramTypes);

            Object[] params = new Object[2];
            params[0] = new Integer(12);
```

```
                params[1] = new Integer(21);

                Object obj = c.newInstance(params);

            } catch (ClassNotFoundException e) {
                e.printStackTrace();
            } catch (NoSuchMethodException e) {
                e.printStackTrace();
            } catch (SecurityException e) {
                e.printStackTrace();
            } catch (InstantiationException e) {
                e.printStackTrace();
            } catch (IllegalAccessException e) {
                e.printStackTrace();
            } catch (IllegalArgumentException e) {
                e.printStackTrace();
            } catch (InvocationTargetException e) {
                e.printStackTrace();
            }
        }
}
```

运行结果如图 9-7 所示。

```
<terminated> ConstructorDemo1 [Java Application] C:\Program Fi
有参构造函数构造完成，传入参数：a = 12，b = 21
```

图 9-7　运行结果

实际的应用场景会比这个复杂，因为你可能只知道类名，但不知道参数列表的类型和个数，此时就需要对参数列表进行判断和组装，其对应的参数列表也需要动态地创建和组装，这是反射比较复杂的内容，有兴趣的读者可以查阅对应的文档资料进行学习，此处不再赘述。

Java 类一般都会有构造函数、成员属性和成员方法。在一些情况下，需要查看一个类的成员属性。

案例 9-8　获取类中的成员属性

文件 FieldDemo.java

```
import java.lang.reflect.Field;
import java.lang.reflect.Modifier;

public class FieldDemo {
    public int age ;
    public String name;
    public String gender;

    public static void main(String[] args) {
        try {
            Class cla = Class.forName("chapter9.reflection.FieldDemo");
            Field[] fields = cla.getDeclaredFields();
            for (Field f : fields) {
                System.out.println("开始展示一个属性：");
                // 获取属性名
                System.out.println(" name = " + f.getName());
                // 获取声明类
                System.out.println(" decl = " + f.getDeclaringClass());
                // 获取声明的数据类型
                System.out.println(" type = " + f.getType());

                // 显示修饰符
                int modifier = f.getModifiers();
```

```
                    System.out.println(" modifiers = " + Modifier.toString(modifier));
                }
            } catch (ClassNotFoundException e) {
                e.printStackTrace();
            }
        }

}
```

运行结果如图 9-8 所示。

```
<terminated> FieldDemo [Java Application] C:\Program Files\Java\jdk
开始展示一个属性:
 name = age
 decl = class chapter9.reflection.FieldDemo
 type = int
 modifiers = public
开始展示一个属性:
 name = name
 decl = class chapter9.reflection.FieldDemo
 type = class java.lang.String
 modifiers = public
开始展示一个属性:
 name = gender
 decl = class chapter9.reflection.FieldDemo
 type = class java.lang.String
 modifiers = public
```

图 9-8　运行结果

获取成员属性的方式同获取构造方法的方式相类似，此处多使用了一个新事物：Modifier。它也是一个 reflection 类，用来描述字段的修饰符，如 public 和 private 等。这些修饰符本身使用整型描述，其使用 toString()方法会返回以 Java 官方顺序排列的字符串，如 static 会在 final 前面，而 static 又会在访问修饰符后面。

成员属性也可以被修改。运行时的修改是根据名称找到对象的成员变量并修改。程序实际上是比较简单的。

案例 9-9　改变成员变量的值

文件 FieldDemo1.java

```
import java.lang.reflect.Field;

public class FieldDemo1 {
    public int age ;
    public String name;
    public String gender;

    public static void main(String[] args) {
        try {
            Class cla = Class.forName("chapter9.reflection.FieldDemo1");
            // 根据成员变量的名称获取成员变量
            Field f = cla.getField("gender");

            // 先获取gender的值
            FieldDemo1 demo = new FieldDemo1();
            System.out.println("gender = " + demo.gender);

            // 修改gender的值
            f.set(demo, "F");
            System.out.println("gender = " + demo.gender);

        } catch (ClassNotFoundException e) {
            e.printStackTrace();
        } catch (NoSuchFieldException e) {
            e.printStackTrace();
        } catch (SecurityException e) {
            e.printStackTrace();
```

```
        } catch (IllegalArgumentException e) {
            e.printStackTrace();
        } catch (IllegalAccessException e) {
            e.printStackTrace();
        }
    }

}
```

运行结果如图 9-9 所示。

```
<terminated> FieldDemo1 [Java Application] C:\Program Files
gender = null
gender = F
```

图 9-9　运行结果

属性的修改非常简单，基本类型都有对应的设置方法，当设置完成之后就会生效。但是首先需要创建一个该类型的对象用于接收修改。

Java 还提供了对成员方法的获取。成员方法的获取同构造函数、成员属性类型，都由 Class 对象去获取。

案例 9-10　获取类的方法

文件 MethodDemo.java

```
import java.lang.reflect.Method;

public class MethodDemo {
    private int age;
    private String name;

    public int getAge() {
        return age;
    }

    public void setAge(int age) {
        this.age = age;
    }

    public String getName() {
        return name;
    }

    public void setName(String name) {
        this.name = name;
    }

    public static void main(String[] args) {
        try {
            Class cla = Class.forName("chapter9.reflection.MethodDemo");

            // 获取方法列表
            Method[] methods = cla.getDeclaredMethods();

            for (Method m : methods) {
                System.out.println("\n开始一个成员方法的信息打印：");

                // 输出方法名称
                System.out.println(" name = " + m.getName());
                System.out.println(" decl = " + m.getDeclaringClass());

                // 输出参数类型
```

```
                    Class[] paramTypes = m.getParameterTypes();
                    System.out.print(" params ");
                    for (Class c : paramTypes) {
                        System.out.print(" - " + c);
                    }

                    // 显示方法抛出的异常
                    Class[] exceps = m.getExceptionTypes();
                    System.out.print("\n expcetions ");
                    for (Class e : exceps) {
                        System.out.print(" - " + e);
                    }
                }


            } catch (ClassNotFoundException e) {
                e.printStackTrace();
            }catch (SecurityException e) {
                e.printStackTrace();
            } catch (IllegalArgumentException e) {
                e.printStackTrace();
            }
        }
    }
```

运行结果如图 9-10 所示。

```
<terminated> MethodDemo [Java Application] C:\Program Files\Java\jdk1.8

开始一个成员方法的信息打印:
 name = main
 decl = class chapter9.reflection.MethodDemo
 params  - class [Ljava.lang.String;
 expcetions
开始一个成员方法的信息打印:
 name = getName
 decl = class chapter9.reflection.MethodDemo
 params
 expcetions
开始一个成员方法的信息打印:
 name = setName
 decl = class chapter9.reflection.MethodDemo
 params  - class java.lang.String
 expcetions
开始一个成员方法的信息打印:
 name = getAge
```

图 9-10　运行结果

需要注意的是，getDeclaredMethods()并不能获取父类的方法，可以使用 getMethods()方法来代替。但是该方法是只能获取所有的 public 类型的方法。

获取类的方法之后可以根据方法名称来执行方法。

案例 9-11　执行类的方法

文件 MethodDemo1.java

```
import java.lang.reflect.InvocationTargetException;
import java.lang.reflect.Method;

public class MethodDemo1 {
    private int age;
    private String name;

    public int getAge() {
```

```
        return age;
    }

    public void setAge(int age) {
        this.age = age;
    }

    public String getName() {
        return name;
    }

    public void setName(String name) {
        this.name = name;
    }

    public static void main(String[] args) {
        try {
            Class cla = Class.forName("chapter9.reflection.MethodDemo1");

            // 获取setName方法
            Method m1 = cla.getMethod("setName", String.class);
            Method m2 = cla.getMethod("getName", null);

            // 使用无参构造函数创建一个该类的对象
            Object obj = cla.newInstance();

            // 使用invokde()方法，调用类的setName方法，并使用其类对象接收
            m1.invoke(obj, "MyName");
            Object reValue = m2.invoke(obj, null);

            System.out.println("name = " + reValue);

        } catch (ClassNotFoundException e) {
            e.printStackTrace();
        }catch (SecurityException e) {
            e.printStackTrace();
        } catch (IllegalArgumentException e) {
            e.printStackTrace();
        } catch (NoSuchMethodException e) {
            e.printStackTrace();
        } catch (InstantiationException e) {
            e.printStackTrace();
        } catch (IllegalAccessException e) {
            e.printStackTrace();
        } catch (InvocationTargetException e) {
            e.printStackTrace();
        }
    }
}
```

运行结果如图 9-11 所示。

```
<terminated> MethodDemo1 [Java Applic
name = MyName
```

图 9-11　运行结果

本案例中调用了两个方法。首先，因为 Java 类会在类中没有声明构造方法的时候自动为类创建一个无参的构造函数，所以，首先使用 newInstance()方法创建一个该类型的对象；其次，因为本次调用了两个方法，所以使用 Class 的 getMethod()方法分别获取了 setName()方法和 getName()方法；最后，调用 setName()方法，给类的 name

成员属性赋值为“MyName”，然后使用 getName()方法获取该值。

Java 的反射本质就是在程序的运行过程中，动态地创建对象并调用其方法或者修改其属性等，只要了解其最基本的使用方式，就可以根据需求和规则进行更加丰富的反射应用。

9.2 异常

Java 的自动垃圾回收机制解放了程序员，让程序员不再为莫名奇妙的内存溢出而焦头烂额。Java 的异常机制则极大地方便了程序员对错误的处理，异常信息可以指向错误的来源处，让程序员可以快速地定位错误的位置并缩小异常代码范围，大大提升了程序员的开发效率。

异常

9.2.1 概念

Java 的异常处理是面向对象的，也就是可以将异常当作对象来处理。当程序运行过程中出现了异常情况时，一个异常就产生了并交给运行时系统，运行时系统通过寻找对应的代码来处理这个异常，从而确保系统不会宕机或对操作系统造成损害。

在 Java 程序中，当异常出现时，就会创建代表该异常的一个对象，并在出现错误的地方抛出。异常的类型有两种，一种是运行时系统自己产生的异常，一种是用户代码中使用 throw 语句产生的异常。

Java 提供了 5 个关键字 try、catch、finally、throw 和 throws 来处理异常。一般 try-catch-finally 会配套使用，用来捕获异常，throw 用于抛出异常，throws 用于声明抛出异常。在异常捕获中，try 是必须存在的，catch 和 finally 可以同时存在且必须至少存在一个。try 用于包裹需要进行异常处理的代码块，catch 则用于捕获异常并根据需要进行特殊处理，finally 语句是资源保护块，无论是否产生异常或者异常是否被捕获，该语句块都会执行。

异常捕获语句的一般形式如下：

```
try {
    code;
} catch (异常类型1 异常对象1 {
    // 异常处理块
} catch(异常类型...异常对象...) {
    // 异常处理块
} finally {
    // 资源保护块
}
```

在 JDK1.7 及之后，Java 对于异常处理的 catch 语句有了新的变化：

```
try (resource ) {
    code;
} catch (异常类型1，异常类型2 ... 异常对象) {
    // 异常处理
} finally {
    // 特殊处理代码块
}
```

try-with-resource 语句会在执行结束之后自动关闭资源，而无需每次都要手动关闭。条件是该资源实现或间接实现了 AutoCloseable 接口。

异常的捕获是顺序向下的，也就是说，异常发生时，捕获代码会默认从最近的异常开始匹配，一旦匹配上了就结束匹配，执行该异常的异常处理代码。所以在 catch 异常的时候需要将更具体的异常最先进行捕获并处理，否则，可能被其父类异常捕获而导致无法处理。

Java 异常可以分为运行时异常（非检测性异常）、检查型异常（非运行时异常）和自定义异常。运行时异常不遵循处理或声明规则，大多是由于程序设计不当而引发的，通常只能在运行期才能被发现，如数组下标越界、访问空对象、类型转换异常等。这些错误完全可以通过改进程序加以克服，一般不对其进行捕获。这类异常系统可以自动进行处理并给出提示，帮助程序员进行修改。检查型异常是指除了运行时异常外的所有异常，对于这类异常编译器会强制用户处理，否则会导致编译不通过。这些异常一般都需要进行捕获或者强制声明抛出；自定义异常是指开发者为了满足系统的需求，根据系统特性自定义的一系列异常。这些异常必须是 Throwable 的直接或者间接子类，一般情况下，自定义异常会继承 Exception 类。

对于异常的处理，一般有以下几点要求。

（1）尽可能地处理异常：如条件不允许，无法在自己的代码中完成处理，就考虑声明异常。

（2）具体问题具体解决：异常的部分优点在于能为不同类型的问题提供不同的处理操作。有效异常处理的关键是识别特定故障场景，并开发解决此场景的特定相应行为。

（3）记录可能影响应用程序运行的异常：至少要采取一些永久性的方式记录可能影响程序运行的异常。

（4）根据情形将异常转换为业务上下文：若要通知一个应用程序特有的问题，有必要将应用程序转换为不同形式。若用业务特定状态表示异常，则代码更便于维护。

9.2.2 基本异常

Java 提供了很多异常类，每个异常类代表一种运行错误，类中包含了该错误信息及处理错误的方法等内容。这些由 Java 原生提供的异常类又称为标准异常类，这些异常类又都是 Throwable 类派生出来的。

Throwable 有两个重要的子类：Exception（异常）和 Error（错误），它们各自包含大量的子类。

Exception（异常）是应用程序中出现的可预测、可恢复问题。异常一般是在特定环境下产生的，通常出现在代码的特定方法和操作中。一般情况下的 Exception 不会对系统运行产生影响，不会妨碍程序的继续运行。

Error（错误）表示应用程序中较严重的问题，大多数错误与程序中编写的代码无关，而是 JVM 在运行中出现了问题，无法通过程序内的代码进行处理。例如，JVM 需要更多的内存资源时，服务器资源已经被抢占光了，就会抛出 OutOfMemoryError。

Exception 有一个重要的子类 RuntimeException。该类及其子类表示“JVM 常用操作”引发的错误。例如，数组下标越界使用空引用会抛出 ArrayIndexOutOfBoundException 和 NullPointException 等。

案例 9-12 数组下标越界异常

文件 ArrayOutOfBoundDemo.java

```
public class ArrayOutOfBoundDemo {

    public static void main(String[] args) {
        // 创建一个字符串数字，共有三个元素
        String[] strs = new String[]{"222","345","777"};
        // 打印输出字符串数组的第三个元素
        System.out.println(strs[2]);
        // 打印输出数组的第四个元素
        System.out.println(strs[3]);
    }
}
```

运行结果如图 9-12 所示。

```
<terminated> ArrayOutOfBoundDemo [Java Application] C:\Program Files\Java\jdk1.8.0_111\bin\javaw.ex
777
Exception in thread "main" java.lang.ArrayIndexOutOfBoundsException: 3
	at chapter9.exception.ArrayOutOfBoundDemo.main(ArrayOutOfBoundDemo.java:11)
```

图 9-12 运行结果

异常的捕获顺序是根据 catch 异常的先后顺序来的，一旦异常被捕获了，其他的异常将不做处理。

案例 9-13 异常的捕获顺序

文件 CatchOrderDemo.java

```
public class CatchOrderDemo {
```

```
	public static void main(String[] args) {
		String[] strs = new String[]{"111"};
		try {
			String str = strs[3];
		} catch (ArrayIndexOutOfBoundsException e) {
			System.out.println("IndexOutOfBoundsException 异常被捕获！");
		} catch (Exception e) {
			System.out.println("Exception 异常被捕获！");
		}
	}
}
```

运行结果如图 9-13 所示。

```
<terminated> CatchOrderDemo [Java Application] C:\Program
IndexOutOfBoundsException 异常被捕获!
```

图 9-13　运行结果

从案例 9-13 可以看出，当异常被 ArrayIndexOutOfBoundsException 异常捕获后，将直接进入该异常处理代码块，其后的异常将不再处理。Java 也有异常类型检查，一般情况下，如果 A 异常是 B 异常的直接或者间接父类，则 A 不能在 B 异常之前被捕获，否则编译会报错。

Java 给异常提供了 finally 关键字，该关键字一般与 try 一起使用，在 finally 语句块中的代码一定会被执行，无论 try 语句块中的语句是否抛出异常或异常是否被捕获。

案例 9-14　finally 语句块

文件

```
public class FinallyDemo {

	public static void main(String[] args) {
		try {
			String str = "123456789";
			System.out.println(str.charAt(5));
		} catch (NullPointerException e) {
			System.out.println("抛出异常并捕获！");
		} finally {
			System.out.println("finally代码块0，执行正常！");
		}

		try {
			String str = null;
			System.out.println(str.charAt(5));
		} catch (NullPointerException e) {
			System.out.println("抛出异常并捕获！");
		} finally {
			System.out.println("finally代码块1，执行正常！");
		}

		try {
			String str = null;
			System.out.println(str.charAt(5));
		} finally {
			System.out.println("finally代码块2，执行正常！");
		}
	}
}
```

运行结果如图 9-14 所示。

```
<terminated> FinallyDemo [Java Application] C:\Program Files\Java\jdk1.8.0_111\bin
6
finally代码块0，执行正常！
抛出异常并捕获！
finally代码块1，执行正常！
finally代码块2，执行正常！
Exception in thread "main" java.lang.NullPointerException
	at chapter9.exception.FinallyDemo.main(FinallyDemo.java:26)
```

图 9-14　运行结果

从案例 9-14 可以看出，finally 语句块中的代码都会执行，在抛出异常未被捕获的情况下，该语句块的内容仍会执行。一般该语句块用于各种连接的释放和无论程序是否正常运行都需要执行的代码片段。

对于可能会抛出异常的代码片段，调用者既可以使用捕获的方式进行处理，也可以将异常抛出。Java 中异常抛出使用 throw 关键字；对于声明抛出异常，则使用 throws 来标识。抛出的异常，可以是 Java 提供的标准异常，也可以是用户自定义的异常。抛出异常的一般形式是：

```
throw 异常对象;
```

或者：

```
throw new 异常名称();
```

两种形式本质上是一样的，因第一种需要先构造异常对象，故我们一般使用后者。throw 语句一旦被执行，程序立即转入相应的异常处理程序段，其后的语句将不再执行。

案例 9-15　异常抛出

文件 ThrowDemo.java

```
public class ThrowDemo {

	// 声明抛出异常
	public void getString(String str) throws Exception {
		try {
			System.out.println("getString - 传入的对象是， str = " + str.toLowerCase());
		} catch (NullPointerException e) {
			throw e;
		}

	}

	// 自己处理异常
	public void getString2(String str) {
		try {
			System.out.println("getString2 - 传入的对象是， str = " + str.toLowerCase());
		} catch (NullPointerException e) {
			System.out.println("getString2 - 传入的字符串是空值，自行处理。");
		}
	}

	public static void main(String[] args) {
		ThrowDemo td = new ThrowDemo();
		String str = "Not Null";
		String strNull = null;

		// 自行处理的异常，没有抛出，无需进行异常捕获
		td.getString2(strNull);
		td.getString2(str);

		// 会强制用户处理该方法声明抛出的异常
		try {
			td.getString(strNull);
```

```
        } catch (Exception e) {
            e.printStackTrace();
        }

        // 会强制用户处理该方法声明抛出的异常
        try {
            td.getString(str);
        } catch (Exception e) {
            e.printStackTrace();
        }
        System.out.println("程序运行结束！");
    }
}
```

运行结果如图 9-15 所示。

```
<terminated> ThrowDemo [Java Application] C:\Program Files\Java\jdk1.8.0_111\bin\ja
getString2 - 传入的字符串是空值，自行处理。
getString2 - 传入的对象是， str = not null
java.lang.NullPointerException
	at chapter9.exception.ThrowDemo.getString(ThrowDemo.java:8)
	at chapter9.exception.ThrowDemo.main(ThrowDemo.java:35)
getString - 传入的对象是， str = not null
程序运行结束!
```

图 9-15　运行结果

从案例可以看出，如果是使用 throws 声明抛出的异常，调用时，调用者需要对该异常进行处理，或是声明抛出，或是捕获处理。对于使用 throw 抛出的异常，可以由方法自己捕获处理，或是声明抛出。因为 NullPointException 是运行时异常，所以，此处即使抛出该异常，但是使用 throws 声明抛出，编译也能通过。但是受检异常则会严格地遵循，只要程序中抛出了受检异常，则方法必须捕获或者声明抛出该异常。

9.2.3 自定义异常

Java 虽然提供了很多的标准异常，但实际的程序开发中这些标准异常并不能覆盖所有的场景，此时就需要自定义一些异常来处理与业务相关的一些场景。

例如，有一个异常检查，要求传入的整型类型的数据不能超过 100，否则就抛出异常。

案例 9-16　自定义异常

文件 TestSelfException.java

```
public class TestSelfException {

    // 如果传入的整型参数大于100，则抛出自定义异常
    public void getNum(int i) throws SelfExcetpin {
        if (i > 100) {
            throw new SelfExcetpin("整型参数不能大于100！");
        } else {
            System.out.println("传入的参数是：" + i);
        }
    }

    public static void main(String[] args) {
        TestSelfException tse = new TestSelfException();
        int num = 99;
        // 调用方法传入99，不会抛出异常
        try {
            tse.getNum(num);
        } catch (SelfExcetpin e) {
            e.printStackTrace();
        } finally {
```

```
                    System.out.println("num = " + num);
                    num = 101;
               }

               // 调用方法，传入101，抛出异常
               try {
                    tse.getNum(num);
               } catch (SelfExcetpin e) {
                    e.printStackTrace();
               } finally {
                    System.out.println("num = " + num);
               }
          }
     }
```

运行结果如图 9-16 所示。

```
<terminated> TestSelfException [Java Application] C:\Program Files\Java\jdk1.8.0_111\bin\javaw.exe (
传入的参数是：99
num = 99
chapter9.exception.SelfExcetpin: 整型参数不能大于100!
num = 101
        at chapter9.exception.TestSelfException.getNum(TestSelfException.java:8)
        at chapter9.exception.TestSelfException.main(TestSelfException.java:27)
```

图 9-16 运行结果

自定义异常同标准异常一样，都需要直接或者间接继承 Throwable 类，一般情况下自定义的异常类会继承 Exception 类。继承之后可以重写其构造方法，如果需要实现额外的逻辑，也可以在代码中添加对应的逻辑内容。

9.2.4 拓展：Error 及 RuntimeException

Error 指错误，这些错误一般是程序无法处理的且可能会导致程序异常终止的问题。这类问题大部分是与 JVM 相关，或者与系统有关的，一般是应该在系统级别上被捕获的异常，程序本身一般无法处理。这类问题一般是系统错误或底层资源的错误。这些错误会导致程序的运行被终止。

Error 的子类有：IOError、InternalError、ThreadDeath 和 VirtualMachineError 等，Error 的直接父类是 Throwable。

RuntimeException 是 Exception 下不受检查的异常类型，在一个方法中抛出 RuntimeException 或其子类，方法可以不进行捕获且无需声明抛出。其子类常用的有 NullPointException、SystemException、ParseException 和 ClassCastException 等。不受检查的异常因为不需要进行强制捕获或者声明抛出，减少了代码的书写，但是，因为少了强制检查，在一些重要的场景下没有处理可能会导致程序产生运行事故等。所以，一般情况下，自定义异常不要使用 RuntimeException 类或者其子类作为父类。

9.3 枚举

枚举是一个“小而美”的技术。它的魅力在于你可以使用枚举优雅而干净地解决问题。枚举的概念类似于数学中的穷举，就是将所有的类型都进行囊括，在实际编程中，需要开发者自己去判断枚举的类型和其值及数量等。

枚举

枚举的关键字是 enum。该关键字可以将一组具有别名的值的有限集合创建成一种新的类型，例如，可以将一年的十二个月作为一种类型，在使用前就将数据的有效性进行控制，加上其对应的说明，非常便于理解，同时，它还能与 Java 的其他功能结合使用，例如在 9.2 节中介绍的反射。

所有的枚举类型都是 Enum 类的子类，Enum 是一个抽象类，所有的枚举类型的值都会被映射到 protected Enum(String name, int ordinal)构造函数中，其中，每个 Enum 中的值的名称都被转换成一个字符串，并设置序号表示创建的顺序。Enum 类型的值默认使用大写，每个值之间使用逗号“,”隔开。其创建的方式也非常简单，只需要使用 enum 关键字即可：

```
enum WeekDays {
    MON, TUE, WED, THU, FRI
}
```

Java 帮助开发者省去了很多工夫，例如，本次声明只使用了 enum 关键字创建了几个用逗号隔开的值，但实际上 Java 做了更多。在每一个值创建时，Java 都会调用 Enum 类的有参构造方法：

```
new Enum<WeekDays>("MON", 0);
...
new Enum<WeekDays>("FRI", 4);
```

同时，Java 还会为其创建 toString()方法，方便 enum 实例的名称的返回。可以使用 values()方法遍历 enum 的实例，values()方法返回的是 enum 实例的数组，该数组中的元素严格按照 enum 中声明的顺序返回。同时 Java 还会自动创建 ordinal()方法，用于 enum 实例名称对应的创建顺序的返回，这个序号是一个 int 类型的值，其初始常量的序数为 0。

案例 9-17　枚举的简单使用

文件 WeekDays.java

```
enum WeekDays {
    MON, TUE, WED, THU, FRI
}
```

文件 SimpleEnumDemo.java

```
public class SimpleEnumDemo {

    public static void main(String[] args) {
        // 遍历WeekDays
        for (WeekDays w : WeekDays.values()) {
            // 输出WeekDays中的值及其创建顺序
            System.out.println("名称 ： " + w + "; 序数：" + w.ordinal());
        }

    }
}
```

运行结果如图 9-17 所示。

```
<terminated> SimpleEnumDemo [Java Application] C:\Program Files\Java\jdk1
名称 ： MON; 序数：0
名称 ： TUE; 序数：1
名称 ： WED; 序数：2
名称 ： THU; 序数：3
名称 ： FRI; 序数：4
```

图 9-17　运行结果

有时，这种说明并不是很直观，例如在显示的时候，“MON”并不是一个很好的值，如果此时可以使用“星期一”去对应，那么对于程序来说就非常好了。值得注意的是，Enum 虽然不是使用 class 声明的，其内部也可以创建普通方法和入口方法（main 方法）。如果你使用反编译工具查看 enum 的.class 文件就会发现，Enum 实际上就是一个 class，只不过是 Java 编译器帮助我们做了语法的解析和编译而已，所以，Enum 可以有入口方法也就变得合理了。

案例 9-18　向 enum 中添加新方法

文件 SuperWeekDays.java

```
public enum SuperWeekDays {

    MON("星期一"), TUE("星期二"), WED("星期三"), THU("星期四"), FRI("星期五");
    private String desc;
    private SuperWeekDays(String desc) {
        this.desc = desc;
    }
```

```
    public String getDesc() {
        return desc;
    }

    public static void main(String[] args) {
        // 遍历枚举
        for (SuperWeekDays s : SuperWeekDays.values()) {
            System.out.println("名称：" + s + "；  说明：" + s.getDesc() + "；  序数：" + s.ordinal());
        }
    }
}
```

运行结果如图 9-18 所示。

```
<terminated> SuperWeekDays [Java Application] C:\Program Fi
名称：MON；  说明：星期一；  序数：0
名称：TUE；  说明：星期二；  序数：1
名称：WED；  说明：星期三；  序数：2
名称：THU；  说明：星期四；  序数：3
名称：FRI；  说明：星期五；  序数：4
```

图 9-18　运行结果

这样自定义的说明属性，就可以更加清楚地标识每个枚举常量的含义。

Enum 都继承自 java.lang.Enum 类，由于 Java 不支持多继承，所以 Enum 是不能继承其他类的，不过，你可以通过接口的方式扩展 Enum。

案例 9-19　Enum 实现接口

文件 EnumImpl.java

```
public enum EnumImpl implements IteratorI{
    TOM,JACK,JOHN,TIMMY,HOBBY;

    @Override
    public EnumImpl next() {
        return values()[(this.ordinal() + 1) % EnumImpl.values().length];
    }

    public static void main(String[] args) {
        EnumImpl e = EnumImpl.JACK;
        for (int i = 0 ; i < 10 ; i++) {
            e = e.next();
            System.out.println("name = " + e);
        }
    }

}

interface IteratorI {
    IteratorI next();
}
```

运行结果如图 9-19 所示。

```
<terminated> EnumImpl [Java Application] C:\Program
name = JOHN
name = TIMMY
name = HOBBY
name = TOM
name = JACK
name = JOHN
name = TIMMY
name = HOBBY
name = TOM
name = JACK
```

图 9-19　运行结果

此处使用了 Enum 对象实现了一个可以获取下一个元素的遍历接口。通过实现该接口，Enum 具有了获取下一个元素的功能。

EnumSet 是通过位模式创建一种替代品，用以替代传统的基于 int 的"标志位"，它实际考虑到了速度因素，也就是说，EnumSet 是非常高效的无需担心的性能。EnumSet 的创建和使用也比较简单，可以通过 allOf()方法将一个 enum 的所有值都添加到一个 EnumSet 中：

```
EnumSet<SuperWeekDays> es = EnumSet.allOf(SuperWeekDays.class);
```

也可以通过 removeAll()方法删除数据：

```
es.removeAll(EnumSet.of("MON","FRI"));
se.removeAll(EnumSet.range("TUE","FRI"));
```

需要注意的是，EnumSet 的元素必须来源于一个 Enum。

有时，会碰到这样的情况，我们需要使用一个子类对 Enum 中的元素进行分组，但是 Enum 是无法被继承的，那么应该怎么做才能达到目的呢？

可以使用接口的方式来实现，首先定义一个接口，在接口内部定义多个实现该接口的枚举就可以实现：

```
public interface Animals {
        enum Cat implements Animals {
              LITTLECAT,MIDCAT,BIGCAT
        }
        enum Dog implements Animals {
              LITTLEDOG,MIDDOG,BIGDOG
        }
        enum Snake implements Animals {
              LITTLESNAKE,MIDSNAKE,BIGSNAKE
        }
  ...
}
```

枚举比较小巧，而且对数据有保护功能。例如，如果你定义了一个工作日的枚举，这个枚举只有周一到周五，那么，从枚举中你无法获取周六和周日的数据，这样就避免了因为一些特殊情况而导致的问题，例如，一个员工在周末突然收到了提醒签到的问题。

枚举的分组强化了枚举的功能，虽然无法直接通过子类的形式进行分组，但接口实现也是可行的。枚举的使用，不仅便于理解，同时也使代码非常干净整洁。

9.4 动手任务：复制对象属性

【任务介绍】

1. 任务描述

在 Spring 框架中，有一个 BeanUtils 类，专门用于两个对象间相同属性域的值的复制，一般用于业务对象和数据库对象的转换，其实现也是借助了反射技术。利用反射技术，获取目标对象的域方法，获取其 setter 方法的参数类型和域字段名称，获取源对象中的对应域字段的 getter 方法，判断域的类型是否一致，如果一致，则进行值复制。

2. 运行结果

任务运行结果如图 9-20 所示。

```
<terminated> CopyTest [Java Application] C:\Program Files\Java\jre1.8.0_111\bin\javaw.exe (
PersonBO [name=reflect, gender=F, age=20]
PersonDO [name=reflect, gender=F, age=20]
PersonPO [name=reflect, gender=0, age=20]
```

图 9-20　运行结果

【任务目标】

- 加深对反射技术的理解和掌握。能够熟练利用反射技术处理问题。

- 理解 Spring 中的 Bean 拷贝功能和设计思想。

【实现思路】

（1）从源对象复制属性到目标对象属性中去，需要以目标对象属性为准，源对象中的多余属性不做考虑。

（2）目标对象属性在源对象中不存在的，不进行复制。

（3）目标属性类型与源目标属性类型不一致的，也默认为属性不存在，不进行考虑。

【实现代码】

实现代码如下所示。

文件：CopyTest.java

```
package com.lw.chapter9.refdemo;

public class CopyTest {

    public static void main(String[] args) {
        // 对象声明
        PersonBO personBO = new PersonBO();
        PersonDO personDO = new PersonDO();
        PersonPO personPO = new PersonPO();

        personBO.setAge(20);
        personBO.setGender("F");
        personBO.setName("reflect");


        // 参数复制，域声明类型一致，全部复制
        CopyUtil.copyProperties(personBO, personDO);
        // 参数复制，域声明类型部分不一致，部分复制
        CopyUtil.copyProperties(personBO, personPO);

        // 打印输出
        System.out.println(personBO);
        System.out.println(personDO);
        System.out.println(personPO);
    }
}
```

文件：PersonBO.java

```
package com.lw.chapter9.refdemo;

public class PersonBO {

    private String name;
    private String gender;
    private int age;

    public String getName() {
        return name;
    }
    public void setName(String name) {
        this.name = name;
    }
    public String getGender() {
        return gender;
    }
    public void setGender(String gender) {
        this.gender = gender;
    }
    public int getAge() {
        return age;
```

```
    }
    public void setAge(int age) {
        this.age = age;
    }

    @Override
    public String toString() {
        return "PersonBO [name=" + name + ", gender=" + gender + ", age=" + age + "]";
    }
}
```

文件：PersonDO.java

```
package com.lw.chapter9.refdemo;

public class PersonDO {

    private String name;
    private String gender;
    private int age;

    public String getName() {
        return name;
    }
    public void setName(String name) {
        this.name = name;
    }
    public String getGender() {
        return gender;
    }
    public void setGender(String gender) {
        this.gender = gender;
    }
    public int getAge() {
        return age;
    }
    public void setAge(int age) {
        this.age = age;
    }

    @Override
    public String toString() {
        return "PersonDO [name=" + name + ", gender=" + gender + ", age=" + age + "]";
    }
}
```

文件：PersonPO.java

```
package com.lw.chapter9.refdemo;

public class PersonPO {

    private String name;
    private int gender;
    private int age;

    public String getName() {
        return name;
    }
    public void setName(String name) {
        this.name = name;
    }
    public int getGender() {
        return gender;
```

```
	}
	public void setGender(int gender) {
		this.gender = gender;
	}
	public int getAge() {
		return age;
	}
	public void setAge(int age) {
		this.age = age;
	}

	@Override
	public String toString() {
		return "PersonPO [name=" + name + ", gender=" + gender + ", age=" + age + "]";
	}
}
```

文件：CopyUtil.java

```
package com.lw.chapter9.refdemo;

import java.lang.reflect.InvocationTargetException;
import java.lang.reflect.Method;
import java.math.BigDecimal;

public class CopyUtil {

	private static final String GETTER_PREFIX = "get";
	private static final String SETTER_PREFIX = "set";

	public static void copyProperties(Object objSrc, Object objTarget) {
		// 获取Class类
		Class target = objTarget.getClass();
		Class src = objSrc.getClass();

		// 获取目标对象的所有方法
		Method[] methods = target.getDeclaredMethods();
		for(Method m : methods) {
			// 获取目标对象的Setter方法
			if(m.getName().startsWith(SETTER_PREFIX)) {
				// 获取setter方法的参数类型
				Class clz = m.getParameterTypes()[0];
				String srcMethodName = getGetterMethod(m.getName());

				// 获取源对象的目标方法
				Object value = getValue(objSrc, srcMethodName);
				try {
					setValue(objTarget, m, clz, value);
				} catch (SecurityException | IllegalArgumentException e) {
				}
			}
		}
	}

	/**
	 * 获取目标对象的值
	 * @param objSrc
	 * @param methodName
	 * @return
	 */
	public static Object getValue(Object objSrc, String methodName) {
		Object value = null;
		try {
```

```
                // 获取方法，如果方法存在，则获取其返回值
                Method method = objSrc.getClass().getMethod(methodName, null);
                if(null != method) {
                    value = method.invoke(objSrc, null);
                }

                // 根据返回值类型，返回对应的类型
                if(method.getReturnType() == BigDecimal.class) {
                    return new BigDecimal(value.toString());
                } else if(method.getReturnType() == Boolean.class) {
                    return Boolean.valueOf(value.toString());
                } else if(method.getReturnType() == Integer.class) {
                    return Integer.valueOf(value.toString());
                } else if(method.getReturnType() == String.class) {
                    return String.valueOf(value);
                }
                return value;
            } catch (NoSuchMethodException | SecurityException e) {
                e.printStackTrace();
            } catch (IllegalAccessException | IllegalArgumentException | InvocationTargetException e) {
                e.printStackTrace();
            }
            return null;
        }

        /**
         * 反射，调类方法
         * @param objTarget
         * @param m
         * @param clz
         */
        public static void setValue(Object objTarget, Method m, Class clz, Object value) {
            try {
                // 基本类型一般都是对象类型的，所以，此处将基本类型转换成对象类型
                if(clz == int.class) {
                    clz = Integer.class;
                } else if(clz == Boolean.class) {
                    clz = Boolean.class;
                }
                if(clz == value.getClass()) {
                    m.invoke(objTarget, value);
                }
            } catch (IllegalAccessException | IllegalArgumentException | InvocationTargetException e) {
                e.printStackTrace();
            }
        }

        /**
         * 获取方法名称
         * @param name
         * @return
         */
        public static String getGetterMethod(String name) {
            return GETTER_PREFIX.concat(name.substring(3));
        }
    }
```

9.5 本章小结

本章主要介绍了反射、异常和枚举 3 个知识点。反射，是通过类名找到类信息并对其进行处理的一种技术，

这种技术的优点是可以在运行时去执行这些逻辑，简化了代码，方便了程序的开发，反射在目前流行的 Spring 框架中应用广泛。Spring 的对象管理就是通过反射实现的。异常是 Java 的一大开发利器，如果说垃圾回收机制让开发者真正摆脱了内存泄露问题的话，那么异常则是让开发者摆脱了通篇阅读代码找问题的无奈。Java 的异常栈信息会打印出问题出现的代码所在类和异常抛出的行数，同时也会提示开发者异常是因何产生的。这种完善的异常提醒机制让问题的发现与解决更加高效。枚举是 Java 中一个特殊的类型，它具有“小而美”的特点，枚举的使用，让代码的阅读更加容易；同时，通过使用枚举也能避免一些因疏忽或者其他原因导致的小问题。例如，使用枚举去标记月份，你就不会陷入可能因为数据原因而导致的 13 月这样尴尬的局面。

【思考题】

1. Spring 的对象管理是使用反射完成的，那么，如何将一个 map 中的对应数据放入对象的对应字段中去呢?
2. 异常（Exception）和错误（Error）的区别和联系是什么?
3. 枚举都有哪些使用场景？应如何使用?

PART10

第10章

并发编程

■ 支持多线程是现代操作系统的一大特点，多线程的操作系统因为可以真正意义上地实现多任务同时运行，极大地提升了操作系统的处理速度。跨平台的特性导致 Java 无法像 C/C++这些语言一样通过调用系统 API 来实现多线程程序，所以它在语言本身加了对多线程的支持。这些功能都以面向对象的方式来实现，更加易于理解和使用。

10.1　线程与进程

线程与进程

在操作系统中，通常将进程看作是系统资源分配和运行的基本单位，一个任务就是一个进程。进程拥有独立的系统资源，包含 CPU、内存和输入输出端口等，例如打开的浏览器和 Word 文档，这些相对独立的资源表明了进程具有动态性、并发性、独立性和异步性等特点。

线程（thread）是“进程”中某个单一顺序的控制流，被称为轻量级进程（lightweight processes），是比进程更小的执行单位，也是程序执行流中最小的单位。一个标准的线程由线程 ID、当前指令指针（PC）、寄存器集合和堆栈组成。线程是进程中的一个实体，是被系统独立调度和分配的基本单位，线程在运行中的资源归属于进程，同属于一个进程的所有线程共享该进程所拥有的系统资源。

一个线程可以创建和撤销另一个线程，同一个进程中的多个线程也可以并发执行。由于进程所有资源是固定的且线程间存在相互制约，使得线程可能处于就绪、阻塞和运行等状态，令线程的执行呈现出间断性。线程之间可以共享代码和数据、实时通信、进行必要的同步操作等。一个程序都至少拥有一个进程；每个进程拥有一个或者多个线程。每个线程都有自己独立的资源和生命周期。

进程和线程的最大区别在于，进程是由操作系统来控制的，而线程则是由进程来控制的。进程都是相互独立的，各自享有各自的内存空间，因此进程间的通信是昂贵且受限的，进程间的转换也是需要开销的；线程则共享进程的内存空间，线程通信是便宜的且线程间的转换也是低成本的，这种低成本低开销的通信也可能会产生意想不到的错误：当多个线程访问同一个变量时，获取到的值是不一样的！不过，也不必担心，这些问题可以通过同步机制和锁机制来消除。

那么，多线程是如何提升系统处理效率的呢？可以试想，假设小明每天早上上班前需要洗漱、研磨咖啡并查看昨日的股票收益，假设洗脸需要 3 分钟，刷牙需要 5 分钟，换衣服需要 5 分钟，研磨咖啡需要 18 分钟，查看股票收益需要打开电脑 2 分钟，收益计算程序需要运行 2 分钟，如果小明将这些事情进行线性的处理，耗费的时间是 35 分钟。但是，如果合理地安排时间，如在起床后先研磨咖啡并打开计算机，再去洗脸，洗脸结束后去进行收益计算，刷牙换衣服结束后，再去看收益计算结果，等咖啡研磨结束，只用了 18 分钟！计算机也是如此，当计算机在进行网络数据接收的时候，CPU 的使用率非常低，此时运行一些耗时的复杂计算任务，可以让程序更加高效。

10.2　线程的创建

线程的创建

多线程技术是 Java 语言的重要特性之一，Java 平台提供了一套广泛且功能强大的 API、工具和技术。Java 编写的程序都运行在 Java 虚拟机（JVM）中。在 JVM 内部，程序的多任务是通过线程来实现的。在同一个 JVM 进程中，有且只有一个进程，那就是 JVM 本身，在 JVM 环境中，所有的程序代码都是以线程来运行的。

Java 中的线程有两种实现方式，一种是继承 Thread 类，一种是实现 Runnable 接口。但是无论是哪种方式，线程都要使用到 Thread 类及其相关方法。

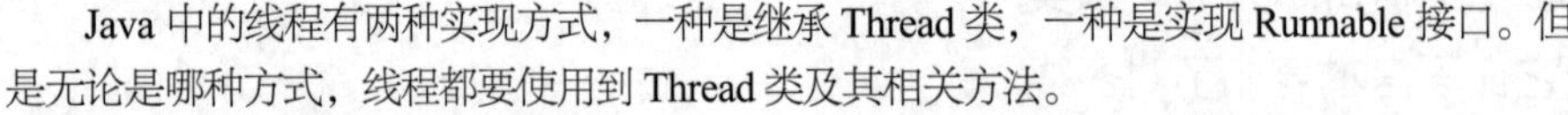

10.2.1　继承 Thread 类

Thread 类是一个实体类，该类封装了线程的行为，想要利用 Thread 创建一个线程，必须创建一个从 Thread 类导出的子类，并实现 Thread 的 run()方法，在 run()方法内部可以根据需要编写相应的实现逻辑，最后调用 Thread 类的 start()方法来启动。

Thread 的构造方法有很多种，每种构造方法用途各异，如表 10-1 所示。

表 10-1　Thread 类的构造方法

构造方法	说明
Thread()	构造一个线程对象

续表

构造方法	说明
Thread(Runnable target)	构造一个线程对象，target 是被创建线程的目标对象，它实现了 Runnable 接口中的 run()方法
Thread(String name)	以指定名称构造一个线程对象
Thread(ThreadGroup group, Runnable target)	在指定线程组中构造一个线程对象，使用目标对象的 target 的 run()方法
Thread(Runnable target, String name)	以指定名称构造一个线程对象，使用目标对象 target 的 run()方法
Thread(ThreadGroup group, Runnable target, String name)	在指定的线程组中创建一个指定名称的线程，使用目标对象 target 的 run()方法
Thread(ThreadGroup group, Runnable target, String name, long stackSize)	在指定线程组中构造一个线程对象，以 name 作为线程的名字，使用目标对象 target 的 run()方法，stackSize 指定堆栈大小

Thread 也提供了很多辅助方法，以让线程正常运行和方便程序员对线程的控制，其常用方法如表 10-2 所示。

表 10-2　常用的 Thread 方法

方法名	说明
static int activeCount()	返回线程组中正在运行的线程的数目
void checkAccess()	确定当前运行的线程是否有权限修改线程
static Thread currentThread()	返回当前正在执行的线程
void destroy()	销毁线程，但不回收资源
static void dumpStack()	显示当前线程的堆栈信息
long getId()	返回当前线程的 id 值
String getName()	返回当前线程的名称
int getPriority()	返回当前线程的优先级
Thread.State getState()	返回当前线程的状态
ThreadGroup getThreadGroup()	返回当前线程所属的线程组
void interrupt()	中断线程
boolean isAlive()	判断当前线程是否存活
boolean isDaemon()	判断当前线程是否是守护线程
boolean isInterrupted()	判断本线程是否被中断
void join()	等待直到线程死亡
void join(long millis)	等待最多 millis 毫秒，直到线程死亡
void run()	如果类是使用单独的 Runnable 对象构造的，将调用 Runnable 对象的 run()方法，否则本方法不做任何事情就返回了，如果是子类继承 Thread 类，请务必实现本方法以覆盖父类
void setDaemon(boolean on)	将当前线程设置为守护线程
void setName(String name)	将当前线程名称修改为 name
void setPriority(int newPriority)	设置当前线程的优先级
static void sleep(long millis)	线程休眠 millis 毫秒
void start()	启动线程，JVM 会自动调用 run()方法
static void yield()	暂停当前线程，同时允许其他线程运行

在以前的案例中，当需要执行当前类时，每个类都有一个 main()方法。该方法是类的入口，JVM 会找到该入

口方法并运行，此时产生了一个线程，该线程便是主线程。当 main()方法运行结束后，主线程运行完成，JVM 也就随即退出了。JVM 负责对进程、线程进行管理，JVM 分配时间片（CPU 时间）给线程，线程按照系统的设定轮流获取时间片执行，切换时间很短，在对线程运行效率要求不严格的场景下可以忽略不计。

案例 10-1　Thread 实现多线程

文件 ThreadDemo.java

```
public class ThreadDemo {

    public static void main(String[] args) {
        for (int i = 0 ; i < 10 ; i++) {
            // 创建10个MyThread类的对象，并运行
            MyThread thread = new MyThread();
            thread.start();
        }
    }
}

// 继承了Thread类的类
class MyThread extends Thread {
    @Override
    public void run() { // 重写父类的run方法
        for (int i = 0 ; i < 3 ; i++) { // 循环打印输出信息
            System.out.println(Thread.currentThread().getName() + " - 正在执行！");
        }
    }
}
```

运行结果如图 10-1 所示。

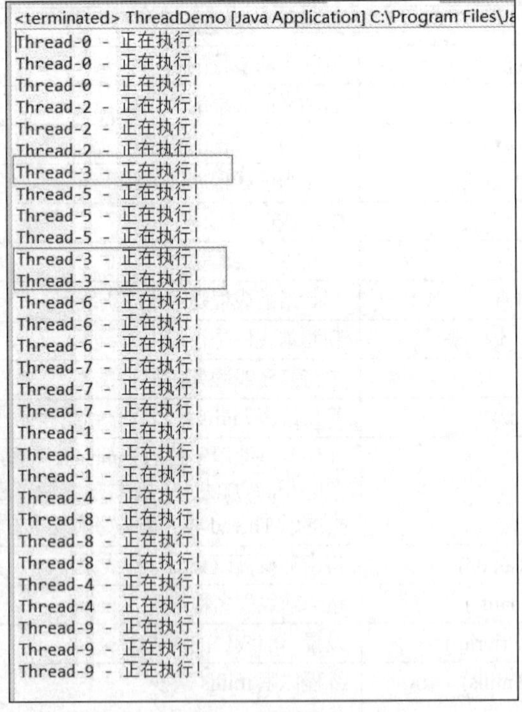

图 10-1　运行结果

由于每个线程运行的次数较少，所以线程默认优先级下的运行随机性不是很明显，但通过方框标注的线程 Thread-3 的运行可以看出，实际上线程运行并不是顺序的。

案例 10-2　Thread 的部分方法使用

文件 ThreadUsageDemo.java

```
public class ThreadUsageDemo extends Thread {

	public static void main(String[] args) {
		// 创建一个线程并运行
		ThreadUsageDemo thread = new ThreadUsageDemo();
		thread.start();

		System.out.println("线程名称；" + thread.getName());
		thread.setName("myThread 1");
		System.out.println("线程名称；" + thread.getName());

		System.out.println("线程的id：" + thread.getId());

		System.out.println("线程的优先级：" + thread.getPriority());
		thread.setPriority(3);
		System.out.println("线程的优先级：" + thread.getPriority());

		System.out.println("线程是否是存活状态：" + thread.isAlive());
		System.out.println("线程是否是守护线程：" + thread.isDaemon());

		long start = System.currentTimeMillis();
		try {
			Thread.currentThread().sleep(2000);
		} catch (InterruptedException e) {
			e.printStackTrace();
		}
		long end = System.currentTimeMillis();
		System.out.println("等待时间：" + (end - start));
	}
}
```

运行结果如图 10-2 所示。

```
<terminated> ThreadUsageDemo [Java Application] C:\P
线程名称；Thread-0
线程名称；myThread 1
线程的id：10
线程的优先级：5
线程的优先级：5
线程是否是存活状态：false
线程是否是守护线程：false
等待时间：2000
```

图 10-2　运行结果

案例 10-3　start 方法和 run 方法

文件 ThreadUsageDemo1.java

```
public class ThreadUsageDemo1 extends Thread {
	public static void main(String[] args) {
		ThreadUsageDemo1 thread = new ThreadUsageDemo1();
		thread.start();
		for (int i = 0 ; i < 10 ; i++) { // 循环打印主线程正在运行
			System.out.println(Thread.currentThread().getName() + " - 正在运行！");
		}
```

```
            try {
                Thread.sleep(1000);
            } catch (InterruptedException e) {
                e.printStackTrace();
            }
            System.out.println("********************************************************");
            /** 调用start()方法是重新启动一个线程运行，run()是在主线程中运行*/
            thread.run();
            for (int i = 0 ; i < 30; i++) { // 循环打印主线程正在运行
                System.out.println(Thread.currentThread().getName() + " - 正在运行！ ");
            }


        }

        @Override
        public void run() {
            // 循环打印当前线程正在运行
            for (int i = 0 ; i < 10 ; i++) {
                System.out.println(Thread.currentThread().getName() + " - 正在运行！ ");
            }
        }
}
```

运行结果如图 10-3 所示。

```
<terminated> ThreadUsageDemo [Java Application] C:\Program Files\Java\j
main - 正在运行!
Thread-0 - 正在运行!
Thread-0 - 正在运行!
Thread-0 - 正在运行!
main - 正在运行!
main - 正在运行!
main - 正在运行!
main - 正在运行!
main - 正在运行!
Thread-0 - 正在运行!
Thread-0 - 正在运行!
Thread-0 - 正在运行!
Thread-0 - 正在运行!
********************************************************
main - 正在运行!
main - 正在运行!
main - 正在运行!
main - 正在运行!
main - 正在运行!
main - 正在运行!
main - 正在运行!
main - 正在运行!
main - 正在运行!
main - 正在运行!
main - 正在运行!
main - 正在运行!
main - 正在运行!
main - 正在运行!
main - 正在运行!
main - 正在运行!
main - 正在运行!
main - 正在运行!
main - 正在运行!
```

图 10-3　运行结果

启动 Thread 类时，必须要使用 start()方法启动一个线程，如果直接调用 run()方法，则 JVM 认为这只是一次普通的方法调用，而非需要启动一个线程在执行 run()方法内部的逻辑。读者在使用线程的时候切记。在 start()方法调用后也可以看出，运行的是两个线程的代码，而且它们之间互不干扰地同时执行。所以一些工作交给线程去做的时候，启动一个新线程的线程可以做自己想做的其他事情，而无需等到新线程的执行结束。

10.2.2 实现 Runnable 接口

实现多线程的另一个方式是实现 Runnable 接口。Runnable 只有一个方法，即 run()方法，该方法需要由一个实现了此接口的类来实现。实现了 Runnable 接口的类的对象需要由 Thread 类的一个实例内部运行它，其本身不能直接运行。

案例 10-4 Runnable 实现多线程

文件 RunnableDemo.java

```
public class RunnableDemo implements Runnable {

    @Override
    public void run() {
        for (int i = 0 ; i < 8 ; i++) {
            System.out.println(Thread.currentThread().getName() + "正在运行");
        }
    }

    public static void main(String[] args) {
        for (int i = 0 ; i < 10 ; i++) {
            RunnableDemo runnable = new RunnableDemo();
            Thread t = new Thread(runnable); // 将Runnable对象包装成Thread对象
            t.setName("runnable " + i); // 设置线程名称
            t.start(); // 启动线程
        }
    }

}
```

运行结果如图 10-4 所示。

```
runnable 4正在运行
runnable 4正在运行
runnable 5正在运行
runnable 1正在运行
runnable 1正在运行
runnable 1正在运行
runnable 1正在运行
runnable 5正在运行
runnable 5正在运行
runnable 5正在运行
runnable 5正在运行
runnable 5正在运行
runnable 6正在运行
runnable 6正在运行
runnable 6正在运行
runnable 5正在运行
runnable 5正在运行
runnable 1正在运行
runnable 8正在运行
runnable 8正在运行
```

图 10-4 运行结果

图 10-4 只摘取部分的输出内容，从内容上看，实现 Runnable 和继承 Thread 都能达到相同目的，都能启动一个新线程。唯一的区别是 Runnable 对象必须包装成 Thread 对象后才能运行。如果查看 Thread 和 Runnable 类源码会发现，Thread 类实际上是 Runnable 的一个实现类。可能有读者会对 Runnable 接口的存在产生疑问，毕竟这个接口只有一个 run()方法。Runnable 的存在是因为 Java 的类有且只能有一个直接父类，如果只是提供了 Thread 类，那么想要继承其他类且需要同时继承 Thread 类的这个子类，在实现这种继承逻辑上会产生很多困难，而 Runnable 则避免了这种尴尬局面的出现，在 Java 中，一个类是可以实现多个接口的。

10.3 线程的调度

线程的调度

在 JVM 中，线程只有在获取了 CPU 分配的时间片后才会真正地执行，在线程创建后到死亡的这个过程中还有其他的线程状态，这些状态组成了线程的生命周期。

10.3.1 线程的生命周期

如同生命体一般，线程也有生命周期，线程的生命周期是从线程新建开始，一直持续到线程死亡。在新建和死亡之间，线程还有就绪、阻塞和运行状态，一个线程会在这 5 种状态间转换，最终完成自己的使命。

线程的状态及转换关系如图 10-5 所示。

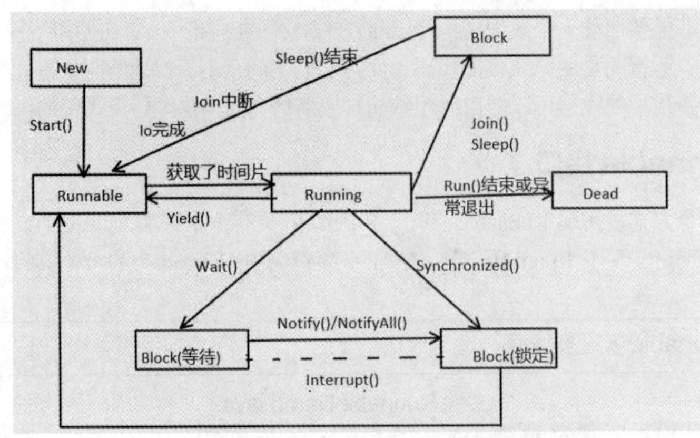

图 10-5　Java 线程状态转换图

线程各个状态的说明如下。

- 新建：当创建一个 Thread 类和它的子类、对象后，线程就处于新建状态，这种状态的线程并不具备运行的能力，该操作对于系统而言，仅仅消耗普通对象创建时会消耗的非 CPU 资源。
- 就绪：当处于新建状态的线程调用 start()方法被启动之后，线程将进入线程队列等待 CPU 时间片，进行执行。此时的线程才具备了运行的能力，一旦获取了时间片线程就执行。
- 运行：就绪状态的线程获取了时间片之后，就进入了运行状态，此时线程会执行 run()方法内的代码逻辑。线程一旦进入运行状态，就与启动该线程的线程没有任何关系了，两者平行运行，互不影响。
- 阻塞：线程在运行的过程中因资源无法满足、前驱任务没有完成或者被调用阻塞方法都会导致线程进入阻塞状态。阻塞状态的线程会让出 CPU，然后等待，直到引起阻塞的条件不存在了，线程会重新进入就绪状态，等待 CPU 时间片。
- 死亡：不具备继续运行能力的线程就处于死亡状态。线程在运行完毕后会自然进入死亡状态正常死亡，在运行过程中也会因为异常退出而导致非正常死亡。

需要说明的是，在大部分系统中都支持线程优先级的设定。在相同的情况下，优先级高的线程会优先获得 CPU 时间片进行执行。

10.3.2　线程的优先级

同 VIP 和超级 VIP 一样，线程也是有优先级的，线程的优先级可以通过方法 getPriority()获取，为了使重要的事情优先完成，Java 也提供了 setPriority()方法给线程设定优先级。但是需要指出的是，JVM 是运行在所属系统上的一个线程，线程的创建和执行还是需要基于对应的系统的，所以，在一些不支持线程优先级策略的系统中，Java 设定的优先级并不起作用，这一点是读者一定要引起注意的。

案例 10-5　线程优先级

文件 ThreadPriorityDemo.java

```
public class ThreadPriorityDemo extends Thread {

    private Random rm = new Random();


    @Override
    public void run() {
        System.out.println(this.getName() + " - 优先级 > " + this.getPriority() + "开始执行！ ");
        StringBuilder sBuilder = new StringBuilder();
        for (int i = 0 ; i < 100 ; i++) {
            sBuilder.append(rm.nextInt(1000) + ", ");
        }
        for (int j = sBuilder.length() - 1 ; j >= 0 ; j--) {
```

```
                if (j % 2 == 0) {
                    sBuilder.deleteCharAt(j);
                }
            }
        }

        public static void main(String[] args) throws InterruptedException {
            System.out.println("不设定优先级执行！");
            List<Thread> list = new LinkedList<>();
            for (int i = 0 ; i < 10 ; i++) {
                // 创建10个默认优先级的线程对象，并放入链表中
                ThreadPriorityDemo thread = new ThreadPriorityDemo();
                list.add(thread);
            }
            for (Thread t : list) {
                // 从链表中取出线程，并执行
                t.start();
            }

            Thread.sleep(2000);
            list.clear(); // 链表清空
            System.out.println("**************************************************");
            System.out.println("设定优先级执行！");

            for (int i = 0 ; i < 10 ; i++) {
                // 创建10个线程对象
                ThreadPriorityDemo thread = new ThreadPriorityDemo();
                if ((i + 1) % 3 == 0 ) {
                    // 能被3整除的优先级设置为10
                    thread.setPriority(10);
                } else if ((i + 1) % 2 == 0) {
                    // 能被2整除的优先级设置为1
                    thread.setPriority(1);
                }
                // 否则使用默认优先级
                list.add(thread);
            }
            for (Thread t : list) {
                t.start(); // 执行线程
            }
        }
    }
```

运行结果如图 10-6 所示。

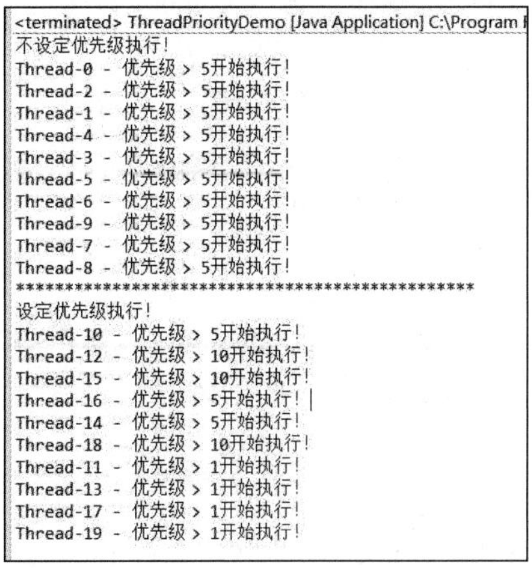

```
<terminated> ThreadPriorityDemo [Java Application] C:\Program F
不设定优先级执行!
Thread-0 - 优先级 > 5开始执行!
Thread-2 - 优先级 > 5开始执行!
Thread-1 - 优先级 > 5开始执行!
Thread-4 - 优先级 > 5开始执行!
Thread-3 - 优先级 > 5开始执行!
Thread-5 - 优先级 > 5开始执行!
Thread-6 - 优先级 > 5开始执行!
Thread-9 - 优先级 > 5开始执行!
Thread-7 - 优先级 > 5开始执行!
Thread-8 - 优先级 > 5开始执行!
**************************************************
设定优先级执行!
Thread-10 - 优先级 > 5开始执行!
Thread-12 - 优先级 > 10开始执行!
Thread-15 - 优先级 > 10开始执行!
Thread-16 - 优先级 > 5开始执行!
Thread-14 - 优先级 > 5开始执行!
Thread-18 - 优先级 > 10开始执行!
Thread-11 - 优先级 > 1开始执行!
Thread-13 - 优先级 > 1开始执行!
Thread-17 - 优先级 > 1开始执行!
Thread-19 - 优先级 > 1开始执行!
```

图 10-6　运行结果

从案例 10-5 的输出结果可以看出，在 Java 中线程是有默认优先级的，默认情况下线程的优先级为 5，是普通优先级。Java 中定义了线程的优先级为 1～10，数字越大，优先级越高。对于优先级，读者需要注意以下几点。

（1）并不是线程优先级高的线程一定会比线程优先级低的线程先执行，它只是会比线程优先级低的线程有更多的机会先执行。

（2）Java 的线程优先级取决于 JVM 运行的系统，线程优先级策略也依赖于系统，这导致了可能在一个系统中优先级不同的线程在另一个系统中优先级相同，甚至对于某些不支持线程优先级调度策略的系统，Java 定义的优先级完全无效。

10.3.3　线程插队

线程的魅力是充分地利用 CPU，使得程序在单位时间内充分地利

用 CPU 而提升程序的处理效率。但由于线程运行顺序的不确定性加上当代操作系统核心数的提升，导致在某些情况下线程无法明确前驱任务是否完成。为了保证前驱任务完成后才执行当前线程，可以调用 join()方法。join()会阻塞当前线程直到插队线程执行完毕之后才会继续执行。

案例 10-6 线程插队

文件 JoinDemo.java

```
public class JoinDemo {

    public static void main(String[] args) {
        System.out.println("主线程开始！");
        List<Integer> list = new LinkedList<>();

        // 初始化线程
        ThreadB thread = new ThreadB(list);
        ThreadA threadA = new ThreadA(list, thread);

        // 线程运行
        thread.start();
        threadA.start();

        // 线程插队
        try {
            threadA.join();
        } catch (InterruptedException e) {
            e.printStackTrace();
        }

        System.out.println("主线程结束！");
    }
}

class ThreadA extends Thread {

    private List<Integer> list;
    private ThreadB threadB;

    public ThreadA (List<Integer> linkedList, ThreadB thread) {
        list = linkedList;
        threadB = thread;
    }

    @Override
    public void run () {
        System.out.println(Thread.currentThread().getName() + " 开始执行！");
        try {
            threadB.join(); // ThreadB 插队执行
        } catch (InterruptedException e) {
            e.printStackTrace();
        }
        int count = 1;
        for (Integer i : list) { // 遍历list
            if (count % 10 == 0) { // 每10个一组一行内输出
                System.out.println(i);
            } else {
                System.out.print(i + ", ");
            }
            count++;
        }
        System.out.println(Thread.currentThread().getName() + " 执行结束！");
```

```
        }
}

class ThreadB extends Thread {
        Random rm = new Random();
        private List<Integer> list;

        public ThreadB(List<Integer> list) {
                this.list = list;
        }

        @Override
        public void run() {
                System.out.println(Thread.currentThread().getName() + " 开始执行！ ");


                for (int i = 0 ; i < 100 ; i++) {
                        list.add(rm.nextInt(1000)); // 随机插入100个整数到list中
                }
                System.out.println(Thread.currentThread().getName() + " 执行结束！ ");
        }
}
```

运行结果如图 10-7 所示。

```
<terminated> JoinDemo [Java Application] C:\Program Files\Java\
主线程开始！
Thread-0 开始执行！
Thread-1 开始执行！
Thread-0 执行结束！
395, 280, 704, 219, 571, 567, 480, 491, 125, 286
101, 600, 498, 170, 151, 322, 386, 710, 767, 603
466, 611, 615, 9, 199, 482, 147, 539, 353, 486
572, 684, 879, 624, 461, 205, 419, 378, 588, 341
217, 301, 703, 292, 81, 317, 391, 829, 151, 753
78, 530, 187, 401, 969, 241, 410, 305, 890, 51
617, 114, 228, 509, 768, 472, 339, 592, 531, 230
128, 284, 48, 804, 487, 873, 566, 59, 413, 469
883, 239, 481, 474, 319, 491, 573, 599, 266, 963
569, 878, 647, 362, 364, 230, 524, 180, 648, 375
Thread-1 执行结束！
主线程结束！
```

图 10-7　运行结果

10.3.4　线程休眠

Thread 类中有 sleep()方法。该方法可以让当前线程休眠并让出 CPU，使得其他线程可以获取 CPU 进行执行。对于周期性很强的系统，调用线程休眠是最好的形式，线程休眠时只会等待休眠结束且不占用 CPU 资源，等到线程休眠结束后会进入就绪状态等待时间片继续执行。

案例 10-7　线程休眠

文件

```
public class SleepDemo {

        public static void main(String[] args) {
                List<RandomThread> list = new ArrayList<>();

                long start = System.currentTimeMillis(); // 系统当前毫秒值
                // 创建30个CountThread对象
                for (int i = 0 ; i < 30 ; i++) {
                        list.add(new RandomThread(start));
                }
                for (RandomThread t : list) {
                        // 执行countThread对象
```

```
                t.start();
            }
        }
    }

    class RandomThread extends Thread {

        private long startTime;
        public RandomThread(long time) {
            startTime = time;
        }

        @Override
        public void run() {
            Random rm = new Random();
            for (int i = 0 ; i < 10 ; i++) {
                long time = System.currentTimeMillis();
                // 随机输出一个数字
                System.out.println(Thread.currentThread().getName() + " - 第 " + (i + 1) + "次执行 ： " +
rm.nextInt(100) + "; 与基准时间差值是 - " + (time - startTime));
                try {
                    // 输出后休眠1s - 参数是毫秒值
                    Thread.currentThread().sleep(1000);
                } catch (InterruptedException e) {
                    e.printStackTrace();
                }
            }
        }
    }
```

运行结果如图 10-8 所示。

```
<terminated> SleepDemo [Java Application] C:\Program Files\Java\
Thread-1 - 第 1次执行 : 97; 与基准时间差值是 - 14
Thread-0 - 第 1次执行 : 30; 与基准时间差值是 - 15
Thread-2 - 第 1次执行 : 1; 与基准时间差值是 - 14
Thread-3 - 第 1次执行 : 24; 与基准时间差值是 - 17
Thread-4 - 第 1次执行 : 52; 与基准时间差值是 - 17
Thread-5 - 第 1次执行 : 84; 与基准时间差值是 - 18
Thread-7 - 第 1次执行 : 48; 与基准时间差值是 - 19
Thread-8 - 第 1次执行 : 20; 与基准时间差值是 - 19
Thread-10 - 第 1次执行 : 97; 与基准时间差值是 - 20
Thread-11 - 第 1次执行 : 3; 与基准时间差值是 - 20
Thread-12 - 第 1次执行 : 27; 与基准时间差值是 - 20
Thread-13 - 第 1次执行 : 84; 与基准时间差值是 - 21
Thread-18 - 第 1次执行 : 1; 与基准时间差值是 - 21
Thread-15 - 第 1次执行 : 44; 与基准时间差值是 - 21
Thread-17 - 第 1次执行 : 89; 与基准时间差值是 - 21
Thread-16 - 第 1次执行 : 61; 与基准时间差值是 - 21
Thread-21 - 第 1次执行 : 55; 与基准时间差值是 - 22
Thread-19 - 第 1次执行 : 46; 与基准时间差值是 - 23
Thread-22 - 第 1次执行 : 93; 与基准时间差值是 - 23
Thread-28 - 第 1次执行 : 66; 与基准时间差值是 - 24
Thread-26 - 第 1次执行 : 37; 与基准时间差值是 - 24
Thread-27 - 第 1次执行 : 17; 与基准时间差值是 - 24
Thread-29 - 第 1次执行 : 78; 与基准时间差值是 - 24
Thread-24 - 第 1次执行 : 17; 与基准时间差值是 - 24
Thread-6 - 第 1次执行 : 27; 与基准时间差值是 - 26
Thread-9 - 第 1次执行 : 16; 与基准时间差值是 - 26
Thread-14 - 第 1次执行 : 15; 与基准时间差值是 - 26
Thread-20 - 第 1次执行 : 5; 与基准时间差值是 - 27
Thread-23 - 第 1次执行 : 64; 与基准时间差值是 - 27
Thread-25 - 第 1次执行 : 97; 与基准时间差值是 - 27
Thread-0 - 第 2次执行 : 69; 与基准时间差值是 - 1015
Thread-1 - 第 2次执行 : 74; 与基准时间差值是 - 1015
Thread-2 - 第 2次执行 : 17; 与基准时间差值是 - 1016
Thread-3 - 第 2次执行 : 12; 与基准时间差值是 - 1017
Thread-4 - 第 2次执行 : 85; 与基准时间差值是 - 1017
```

图 10-8　运行结果

10.3.5 同步与互斥

寄宿学校都会有排队打水的场景，许多人同时等待一个开水阀准备接开水。当前面一个人接水完毕后，后面一个人才能开始接水，如果接水的动作不是同步的，那么就会出现问题。

案例 10-8 非同步接水

文件 GetWaterCrushDemo.java

```
public class GetWaterCrushDemo extends Thread {

        private PersonAsy personAsy;

        public static void main(String[] args) {
                for (int i = 0 ; i < 10 ; i++) {
                        PersonAsy person = new PersonAsy();
                        person.setName("王" + i);
                        GetWaterCrushDemo crush = new GetWaterCrushDemo(person);
                        crush.start();
                }
        }

        public GetWaterCrushDemo(PersonAsy person) {
                personAsy = person;
        }

        public void getWater(PersonAsy personAsy) {
                System.out.println(personAsy.getName() + "开始打水：");
                try {
                        Thread.currentThread().sleep(500);
                } catch (InterruptedException e) {
                        e.printStackTrace();
                }
                System.out.println(personAsy.getName() + "打水结束！");
        }

        @Override
        public void run() {
                this.getWater(personAsy);
        }
}

class PersonAsy {
        private String name;

        public String getName() {
                return name;
        }

        public void setName(String name) {
                this.name = name;
        }

}
```

```
<terminated> GetWaterCr
王1开始打水：
王0开始打水：
王4开始打水：
王5开始打水：
王3开始打水：
王6开始打水：
王8开始打水：
王9开始打水：
王7开始打水：
王0打水结束！
王1打水结束！
王4打水结束！
王2打水结束！
王5打水结束！
王3打水结束！
王8打水结束！
王7打水结束！
王9打水结束！
王6打水结束！
```

图 10-9 运行结果

运行结果如图 10-9 所示。

通过案例 10-8 不难发现，没有添加同步的接水场景有些莫名奇妙，明明王 1 先开始打水，结果却是王 0 第一个打完水，而且，王 1 还没有接完水，后面的人就开始了接水，场面混乱不堪。

synchronized 是 Java 中的关键字，是一种同步锁。在多线程场景中，它用于控制线程对同一个代码片段是否可以并发执行。它修饰的对象有以下几种。

- 修饰代码块：被修饰的代码块被称为同步语句块，其作用的范围是大括号{}括起来的代码，作用的对象是调用这个代码块的对象。
- 修饰方法：被修饰的方法称为同步方法，其作用的范围是整个方法，作用的对象是调用这个方法的对象。
- 修饰静态方法：其作用的范围是整个静态方法，作用的对象是这个类的所有对象。
- 修饰类：其作用的范围是 synchronized 后面括号括起来的部分，作用的对象是这个类的所有对象。

对于成员变量的修饰，相当于修饰代码块，作用于类的一个实例，对另一个实例不起作用；对于静态变量的修饰类似于静态方法，作用于类的所有实例。

案例 10-9　同步接水

文件 CountSycDemo.java

```
public class CountSycDemo extends Thread {

    private PersonSyc personSyc;
    private static Object obj = new Object();

    public static void main(String[] args) {
        for (int i = 0 ; i < 10 ; i++) {
            PersonSyc person = new PersonSyc();
            person.setName("王" + i);
            CountSycDemo crush = new CountSycDemo(person);
            crush.start();
        }
    }

    public CountSycDemo(PersonSyc person) {
        personSyc = person;
    }

    public void getWater(PersonSyc person) {
        synchronized (obj) {
            System.out.println(person.getName() + "开始打水：");
            try {
                Thread.currentThread().sleep(500);
            } catch (InterruptedException e) {
                e.printStackTrace();
            }
            System.out.println(person.getName() + "打水结束！");
        }
    }

    @Override
    public void run() {
        this.getWater(personSyc);
    }
}
```

```
<terminated> CountSycDe
王0打水结束！
王9开始打水：
王9打水结束！
王7开始打水：
王7打水结束！
王8开始打水：
王8打水结束！
王6开始打水：
王6打水结束！
王3开始打水：
王3打水结束！
王4开始打水：
王4打水结束！
王5开始打水：
王5打水结束！
王1开始打水：
王1打水结束！
王2开始打水：
王2打水结束！
```

图 10-10　运行结果

运行结果如图 10-10 所示。

该案例使用的是 synchronized 修饰静态成员变量的方式。使用该方式会对这个类的所有对象进行同步控制，也就是说，每一次只会有一个该类的对象执行 synchronized 修饰的代码内容，其他线程对该类的这个对象和该类的其他对象都必须等待当前线程执行完毕方可执行。

有时候为了实现这种同步，也会使用信号量进行控制，具体案例如下：

案例 10-10　线程互斥的计数器

文件 MetuxCountDemo.java

```
public class MetuxCountDemo {

    public static void main(String[] args) {
        int times = 10;
        for (int i = 0 ; i < times ; i++) {
            MetuxThread thread = new MetuxThread();
            thread.start();
        }
    }
}

class MetuxThread extends Thread {
    private static int count = 0 ;
    private static boolean flag = true;

    @Override
    public synchronized void run() {
        if (!flag) {
            try {
                wait();
            } catch (InterruptedException e) {
                e.printStackTrace();
            }
        }
        flag = false;
        count++;
        flag = true;
        notifyAll();
        System.out.println(getName() + " count = " + count);
        try {
            sleep(1000);
        } catch (InterruptedException e) {
            e.printStackTrace();
        }
    }
}
```

运行结果如图 10-11 所示。

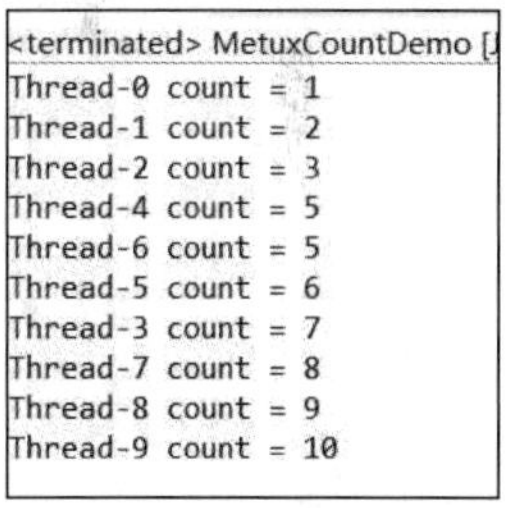

```
<terminated> MetuxCountDemo [J
Thread-0 count = 1
Thread-1 count = 2
Thread-2 count = 3
Thread-4 count = 5
Thread-6 count = 5
Thread-5 count = 6
Thread-3 count = 7
Thread-7 count = 8
Thread-8 count = 9
Thread-9 count = 10
```

图 10-11　运行结果

其中 flag 相当于一个信号量，当有线程访问公共资源的时候会首先检测信号量，如果可用，则修改信号量防止其他线程进入，否则就进入等待，当访问完成之后修改信号量，并将所有处于该信号量等待状态的线程唤醒，给其他线程获取该信号量的机会。

案例 10-11　生产者-消费者模型

文件 Product_CustomerDemo.java

```
public class Product_CustomerDemo {

    public static void main(String[] args) {
        Product prod = new Product();
        Producter p = new Producter(prod);
        Producter p1 = new Producter(prod);
        Customer c = new Customer(prod);
        p.start();
        p1.start();
        c.start();
    }
```

```
}

class Product {
    private String[] products; // 产品集
    private int count; // 产品的实际数据
    private int BUFFEREDSIZE = 5; // 缓冲区的大小

    public Product() {
        products = new String[BUFFEREDSIZE]; // 初始化仓库容量
        count = 0; // 产品数目
    }

    // 获取库存
    public synchronized String get() {
        String product;
        // 检测产品库存存量
        while (count <= 0) {
            try {
                wait(); // 库存不足，等待
            } catch (InterruptedException e) {
                e.printStackTrace();
            }
        }
        product = products[--count]; // 取出一个库存
        notifyAll(); // 唤醒在该数据上等待的所有线程
        return product;
    }

    // 增加库存
    public synchronized void put(String product) {
        // 检测库存是否已满
        while (count >= BUFFEREDSIZE) {
            try {
                wait(); // 已满，等待，直到被唤醒
            } catch (InterruptedException e) {
                e.printStackTrace();
            }
        }
        products[count++] = product; // 增加库存
        notifyAll(); // 唤醒所有在增加库存上等待的线程
    }
}

// 消费者
class Customer extends Thread {

    private Product product; // 产品

    public Customer(Product prod) {
        product = prod;
    }

    @Override
    public void run() {
        String production ;
        for (int i =1 ; i < 20 ; i++) { // 获取库存
            production = product.get(); //
            System.out.println("消费的数据是：" + production);
            try {
                sleep(50);
            } catch (InterruptedException e) {
```

```
                    e.printStackTrace();
                }
            }
        }
}

class Producter extends Thread {

        private Product product ;

        public Producter(Product prod) {
                product = prod;
        }

        @Override
        public synchronized void run() {
                for (int i = 0 ; i < 10 ; i++) {
                        String production = "第" + i + "个产品";
                        product.put(production);
                        System.out.println("生产的数据是： " + production );
                        try {
                                sleep(50);
                        } catch (InterruptedException e) {
                                e.printStackTrace();
                        }
                }
        }
}
```

运行结果如图 10-12 所示。

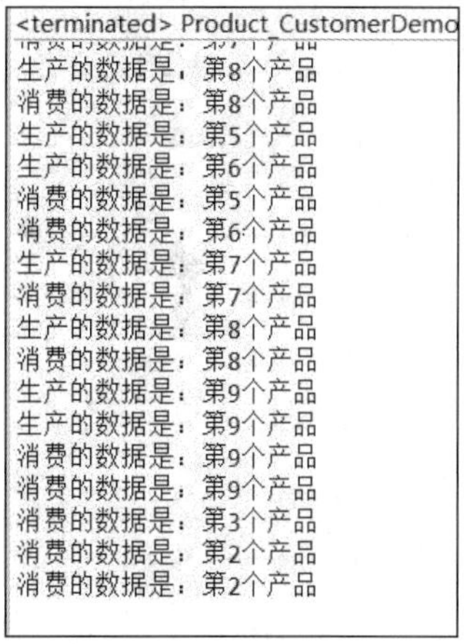

```
<terminated> Product_CustomerDemo
生产的数据是：第8个产品
消费的数据是：第8个产品
生产的数据是：第5个产品
生产的数据是：第6个产品
消费的数据是：第5个产品
消费的数据是：第6个产品
生产的数据是：第7个产品
消费的数据是：第7个产品
生产的数据是：第8个产品
消费的数据是：第8个产品
生产的数据是：第9个产品
生产的数据是：第9个产品
消费的数据是：第9个产品
消费的数据是：第9个产品
消费的数据是：第3个产品
消费的数据是：第2个产品
消费的数据是：第2个产品
```

图 10-12 运行结果

生产-消费者模型是线程同步中最著名的同步问题，在该模型中，生产者负责生产数据，但数据需要在可缓存的数量之内，如果超出库存则需要等待数据被消费后再插入；消费者消费库存数据则恰恰相反，如果库存空了则需要等待，等到有库存以后再进行消费。从案例 10-11 中可以发现，虽然消费者和生产者在消费和生产的层面上是异步进行的，但是他们之间必须保持同步，生产者不能在库存满了之后还继续增加库存，消费者也不能在一个空的库存中获取产品。

10.3.6 死锁问题

在日常生活中偶尔会碰到这种情况，买肉的说："我只有拿到了肉我才会给卖肉的钱！"而卖肉的则说："我只有拿到了钱才会给买肉的肉！"这种争执如果得不到劝和必然导致买肉的买不到肉，卖肉的卖不出去肉，这种"死脑筋"的场景在计算机系统中被称为死锁。

死锁是指多个进程因竞争资源而造成的一种相互等待的僵局，如果没有外力的作用，必然导致无限的等待。例如，A 进程占用了输入设备，在释放前请求了打印机设备，但是打印机被 B 进程占用，B 在释放前需要请求输入设备，这样，A 进程和 B 进程就会无休止地等待，进入死锁状态。

死锁是由系统资源的竞争导致系统资源不足以及资源分配不当或进程运行过程中请求和释放资源的顺序不当导致的。死锁的产生有 4 个必要条件。

- 互斥条件：一个资源每次只能被一个进程使用，即一段时间内这个资源只能被一个进程占用，其他进程请求资源，请求线程只能等待。
- 请求与保持条件：进程已经保持了至少一个资源，但又提出了新的资源请求，而该资源已被其他进程占用，此时请求进程被阻塞，但对自己已获得的资源保持不放。
- 不可剥夺条件：进程所获得的资源在未使用完毕之前，不能被其他进程强行夺走，即只能由获得该资源的进程自己来释放（只能是主动释放）。

- 循环等待条件：若干进程间形成首尾相接循环等待资源的关系。

死锁只能在上述 4 个条件都满足的条件下才能产生。

案例 10-12　线程死锁

文件 DeadLockDemo.java

```
public class DeadLockDemo {
    // 两个类级别的静态成员变量
    private static Object objALock = new Object();
    private static Object objBLock = new Object();

    public static void main(String[] args) {
        Thread t1 = new Thread(new Runnable() {

            @Override
            public void run() {
                synchronized (objALock) {
                    try {
                        System.out.println(Thread.currentThread().getName() + " 取得 objALock ...");
                        Thread.sleep(1000);
                        System.out.println(Thread.currentThread().getName() + " 休眠1s ...");
                    } catch (InterruptedException e) {
                        e.printStackTrace();
                    }
                    System.out.println(Thread.currentThread().getName() + " 请求获取 objBLock ....");
                    synchronized (objBLock) {
                        System.out.println(Thread.currentThread().getName() + " 取得 objBLock ");
                    }
                }
            }
        }, "t1");
        Thread t2 = new Thread(new Runnable() {

            @Override
            public void run() {
                synchronized (objBLock) {
                    try {
                        System.out.println(Thread.currentThread().getName() + " 取得 objBLock ...");
                        Thread.sleep(1000);
                        System.out.println(Thread.currentThread().getName() + " 休眠1s ...");
                    } catch (InterruptedException e) {
                        e.printStackTrace();
                    }
                    System.out.println(Thread.currentThread().getName() + " 请求获取 objALock ....");
                    synchronized (objALock) {
                        System.out.println(Thread.currentThread().getName() + " 取得 objALock ");
                    }
                }
            }
        }, "t2");

        t1.start();
        t2.start();
    }
}
```

```
DeadLockDemo [Java Application] C:\P
t2 取得 objBLock ...
t1 取得 objALock ...
t1 休眠1s ...
t1 请求获取 objBLock ....
t2 休眠1s ...
t2 请求获取 objALock ....
```

图 10-13　运行结果

运行结果如图 10-13 所示。

这是比较简单的竞争导致的死锁，案例 10-12 中，线程 t1 获得了一个对象锁 objALock，释放前请求 objBLock 锁，而 t2 线程则是获取了 objBLock 锁，释放前请求 objALock 锁，由于双方都要求在获取对方的锁后释放锁，导致了类似于先给钱还是先给肉的矛盾而产生死锁。

死锁产生的条件有四个，所以想要避免死锁，只需要破坏四个条件中的任意一个就能实现。例如：可以避免嵌套锁，嵌套锁是死锁产生的高发场景；避免无限期等待，可以设置等待超时时间；一次只对一个资源获取锁，当需要获取另一个锁的时候，先释放当前锁。

10.4 多线程

多线程

理解了线程的创建、同步和死锁问题之后，就是领会多线程真正魅力的时候了，相较于串行执行的简单和耗时，多线程则稍显复杂且高效。军事天才拿破仑可以同时听取数位将军的汇报并做出相应的军事部署，就是因为他具有多线程可以同时处理多个任务的能力。

10.4.1 线程池技术

Java 中的线程池技术是运行场景最多的并发框架，几乎所有需要异步或者并发执行任务的程序都可以使用线程池技术。合理使用线程池技术可以降低线程创建和销毁造成的消耗，提高相应速度和提高线程的可管理性。

线程池的处理流程如下。

（1）线程池判断核心线程池是否都在执行任务，如果不是，创建一个新的线程来执行任务，如果核心线程池里的线程都在执行任务，则进入下一个流程。

（2）线程池判断工作队列是否已经满了。如果没有满，将新提交的任务存储到这个工作队列中，如果满了，则进入下一个流程。

（3）线程池判断线程池的线程是否都处于工作状态，如果没有，创建一个新的工作线程来执行任务，如果满了，则交给饱和策略来处理这个任务。

Java 通过 Executors 提供如下 4 种线程池。

（1）newCachedThreadPool：创建一个可缓存线程池，如果线程池长度超过处理需要，可灵活回收空闲线程，如无可回收，则创建线程。

（2）newFixedThreadPool：创建一个定长线程池，可控制线程最大并发数，超出的线程会在队列中等待。

（3）newScheduledThreadPool：创建一个定长线程池，支持定时及周期性任务执行。

（4）newSingleThreadExecutor：创建一个单线程化的线程池，它只会用唯一的工作线程来执行任务，保证所有的任务按照指定顺序（FIFO、LIFO、优先级）执行。

缓存线程池使用得比较普遍，而计划任务线程池的功能相对比较特殊，下面就对这两个线程池做一个简单的实例说明。

案例 10-13　缓存线程池

文件 CachedPoolDemo.java

```
public class CachedPoolDemo {

    public static void main(String[] args) {
        ExecutorService cachedPool = Executors.newCachedThreadPool(); // 创建缓存线程池
        for (int i = 0 ; i < 15 ; i++) {
            final int index = i;
            cachedPool.execute(new Runnable() { // 向线程池提交任务

                @Override
                public void run() {
                    System.out.println(Thread.currentThread().getName() + " 正在执行！  index = " + index);
                }
            });
        }
        cachedPool.shutdown(); // 关闭线程池
    }
}
```

运行结果如图 10-14 所示。

```
<terminated> CachedPoolDemo [Java Application] C:\P
pool-1-thread-1 正在执行! index = 0
pool-1-thread-2 正在执行! index = 1
pool-1-thread-2 正在执行! index = 10
pool-1-thread-5 正在执行! index = 4
pool-1-thread-3 正在执行! index = 2
pool-1-thread-1 正在执行! index = 13
pool-1-thread-2 正在执行! index = 12
pool-1-thread-4 正在执行! index = 3
pool-1-thread-10 正在执行! index = 9
pool-1-thread-9 正在执行! index = 8
pool-1-thread-11 正在执行! index = 11
pool-1-thread-8 正在执行! index = 7
pool-1-thread-7 正在执行! index = 6
pool-1-thread-6 正在执行! index = 5
pool-1-thread-12 正在执行! index = 14
```

图 10-14 运行结果

从案例运行可以看出，缓存线程池的线程在执行完成一个任务之后，会继续执行下一个任务，其中 pool-1-thread-1 和 pool-1-thread-2 又执行了不止一次。缓存线程池的工作原理大致是如果有空闲线程，使用空闲线程执行新任务，否则判断线程池线程是否已经是最大线程数，如果不是，则创建一个新线程执行任务，否则，进入等待队列。

案例 10-14 计划任务线程池

文件 SchedulePoolDemo.java

```
public class SchedulePoolDemo {
    public static void main(String[] args) {

        ScheduledExecutorService es = Executors.newScheduledThreadPool(1); // 创建一个计划任务线程池，参数表示线程池的个数

        es.scheduleAtFixedRate(new Runnable() {

            @Override
            public void run() {
                System.out.println("每1秒执行一次：" + System.currentTimeMillis());

            }
        }, 2, 1, TimeUnit.SECONDS);
    }

}
```

运行结果如图 10-15 所示。

```
<terminated> SchedulePoolDemo [Java
每1秒执行一次：1495360820780
每1秒执行一次：1495360821783
每1秒执行一次：1495360822785
每1秒执行一次：1495360823787
每1秒执行一次：1495360824789
每1秒执行一次：1495360825791
每1秒执行一次：1495360826793
每1秒执行一次：1495360827779
每1秒执行一次：1495360828779
每1秒执行一次：1495360829781
每1秒执行一次：1495360830783
每1秒执行一次：1495360831785
每1秒执行一次：1495360832787
每1秒执行一次：1495360833780
```

图 10-15 运行结果

案例使用的是固定周期执行的计划任务线程池。其中第 1 个参数是执行任务（一般是一个线程），第 2 个参数是执行后多久进行第一次任务执行，第 2 个任务是其后每次执行间隔是多久，最后一个参数是设置时间单元，本案例中使用的是秒，读者可以参考自己的需求，修改成分钟或小时。

10.4.2 Callable 和 Future

在第 10 章的前几个小节中，所有的线程都是执行完毕之后就结束了，如果仅仅如此，多线程的魅力可能并不会如此巨大。试想，如果拿破仑只是能够同时听取数位将军的报告，但是不能同时给出相应的军事部署，而是需要一个个地回想并给出部署，或许他所散发出来的光芒就不会如此耀眼，多线程亦是如此。

1. Callable

并发编程一般使用 Runnable，然后将其交给线程池处理，这种情况是不需要知道线程执行结果的。但是万一

将军说我汇报完了还想知道对应军事部署怎么办？这时候 Java 就会告诉你，你可以试试 Callable 接口。Callable 用法和 Runnable 类似，只不过调用的是 call()方法，而不是 run()方法，该方法有一个泛型返回值类型，可根据需要指定。

案例 10-15　Callable 的用法

文件 CallableDemo.java

```
public class CallableDemo {
	public static void main(String[] args) {
		ExecutorService es = Executors.newSingleThreadExecutor(); // 创建一个单一线程
		for (int i = 0 ; i < 10 ; i++) {
			try {
				System.out.println(es.submit(new RunAndReturn(i)).get());
			} catch (InterruptedException | ExecutionException e) {
				e.printStackTrace();
			}
		}
		es.shutdown(); // 关闭线程池
	}

}

class RunAndReturn implements Callable<String> {
	private Integer id ;

	public RunAndReturn(Integer serno) {
		id = serno; // 初始化私有变量
	}

	@Override
	public String call() throws Exception {
		return "RunAndReturn with result : " + id; // 返回数据
	}

}
```

运行结果如图 10-16 所示。

```
<terminated> CallableDemo [Java Application]
RunAndReturn with result : 0
RunAndReturn with result : 1
RunAndReturn with result : 2
RunAndReturn with result : 3
RunAndReturn with result : 4
RunAndReturn with result : 5
RunAndReturn with result : 6
RunAndReturn with result : 7
RunAndReturn with result : 8
RunAndReturn with result : 9
```

图 10-16　运行结果

Callable 支持返回值，并可以被 ExecutorService 运行，ExecutorService 继承自 Executors，而 Executors 对于一个线程，如果是无需返回的，直接使用 execute()方法执行，对于 Callable，则使用 submit()方法执行。Executors 的 submit()方法会返回一个 Future 类型的对象。

2. Future

Future 对象用于存放 Callable 对象执行后的返回值，对于这个返回值，可以使用 get()方法获取，get()方法是阻塞的，直到 Callable 的执行结果已经出来，如果不想阻塞，可以调用 isDone()查询结果是否已经得出。

案例 10-16　Future 的用法

文件 FutureDemo.java

```
public class FutureDemo {
	public static void main(String[] args) {
		ExecutorService es = Executors.newCachedThreadPool(); // 创建一个缓存线程池
		List<Future<String>> list = new LinkedList<>(); // 创建一个链表用于存放Future对象
		for (int i = 0 ; i < 10 ; i++) {
			final int index = i;
			list.add(es.submit(new Callable<String>() { // 添加一个Callable对象并将返回存放到链表中

				@Override
				public String call() throws Exception {
					String name = Thread.currentThread().getName();
```

```
                        System.out.println(name + "开始执行！ index = " + index);
                        return name + "开始执行！ index = " + index;
                    }
                }));
            }
            int count = 10;
            while (true) {
                for (Future<String> f : list) { // 遍历list，获取返回对象Future
                    if (f.isDone()) { // 如果已经计算完成
                        try {
                            System.out.println("计算结束，计算结果是：" + f.get()); // 获取结果
                            count--; // 计数器减1
                        } catch (InterruptedException | ExecutionException e) {
                            e.printStackTrace();
                        }
                    }
                }
                // 遍历结束后，所有的数据都拿到了，跳出while循环，否则休眠10ms
                if (0 == count) {
                    break; // 如果所有的结果都已经执行完毕了，则跳出循环
                }
                try {
                    Thread.sleep(10); // 还有数据未获取到，休眠10ms后继续获取
                } catch (InterruptedException e) {
                    e.printStackTrace();
                }
            }
            es.shutdown(); // 关闭线程池
        }
    }
```

运行结果如图 10-17 所示。

```
<terminated> FutureDemo [Java Application] C:\Program Files\Java\jdk1.8.0_111\bin\javaw.exe (20
pool-1-thread-1开始执行! index = 0
pool-1-thread-2开始执行! index = 1
pool-1-thread-3开始执行! index = 2
pool-1-thread-5开始执行! index = 4
pool-1-thread-1开始执行! index = 9
pool-1-thread-8开始执行! index = 7
pool-1-thread-6开始执行! index = 5
pool-1-thread-4开始执行! index = 3
pool-1-thread-9开始执行! index = 8
pool-1-thread-7开始执行! index = 6
计算结束，计算结果是：pool-1-thread-1开始执行! index = 0
计算结束，计算结果是：pool-1-thread-2开始执行! index = 1
计算结束，计算结果是：pool-1-thread-3开始执行! index = 2
计算结束，计算结果是：pool-1-thread-4开始执行! index = 3
计算结束，计算结果是：pool-1-thread-5开始执行! index = 4
计算结束，计算结果是：pool-1-thread-6开始执行! index = 5
计算结束，计算结果是：pool-1-thread-7开始执行! index = 6
计算结束，计算结果是：pool-1-thread-8开始执行! index = 7
计算结束，计算结果是：pool-1-thread-9开始执行! index = 8
计算结束，计算结果是：pool-1-thread-1开始执行! index = 9
```

图 10-17 运行结果

10.5 动手任务：多线程获取文件大小

【任务介绍】

1. 任务描述

多线程获取指定目录文件大小，并计算耗时。多线程计算文件大小，可以将一个文件夹当作一个子任务处理，最终每个任务都是一个个文件，统计每个文件的大小，递归累加即可完成任务。如果是单线程，则是递归计算，

每次计算完一个只有文件类型的文件夹后返回父级目录继续计算下一个文件或者文件夹。相比而言，多线程的多个任务同时计算势必在速度上占优势。

在 JDK1.7 之后，Java 推出了一个 Fork/Join 框架，可以有效分割任务，最后汇总，极大地简化了多线程的使用。本次动手任务主要使用 Fork/Join 框架来实现多线程的文件大小计算。

2. 运行结果

任务运行结果如图 10-18 所示。

```
<terminated> FileSizeService [Java Application] C:\Program Files\Java\jre1.8.0_111\
多线程处理耗时(s)：2; 文件内容总大小：8591250996
单线程处理耗时(s)：5; 文件内容总大小：8591250996
```

图 10-18 运行结果

【任务目标】

- 更深层次认识多线程的优势，了解多线程的思想和使用方法。
- 了解 Fork/Join 框架，理解任务拆分和汇总的思想和处理方法，学会使用 Fork/Join 框架来处理可以并发处理的任务。

【实现思路】

（1）首先，需要处理的是文件夹，如果文件夹下全是文件，则较容易处理，直接返回每个文件的大小之和即可（一个任务）。单线程计算，递归获取每一个文件的大小累加即可。

（2）其次，如果当前文件夹下有子文件夹，则将子文件夹当作另一个任务，加入到处理任务链表中来。

（3）汇总所有任务的计算结果，可得最终处理结果，即指定文件夹的总大小。

【实现代码】

实现代码如下所示。

文件 FileSizeService.java

```java
package com.lw;

import java.io.File;
import java.util.ArrayList;
import java.util.List;
import java.util.concurrent.ForkJoinPool;
import java.util.concurrent.ForkJoinTask;
import java.util.concurrent.RecursiveTask;

public class FileSizeService {
	private final static ForkJoinPool pool = new ForkJoinPool();

	public static void main(String[] args) {
		// 多线程（使用Fork/Join实现）
		long start = System.currentTimeMillis();
		long totalSize = pool.invoke(new FileSize(new File("f:/")));
		long end = System.currentTimeMillis();
		System.out.println("多线程处理耗时(s)：" + (end - start) / 1000 + "; 文件内容总大小：" + totalSize);
		// 任务完成，关闭线程池
		pool.shutdown();

		// 单线程
		long start1 = System.currentTimeMillis();
		long singleTotalSize = getFileSize(new File("f:/"));
		long end1 = System.currentTimeMillis();
		System.out.println("单线程处理耗时(s):" + (end1 - start1) / 1000 + "; 文件内容总大小:" + singleTotalSize);
	}

	/**
```

```
     * 单线程获取文件总大小
     * @param file
     * @return
     */
    private static long getFileSize(File file) {
        if(file.isFile()) {
            return file.length();
        }
        File[] files = file.listFiles();
        long size = 0;
        if(null != files) {
            for(File f : files) {
                size += getFileSize(f);
            }
        }
        return size;
    }

    /**
     * 使用Fork/Join的多线程框架，利用多线程获取文件总大小
     *       Fork/Join框架的任务类需要继承RecursiveTask类
     * @author lw
     *
     */
    static class FileSize extends RecursiveTask<Long> {

        final File file;

        public FileSize(final File computeFile) {
            file = computeFile;
        }

        @Override
        protected Long compute() {
            long size = 0;

            if(file.isFile()) {
                size = file.length();
            } else {
                final File[] childFiles = file.listFiles();
                if(null != childFiles) {
                    List<ForkJoinTask<Long>> tasks = new ArrayList<>();
                    for(final File childFile : childFiles) {
                        if(childFile.isFile()) {
                            size += childFile.length();
                        } else {
                            // 将文件夹当作一个查询任务，提交给Fork/Join框架多线程处理
                            tasks.add(new FileSize(childFile));
                        }
                    }

                    // 从多线程中加载任务并执行，最终获取总大小
                    for(final ForkJoinTask<Long> task : invokeAll(tasks)) {
                        size += task.join();
                    }
                }
            }
            return size;
        }
    }
}
```

10.6 本章小结

本章 10.1 节讲解了进程和线程的区别和联系，10.2 节讲解了线程的创建方式，一种是继承 Thread 类，另一种是实现 Runnable 接口，继承 Thread 类后可以直接调用 start()方法启动线程，而实现 Runnable 接口则需要使用 Thread 类进行包装后方可调用 start()方法；10.3 节讲解了线程的调度问题，梳理了线程的 5 种状态：新建、就绪、阻塞以及运行状态和死亡状态，涉及线程的休眠、同步和死锁等问题也都做了讲解；在 10.4 节中，讲解了线程池技术和带有返回值的 Callable 对象和接收返回值的 Future 对象，并对 Future 对象的 isDone()方法和 get()方法做了简单介绍。

线程的创建和销毁都需要耗费资源，且多线程也是需要进行上下文切换的；并且，对于一些系统，线程的优先级也是不可用的，这些都需要读者去斟酌。虽然多线程有其巨大的优势，但是好的不一定就是适合的，读者应当根据自己的需求进行合理的规划和选择。

【思考题】

1. 根据寄宿学生打水问题，模拟 3 个窗口的多线程售票问题，要求售票结果同真实的火车售票一致。
2. 线程的休眠和等待有什么区别?
3. 简述 notify()和 notifyAll()的区别，为何文中的生产者-消费者问题使用的是 notifyAll()而不是 notify()？如果使用 notify()会不会产生问题？如果会，是什么问题?

PART11

第11章

网络编程

■ Java 成功应用的一个重要领域就是网络。同 Java 的集合一样，Java 在 JDK 中也加入了大量和网络相关的类，将多种 Internet 协议封装到在这些类中，这也让 Java 网络程序的编写更加容易。

与网络相关的功能集中在 java.net 包中，开发者无需过深地了解相关的协议也能实现网络应用中各种 C/S（客户机/服务机器）和 B/S（浏览器/服务器）的通信程序。

11.1 网络通信协议

网络通信协议

构建网络的目的就是为了通信，但不同计算机之间的通信存在着很大的困难，为了克服这些困难，就需要构建统一的网络通信标准，即网络协议。网络协议就是计算机通信双方在通信时必须遵循的一组规范。

Java 的网络包简化了网络程序的开发，为了更好地使用这些包中的类，需要对网络开发中可能会涉及的名词诸如 TCP/IP 协议、UDP 协议、域名、套接字、URL、端口等有初步的了解。

11.1.1 TCP 及 UDP 协议

TCP/IP 协议（Transmission Control Protocol/Internet Protocol）也叫做传输控制/网际协议，又叫做网络通信协议。TCP/IP 协议是英特网中使用的基本通信协议，该协议包含有两个保证数据完整传输的重要协议：传输控制协议（TCP）和网际协议（IP），同时包含上百个各种其他功能的协议，通常说的 TCP/IP 协议是 Internet 协议族。

UDP 是 User Datagram Protocol 的简称，全称是用户数据报协议，中文名是用户数据报协议，是 OSI（Open System Interconnection，开放式系统互联） 参考模型中一种无连接的传输层协议，提供面向事务的简单不可靠信息传送服务。不同于 TCP/IP 的可靠信息传送，UDP 协议无需三次握手确保连接双方都已准备就绪就可以传输数据，即使目标地址不可达，这种不可靠的数据传送服务在无需确保数据完整性和实时反馈的场景下使用，因为免去了三次握手，所以消耗的服务器负载要远小于 TCP/IP。

套接字（Socket）是 TCP/IP 中的基本概念，负责将 TCP/IP 包发送到指定的 IP 地址。可以看作是两个程序通信连接中的一个端点，一个用于将数据写入 Socket 中，该 Socket 将数据发送到另一个 Socket 中，使得该数据能够传送给其他程序。

URL（Uniform Rcsource Locator ）统一资源定位符是对可以从互联网上得到的资源的位置和访问方法的一种简洁的表示，是互联网上标准资源的地址。互联网上的每个文件都有一个唯一的 URL，它包含的信息指出文件的位置以及浏览器应该怎么处理它。URL 由 Internet 资源类型（http 或 ftp 等）、服务器地址（host）、端口（port）和资源位于服务器上的位置组成。Java 中有对应的 URL 类和 URLConnection 类。

案例 11-1 URL 和 URLConnection 的使用

文件 URLDemo.java

```
public class URLDemo {

    public static void main(String[] args) {
        try {
            URL url = new URL("http://www.baidu.com/index.html");
            System.out.println("默认端口是：" + url.getDefaultPort());

            // 打开一个URLConnection类对象
            URLConnection urlConn = url.openConnection();
            // 获取请求头
            Map<String, List<String>> map = urlConn.getHeaderFields();
            for (Entry<String, List<String>> entry : map.entrySet()) {
                System.out.println(entry.getKey() + " : " + entry.getValue());
            }

            System.out.println("content-type :" + urlConn.getContentType());
            System.out.println("是否获取用户缓存：" + urlConn.getDefaultUseCaches());

        } catch (MalformedURLException e) {
            e.printStackTrace();
        } catch (IOException e) {
            e.printStackTrace();
        }
```

```
        }
}
```

运行结果如图 11-1 所示。

```
<terminated> URLDemo [Java Application] C:\Program Files\Java\jdk1.8.0_111\bin\javaw.exe (201
默认端口是：80
Accept-Ranges : [bytes]
null : [HTTP/1.1 200 OK]
Cache-Control : [private, no-cache, no-store, proxy-revalidate, no-transform]
Server : [bfe/1.0.8.18]
ETag : ["588604c1-94d"]
Connection : [Keep-Alive]
Set-Cookie : [BDORZ=27315; max-age=86400; domain=.baidu.com; path=/]
Pragma : [no-cache]
Last-Modified : [Mon, 23 Jan 2017 13:27:29 GMT]
Content-Length : [2381]
Date : [Wed, 03 May 2017 13:05:31 GMT]
Content-Type : [text/html]
content-type :text/html
是否获取用户缓存：true
```

图 11-1　运行结果

在实际的开发中，客户能设定请求头的键值对和获取响应头的键值对数据，这些操作都是通过 URLConnetcion 类来完成的，不过请求头信息的添加键值对操作必须在连接还未建立之前进行。

11.1.2　IP 地址及端口号

网络之间互连的协议（IP）是 Internet Protocol 的缩写，中文缩写为“网协”，是为计算机网络相互连接进行通信而设计的协议，任何厂家生产的计算机系统，只要遵守 IP 协议就可以与因特网互连互通。IP 地址具有唯一性，用于唯一标识网络中的一台设备。由于现行网络设备过多导致 IPv4（现行的 IP 版本）地址分配收紧，IETF 小组设计了 IPv6 来解决网络设备过多的问题。IPv4 使用 4 个字节的小于 256 的数组以“.”连接起来的 32bit 长度的串，如 212.32.1.124，IPv6 则使用 8 个 16 位的无符号整数用冒号“:”隔开表示，例如 6dfe:3312:1123:12df:dfdd:123s:fed2:ss4e。Java 网络包中提供了 Inet4Address 类和 Inet6Address 类对 IPv4 和 IPv6 的 IP 地址。

由于 IP 地址是数字标识，难于记忆和书写，所以在 IP 的基础上又发展出一种符号化的地址方案来代替数字型的 IP 地址，每一个符号化的地址与特定的 IP 对应，因为符号化的内容有其对应的意义和内容，所以记忆和书写都非常方便，这些符号化的地址就是域名，例如人民邮电出版社的域名就是：www.ptpress.com.cn。但域名不能直接被网络设备所识别，需要有域名服务器（DNS）对域名与 IP 作对应的转换。

计算机“端口”在英文中是 port 的音译，硬件中端口也称接口，在软件中一般是指网络中面向连接服务和无连接服务的通信协议识别代码，是一种抽象的软件结构，包括一些数据结构和 I/O 缓冲区。在计算机通信时，需要指定端口传递信息，端口可以是 0～65535 之间的任意一个整数，1024 以内的端口在一些系统中被保留给了系统服务使用，其他的端口供其他程序使用，每个服务都需要跟一个特定的端口关联在一起，通信时客户端和管理端都需要首先知道这个通信的端口号。

案例 11-2　IP 类的使用

文件 IPDemo.java

```
public class IPDemo {

    public static void main(String[] args) {
        try {
            InetAddress ip = InetAddress.getByName("www.baidu.com");
            System.out.println("主机名是：" + ip.getHostName() + "，  地址是：" + ip.getHostAddress());
            System.out.println("地址是否可达：" + ip.isReachable(1000));

            InetAddress[] ads = InetAddress.getAllByName("www.ptpress.com.cn");
            System.out.println("获取当前域名对应的所有的IP地址开始：");
            for (InetAddress ad : ads) {
                System.out.println("" + ad.getHostName() + "：" + ad.getHostAddress());
            }
            System.out.println("获取当前域名对应的所有的IP地址结束。");
```

```
            System.out.println("当前主机的地址是：" + InetAddress.getLocalHost());

        } catch (UnknownHostException e) {
            e.printStackTrace();
        } catch (IOException e) {
            e.printStackTrace();
        }
    }
}
```

运行结果如图 11-2 所示。

```
<terminated> IPDemo [Java Application] C:\Program Files\Java\jre1.8.0_111\
主机名是：www.ptpress.com.cn ， 地址是：59.110.9.128
地址是否可达：true
获取当前域名对应的所有的IP地址开始：
www.ptpress.com.cn : 59.110.9.128
获取当前域名对应的所有的IP地址结束。
当前主机的地址是：shadow/192.168.1.107
```

图 11-2　运行结果

11.2　TCP 通信

在日常生活中大家都会打电话，打电话这个场景就是一个可靠的通信场景，这个场景下你说的每一句话都会被对方听到，如果听不清楚你还可以再说一遍，确保对方听到了你说的话。还有一种通信，例如文件共享，你给你的朋友发了一个文件，但是你只确定你发了文件，你无法确定对方有没有收到，以及收到的文件是否完整，这就是下一节会说的 UDP 通信，即不可靠通信。

TCP 通信

11.2.1　Socket

当两个程序想要通信的时候，可以使用 Socket 类建立套接字连接，呼叫的一方成为客户机，接收的一方成为服务器，服务器使用的套接字是 ServerSocket。Socket 套接字和 ServerSocket 套接字使用的 IP 和端口号必须相同，端口号在服务器端和客户机端必须一致才能通信。

一个典型的客户机/服务器对话过程如下。

（1）服务器开启监听，监听指定端口。

（2）客户机对指定的端口发起请求。

（3）服务器接收到请求，进行处理并返回客户机处理结果。

（4）客户机接收结果，做出后续处理。

当一次对话过程结束之后，一定要关闭套接字。

在 Java 中，Socket 的创建有两种方式，一种是非阻塞式创建（这种方式可以设置超时）：

```
Socket so = new Socket();
SocketAddress saddr = new InetSocketAddress(InetAddress.getByName("www.baidu.com"), 80);
so.connect(saddr, 3000);
```

另一种是阻塞式创建：

```
Socket so = new Socket("www.baidu.com", 80);
```

或者

```
Socket so = new Socket(InetAddress.getByName("www.baidu.com"), 80);
```

这两种 Socket 的创建方式会在创建的时候一直阻塞，直到有连接响应。具体使用哪种方式创建套接字，可按实际情况进行选择。

11.2.2　ServerSocket

ServerSocket 是服务器端套接字，对指定的端口进行监听，当监听到请求之后，可以使用 accept()方法接收客户端发来的消息，该方法是阻塞的，直到有连接进来，才会返回一个 Socket 对象，服务器可以使用该 Socket 与客户端进行通信。

Java 中 Socket 的通信模型如图 11-3 所示。

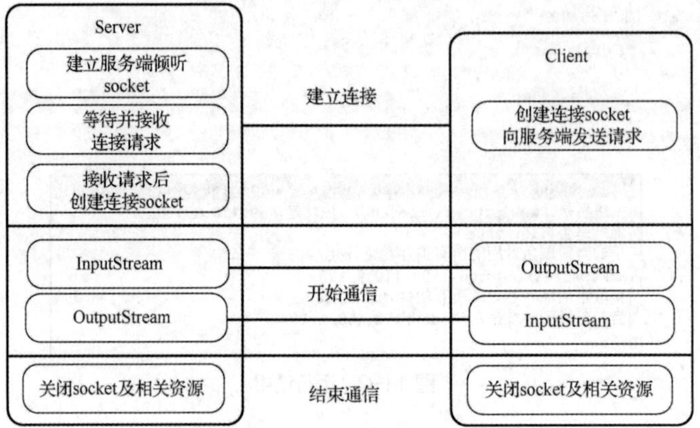

图 11-3　Socket 的通信模型

案例 11-3　端到端通信

文件 SocketClientDemo.java

```
public class SocketClientDemo {

    public static void main(String[] args) {

        try (Socket socket = new Socket("localhost", 8182);InputStream is = socket.getInputStream();OutputStream os = socket.getOutputStream()) {

            System.out.println("已经连接上服务器，等待服务器数据返回：");
            byte[] buf = new byte[2048];
            int i = 0 ;
            StringBuilder sb = new StringBuilder();

            while ((i = is.read(buf)) != -1) {
                sb.append(new String(buf, "UTF-8"));
            }

            System.out.println("服务端数据返回：" + sb);


        } catch (IOException e) {
            e.printStackTrace();
        }
    }

}
```

文件 SocketServerDemo.java

```
public class SocketServerDemo {

    public static void main(String[] args) throws IOException {

        try (ServerSocket ss = new ServerSocket(8182)) {
            while (true) {
                try (Socket so = ss.accept(); OutputStream os = so.getOutputStream();PrintWriter pw = new PrintWriter(os);InputStream is = so.getInputStream()) {
```

```
                    System.out.println("客户端地址【：" + so.getInetAddress() + "，端口号：" + so.getPort() + " 】
已经连接到服务器！");

                    pw.write("Hello，" + so.getInetAddress() + "，非常感谢您的本次连接。");

                    pw.write("连接成功！");
                    pw.flush();
                    System.out.println("服务器数据返回成功！开始后续数据的交流步骤！");

                }
            }
        }
    }
}
```

运行结果如图 11-4 所示。

```
SocketServerDemo [Java Application] C:\Program Files\Java\jdk1.8.0_111\bin\javaw
客户端地址【：/127.0.0.1，端口号：65417 】已经连接到服务器！
服务器数据返回成功！开始后续数据的交流步骤！

Console
<terminated> SocketClientDemo [Java Application] C:\Program Files\Java\jdk1.8.0
已经连接上服务器，等待服务器数据返回：
服务端数据返回：Hello，/127.0.0.1，非常感谢您的本次连接。连接成功！
```

图 11-4 运行结果

因为 Socket 和 ServerSocket 类均实现了 Closeable 接口，所以此处使用 try() { …}的方式进行创建，这种方式一方面消除了流在关闭时可能会因特殊情况无法正常关闭的缺陷，另一方面省去了手动 close()的步骤，使得代码更加精简。

通过案例可以看出，客户端和服务端实际上都是在使用 Socket 的套接字进行通信，服务器端使用 ServerSocket 套接字调用 accept()方法阻塞的监听客户端的请求，并返回一个与之对应的 Socket 套接字来实现数据的交互。

Socket 套接字有 getInputStream()方法用于获取 Socket 中的数据，和 getOutputStream()方法用于将数据放进 Socket 供对方读取。

11.3 UDP 通信

同 TCP 通信不同的是 UDP 通信，UDP 是一种面向无连接的协议，在通信时无需通信双方建立连接即可进行通信。就像 QQ 和微信，用户之间无需进行打电话一样的联通就可以进行通信，当然时效性与 TCP 通信就没法比较了，可能 A 向 B 发送了一条消息，数天后 A 才收到并回复，如果这条信息对时效性要求不强，那么这种方式比打电话强制中断 B 正在忙碌的事情让 B 更加容易接受。

UDP 通信

11.3.1 DatagramPacket

UDP 通信相关的处理类是 DatagramPacket 类，该类位于 java.net 包下。该类在接收方和发送方创建的对象是不同的，当发送的时候，用户不仅要将需要发送的数据告诉 DatagramPacket，还需要将数据发送的地址和端口号告诉 DatagramPacket 对象；接收方则只需要声明需要获取的数据即可。

DatagramPacket 中常用的方法如表 11-1 所示。

表 11-1　DatagramPacket 中常用的方法

方法声明	功能描述
DatagramPacket(byte[] buf, int length)	创建时指定封装的字节数据和长度大小，用于数据接收方
DatagramPacket(byte[] buf, int offset, int length)	创建时指定封装的字节数据、数据的偏移量和读取长度，用于数据接收方
DatagramPacket(byte[] buf, int length, InetAddress addr, int prot)	创建时指定封装的数据、封装数据的大小、指定数据包的 IP 地址和端口号，用于数据发送方
DatagramPacket(byte[] buf, int offset, int length, InetAddress addr, int prot)	创建时指定封装的数据、数据的偏移量、封装数据的大小、指定数据包的 IP 地址和端口号，用于数据发送方
InetAddress getAddress()	返回 DatagramPacket 对象的 IP 地址，如果是发送方，则返回接收方的 IP 地址，如果是接收方，则返回发送方的 IP 地址
int getOffset()	返回要发送的数据的偏移量或接收到的数据的偏移量
int getPort()	同 getAddress 类似，用于返回端口号
void setPort()	设置发送此数据包的远程主机上的端口号
byte[] getData()	用于返回将要发送或者接收的数据信息，发送方返回发送数据，接收方返回接收数据
byte[] setData(byte[] buf)	设置此数据包的数据缓冲区
int getLength()	返回将要发送或接收数据的长度

Packet 是打包的意思，仅仅使用打包对象，它只能将数据打包，数据的发送和接收则需要使用到另一个对象 DatagramSocket。

11.3.2　DatagramSocket

DatagramSocket 对象专用于发送和接收使用 DatagramPacket 打包后的数据。两者分工明确，前者负责接收和发送经过后者打包的数据，后者则专门负责数据的打包工作。DatagramSocket 中常用的方法如表 11-2 所示。

表 11-2　DatagramSocket 中常用的方法

方法声明	功能描述
DatagramSocket(int port)	构造数据包套接字并将其绑定到本地主机上的指定端口
DatagramSocket(int port, InetAddress laddr)	创建一个数据包套接字，绑定到指定的本地地址
DatagramSocket(SocketAddress bindaddr)	创建一个数据包套接字，绑定到指定的本地套接字地址
void connect(InetAddress address, int port)	将套接字连接到此套接字的远程地址
void disconnect()	断开链接
int getReceiveBufferSize()	获取此 DatagramSocket 的 SO_RCVBUF 选项的值，即平台在此 DatagramSocket 上输入的缓冲区大小
int getSendBufferSize()	获取此 DatagramSocket 的 SO_SNDBUF 选项的值，即该平台用于在此 DatagramSocket 上输出的缓冲区大小
int getSoTimeout()	检索 SO_TIMEOUT 的设置
void setSoTimeout(int timeout)	以指定的超时（以毫秒为单位）启用/禁用 SO_TIMEOUT
void receive(DatagramPacket p)	从此套接字接收数据包
void send(DatagramPacket p)	从此套接字发送数据包

案例 11-4 UDP 通信模型

文件 UDPSendDemo.java

```
    package com.lw.chapter11;

    import java.io.IOException;
    import java.net.DatagramPacket;
    import java.net.DatagramSocket;
    import java.net.InetAddress;
    import java.net.SocketException;
    import java.net.UnknownHostException;

    public class UDPSendDemo {

        public static void main(String[] args) {
            // 使用字符串，创建一个数据字节数组
            byte[] b = "你好，服务器，这是第一个数据包".getBytes();

            // 声明发送的DatagramSocket对象
            DatagramSocket ds = null;
            try {
                // 创建DatagramPacket对象，并初始化数据、长度、目标地址和端口号
                DatagramPacket dp = new DatagramPacket(b, b.length, InetAddress.getByName("localhost"),
9900);
                // 创建DatagramSocket对象
                ds = new DatagramSocket(9901);
                // 发送数据
                ds.send(dp);
                // 打印信息
                System.out.println("发送信息：");
                System.out.println("数据：" + new String(dp.getData(), "UTF-8") + "； 发送到：" + dp.getAddress().
getHostAddress() +
                        "； 端口号：" + dp.getPort());
            } catch (UnknownHostException e) {
                e.printStackTrace();
            } catch (SocketException e) {
                e.printStackTrace();
            } catch (IOException e) {
                e.printStackTrace();
            } finally {
                // 关闭DatagramSocket对象
                if(null != ds) {
                    ds.close();
                }
            }

        }
    }
```

文件 UDPRecvDemo.java

```
    package com.lw.chapter11;

    import java.io.IOException;
    import java.net.DatagramPacket;
    import java.net.DatagramSocket;
    import java.net.SocketException;

    public class UDPRecvDemo {

        public static void main(String[] args) {
```

```
            // 创建一个字节数据用于数据存放
            byte[] b = new byte[2048];
            // 创建一个DatagramPacket对象
            DatagramPacket dp = new DatagramPacket(b, 2048);
            // 声明DatagramSocket对象
            DatagramSocket ds = null;
            try {
                // 初始化DatagramSocket对象
                ds = new DatagramSocket(9900);
                // 接收数据
                ds.receive(dp);
                // 打印信息
                System.out.println("接收数据：");
                System.out.println("数据：" + new String(dp.getData(), "UTF-8").trim() + "；  来源：" +
dp.getAddress().getHostAddress() +
                        "；  端口号：" + dp.getPort());
            } catch (SocketException e) {
                e.printStackTrace();
            } catch (IOException e) {
                e.printStackTrace();
            } finally {
                // 关闭DatagramSocket对象
                if (null != ds) {
                    ds.close();
                }
            }
        }
    }
```

运行结果如图 11-5 和图 11-6 所示。

```
<terminated> UDPSendDemo [Java Application] C:\Program Files\Java\jdk1.8.0_111\bi
发送信息：
数据：你好，服务器，这是第一个数据包；  发送到：127.0.0.1；  端口号：9900
```

图 11-5　运行结果

```
<terminated> UDPRecvDemo [Java Application] C:\Program Files\Java\jdk1.8.0_111\bin\java
接收数据：
数据：你好，服务器，这是第一个数据包；  来源：127.0.0.1；  端口号：9901
```

图 11-6　运行结果

首先运行 UDPRecvDemo.java，程序会监听端口 9900，而后 UDPSendDemo.java 发送数据，则接收到数据，并且监听程序监听结束，如果想一直监听，则只要循环监听即可。另外，监听和发送数据尽量选择比较大的端口，以免端口被占用。

11.4　动手任务：通信程序设计（对点聊天室）

【任务介绍】

1. 任务描述

QQ 和微信现在已经成了人们无法离开的通信交流软件，它们方便了人们的交流和沟通。通过对 Java 的学习，再结合多线程和 UDP 通信，聊天软件的神秘面纱就被揭开了，真正的聊天软件的核心其实就非常好理解了。

动手任务：通信程序设计（对点聊天室）

结合已经学习的内容，模仿编写一个聊天室，实现聊天室消息的发送和接收功能，并将接收的数据显示出来。

2. 运行结果

程序运行结果如图 11-7 所示。

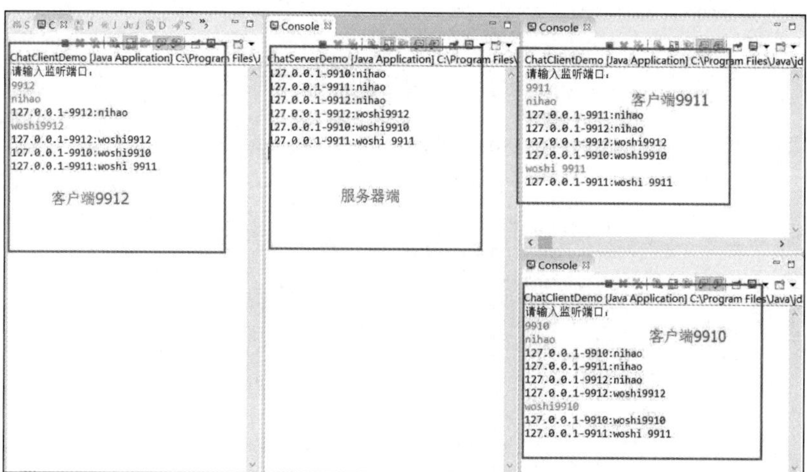

图 11-7　运行结果

【任务目标】

- 理解 UDP 协议的编程原理
- 掌握对点聊天室的实现原理
- 掌握 DatagramPacket 和 DatagramSocket 的使用

【实现思路】

（1）对于客户端，需要同时有发送数据包和接收数据包的功能，所以，必须使用一个主线程进行数据的发送功能，另一个线程进行数据接收的功能。

（2）服务端同客户端类似，需要同时兼有发送数据包和接收数据包的功能，同时，服务端还要实现向所有已经注册的用户发送它收到的信息的功能，为了实现该功能，则客户端需要将自己的监听端口告诉服务端，同时服务端能够存储这些信息并向客户端广播消息。

【实现代码】

客户端实现代码如下。

文件 ChatClientDemo.java

```
package com.lw.chapter11;

import java.io.IOException;
import java.net.DatagramPacket;
import java.net.DatagramSocket;
import java.net.InetAddress;
import java.net.SocketException;
import java.net.UnknownHostException;
import java.util.Scanner;

public class ChatClientDemo {

    public static void main(String[] args) {
        @SuppressWarnings("resource")
        Scanner scan = new Scanner(System.in); // 用于获取Client监听的端口和发送的数据

        System.out.println("请输入监听端口：");
        String portStr = scan.nextLine(); // 获取用户监听端口
        int port = Integer.parseInt(portStr); // 转化成int类型值
```

```
// 编写一个线程对象，异步接收服务器的广播数据
Runnable r = new Runnable() {

    @SuppressWarnings("resource")
    @Override
    public void run() {
        byte[] buf = new byte[1024]; // 字节数据对象
        // 初始化DatagramPacket对象
        DatagramPacket dp = new DatagramPacket(buf, buf.length);
        DatagramSocket ds = null;
        try {
            // 创建DatagramSocket对象
            ds = new DatagramSocket(port);
        } catch (SocketException e1) {
            e1.printStackTrace();
        }
        // 循环监听数据
        while(true) {
            try {
                // 监听并接收数据
                ds.receive(dp);
                // 打印数据
                System.out.println(new String(dp.getData(), "UTF-8"));
            } catch (SocketException e) {
                e.printStackTrace();
            } catch (IOException e) {
                e.printStackTrace();
            }
        }
    }
};
// 启动异步线程进行数据监听
Thread t = new Thread(r);
t.start();

// 主线程进行数据发送
DatagramSocket ds = null;
try {
    ds = new DatagramSocket();
    while(true) {
        // 获取用户输入数据
        String line = scan.nextLine();
        // 如果是非空数据，则发送消息，否则进行获取下一行输入
        if(null != line) {
            // 组装数据，数据格式是 ：    port:message形式
            line = port + ":" + line;
            // 创建数据包
            DatagramPacket dp = new DatagramPacket(line.getBytes(), line.getBytes().length,
                    InetAddress.getByName("localhost"), 9901);
            // 发送数据包
            try {
                ds.send(dp);
            } catch (IOException e) {
                e.printStackTrace();
            }
        } else {
            continue;
        }
    }
} catch (SocketException e) {
    e.printStackTrace();
```

```
            } catch (UnknownHostException e1) {
                e1.printStackTrace();
            } finally {
                // 关闭数据流
                if(null != ds) {
                    ds.close();
                }
            }


        }
}
```

服务器端实现代码如下。

文件 ChatServerDemo.java

```
package com.lw.chapter11;

import java.io.IOException;
import java.net.DatagramPacket;
import java.net.DatagramSocket;
import java.net.InetAddress;
import java.net.SocketException;
import java.util.HashSet;
import java.util.Set;

public class ChatServerDemo {

    public static void main(String[] args) {
        // 使用Set保存注册用户信息
        Set<String> registerSet = new HashSet<>();

        byte[] buf = new byte[1024]; // 初始化数据数组

        // 不间断监听
        DatagramSocket ds = null;
        try {
            ds = new DatagramSocket(9901);
            while(true) {
                // 初始化DatagramPacket对象
                DatagramPacket dp = new DatagramPacket(buf, buf.length);
                // 接收数据
                ds.receive(dp);
                // 处理客户端数据
                String info = new String(dp.getData(), "UTF-8"); // 客户端数据
                String portStr = info.substring(0, info.indexOf(":")); // 截取端口号
                String hostName = dp.getAddress().getHostAddress(); // 组装host地址信息
                String host = hostName + "-" + portStr + ":";
                registerSet.add(host); // 将客户端注册到注册用户中去
                System.out.println(host + info.substring(info.indexOf(":") + 1));

                // 循环广播数据
                for(String hostInfo : registerSet) {
                    // 组装数据
                    String msg = host + info.substring(info.indexOf(":") + 1);
                    // 初始化DatagramPacket
                    DatagramPacket dpHost = new DatagramPacket(msg.getBytes(), msg.getBytes().length,
                            InetAddress.getByName(hostInfo.substring(0, hostInfo.indexOf("-"))),
                            Integer.parseInt(hostInfo.substring(hostInfo.indexOf("-") + 1, hostInfo.indexOf(":"))));
                    // 初始化DatagramSocket
                    DatagramSocket dsHost = new DatagramSocket();
                    // 广播数据发送
```

```
                    dsHost.send(dpHost);
                    // 关闭资源
                    dsHost.close();
                }
            }
        } catch (SocketException e) {
            e.printStackTrace();
        } catch (IOException e) {
            e.printStackTrace();
        } finally {
            // 关闭资源
            if(null != ds) {
                ds.close();
            }
        }

    }
}
```

11.5 本章小结

本章着重讲解了 Java 中有关网络编程的 TCP 通信和 UDP 通信。在 11.1 节中，主要对 TCP 通信和 UDP 通信的概念进行了讲解，同时对通信过程中使用到的 IP 地址和端口号等名词进行了知识补充；11.2 节着重讲解了 Java 网络编程的重点即 TCP 通信中的 Socket 通信，这是 Java 编程中机器进行通信的基础；11.3 节主要讲解了 UDP 通信中的 DatagramPacket 和 DatgramSocket 类，并给出了使用案例，同时，模拟了网上聊天室，实现了一个简单的聊天室。

网络编程较为复杂，特别是套接字涉及的消息头和消息体，有兴趣的读者可以查阅计算机通信相关内容进行深入了解和学习。

【思考题】

1. 在聊天室的服务器端程序中，用户注册信息为何使用 Set 接收?
2. 聊天室的客户端代码中，使用了异步线程接收服务器的广播信息，这是为什么？可以在主线程中进行接收吗？为什么?
3. 请完善服务器端代码，对每一个首次登录系统的用户问好，同时提醒其他用户该用户登录了聊天室。

PART 12

第12章

综合实训——简易网上自助银行系统

■ Java 经典的应用场景是 Web 应用程序开发，Java 的跨平台性使其在 Web 应用程序开发方面占尽了优势，加上其语言的特性、丰富的 API 和扩展类库以及对众多脚本语言的支持，虽然有 PHP 和 Python 等众多语言的加入，Java 在该领域的龙头地位依然稳固。

应用程序开发分为 C/S 架构和 B/S 架构，就是 Client/Server（客户端/服务器）和 Browser/Server（浏览器/服务器）架构，目前 Java 主要项目集中在 B/S 应用方面。为了学习如何开发 B/S 架构的服务，读者需要了解一些 JavaWeb 项目中主要的开发技术，包括数据库、日志系统、测试系统等一系列的知识。因篇幅原因，本章节只对一些必要的内容进行概括性讲解，更加深入的内容，读者可以查阅 JavaWeb 相关的书籍和网上资源进行学习。

12.1 JDBC

Web 开发中不可避免地要进行数据的交互，如何管理和交互数据是 Web 开发的重点，为了方便数据的存储和使用，数据库系统应运而生。但是众多的数据库系统因其设计的差异而在切换时对项目影响巨大，为了让开发者关注程序开发，Java 在 1996 年提供了一套访问数据库的标准 Java 类库，即 JDBC。

12.1.1 JDBC 的概念

JDBC 全称是 Java 数据库连接（Java Database Connectivity），它是一套用于执行 SQL 语句的 Java API。通过该 API，开发者可以快速连接到关系型数据库，并使用 SQL 实现对数据库中数据的增、删、改、查功能。

由于市场上数据库种类繁多，因各种原因需要切换不同数据库或者根据需要使用不同的数据库来存储对应的数据，都会让开发者感到非常头疼，Java 提供的 JDBC 改善了这种情况。JDBC 要求各数据库厂商按照统一的规范提供数据库驱动，用户无需直接与底层数据进行交互，大大增强了代码的可移植性，如图 12-1 所示。

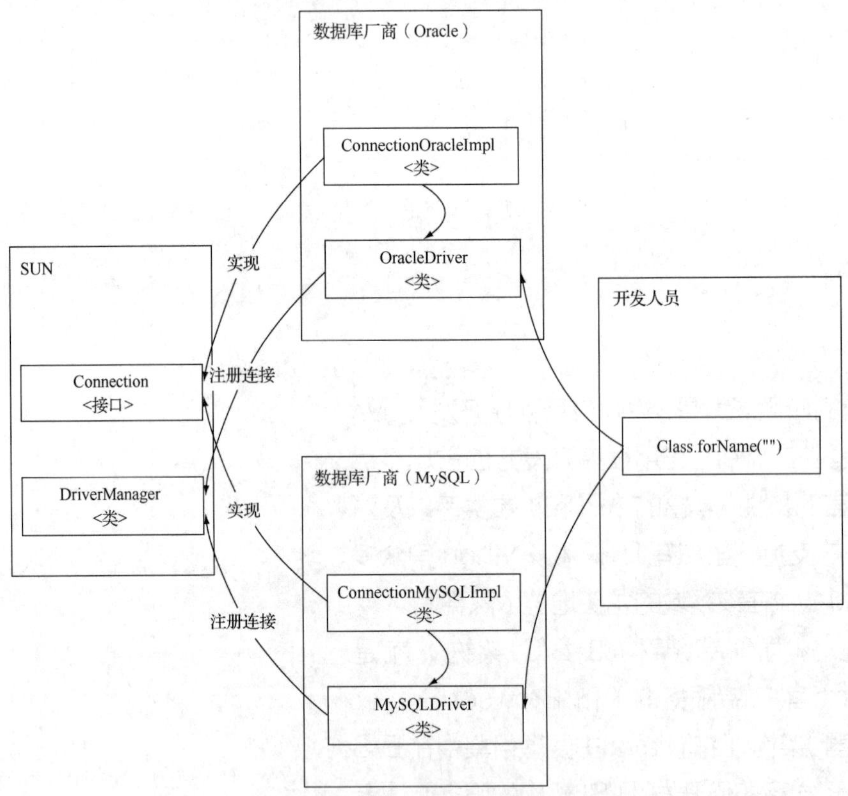

图 12-1　Java JDBC 模型示意图

通过该模型，开发者只需要修改数据库的驱动连接就可以方便快捷地完成对数据的切换工作，而无须修改其他内容。JDBC 让开发者无须关注数据库类型，只需要关注程序的实现即可。

数据库系统就是数据仓库系统，是专门用来存储数据的系统。目前主流的数据库有关系型数据库和非关系型数据库，其中关系型数据库主要有 MySQL 和 Oracle，非关系型数据库有 MongoDB 和目前大数据使用的大部分数据。关系型数据库的优点在于其高稳定性和使用简单，但因为其较为笨重，在海量数据处理方面略显吃力，而 NoSQL，即非关系型数据库则优势明显。

12.1.2 JDBC 通用 API

JDBC 的 API 主要位于 java.sql 包中，该包定义了一系列访问数据库的接口和类，其中包含与数据库连接和数据库操作的一系列 Java 类和接口。

1. Driver 接口

Driver 接口是所有 JDBC 驱动程序必须实现的接口，该接口专门给提供数据库厂商使用，在使用数据库时，需要将对应的数据库驱动程序或其类库添加到项目的 classpath 中。此处主要讲解 MySQL，所以在使用 MySQL 数据库时，首先需要导入 MySQL 的驱动包。

导入 MySQL 的驱动包步骤如下。

首先，在项目名称上单击鼠标右键，在弹出的快捷菜单中选择 “Build Path→Configure Build path” 选项，如图 12-2 所示，进入 Java 的 Build Path 页签，如图 12-3 所示。

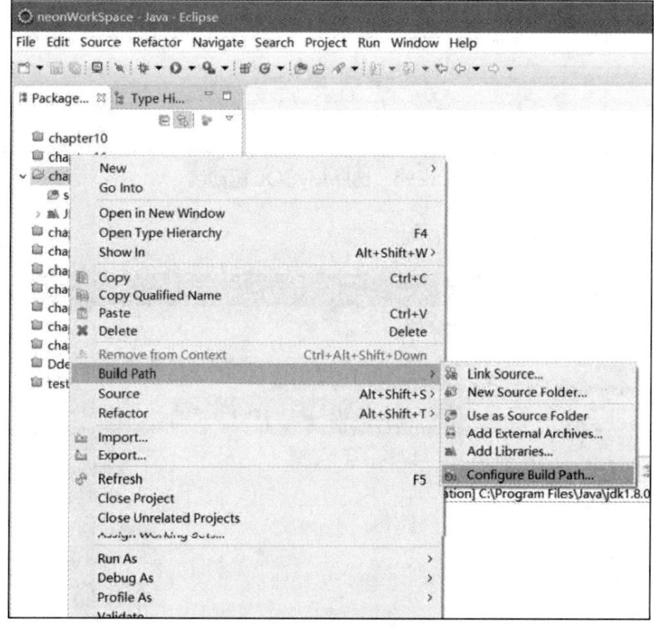

图 12-2　打开 Build Path

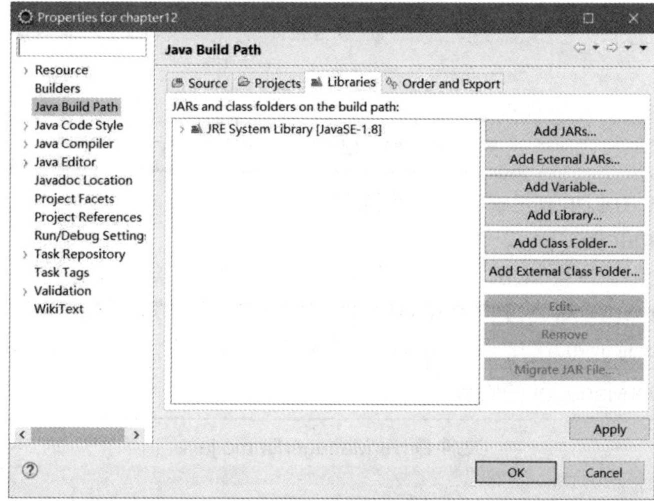

图 12-3　Java Build Path

在 Libraries 页签下，单击“Add External JARs…”按钮，选择源代码中的 MySQL 驱动包，如图 12-4 所示。

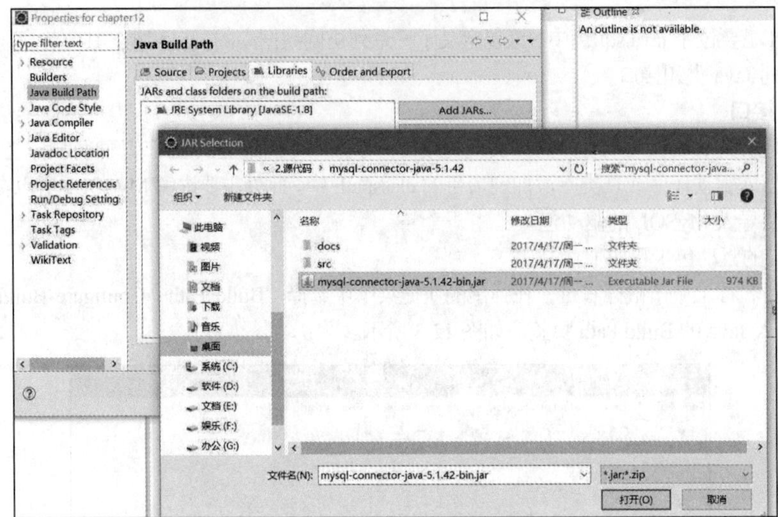

图 12-4　选择 MySQL 驱动包

然后按“OK”键确定即可，如图 12-5 所示。

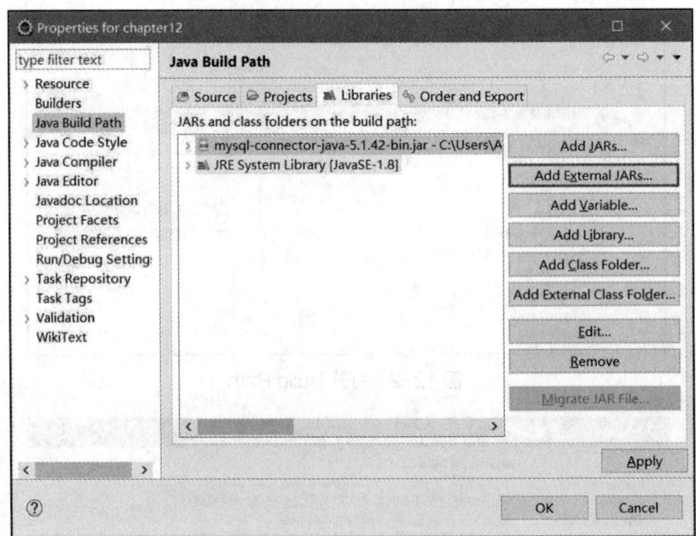

图 12-5　加入 MySQL 的驱动 Jar 包

至此，就将 MySQL 的驱动 Jar 包成功地添加到项目中去了。

2. DriverManager 类

DriverManager 类用于加载 JDBC 驱动并创建与数据库的连接。该类有两个静态方法，一个是 regiseterDriver(Driver driver)方法，用于向 DriverManager 中注册给定的 JDBC 驱动程序，另一个是 getConnection (String url, String user, String pwd)方法，用于用户建立和数据库的连接，并返回一个 Connection 对象。

案例 12-1　DriverManager 的使用

文件 DriverManagerDemo.java

```
public class DriverManagerDemo {
    public static void main(String[] args) {
```

```
        // 数据库驱动的url，其模式是：jdbc:MySQL://[ip]:[port]/[databaseName][?参数名1][=参数值1][&参数名2][=参数值2]...
        String url = "jdbc:MySQL://localhost:3306/jdbc?characterEncoding=utf8&useSSL=true";
        // 此处使用root用户进行连接
        String user = "root";
        // 数据库的密码
        String pwd = "123";

        // 数据库连接对象
        Connection conn = null;
        try {
            // 使用DriverManager获取一个数据库连接
            conn = DriverManager.getConnection(url, user, pwd);
            // 获取到的数据库连接
            System.out.println("数据库连接是：" + conn);
        } catch (SQLException e) {
            e.printStackTrace();
        } finally {
            if (null != conn) {
                try {
                    conn.close();
                } catch (SQLException e) {
                    e.printStackTrace();
                }
            }
        }
    }
}
```

运行结果如图 12-6 所示。

```
<terminated> DriverManagerDemo [Java Application]
com.mysql.jdbc.JDBC4Connection@533ddba
```

图 12-6　运行结果

厂商不同，驱动程序也不同，如果想要使用 Oracle 数据库，就需要下载对应的驱动 Jar 包。Oracle 的数据库连接的 url 是：jdbc:oracle:thin:@localhost:1521:orcl。其中，localhost 是 ip 地址，orcl 是实例名称。同 MySQL 不同的是，Oracle 默认的实例名称是 orcl，读者要注意这一点。

另外，与数据库的连接对象是会占用系统资源的，该连接需要手动关闭，所以，每次使用的时候一定要在 finally 语句中将该连接关闭！

3. Connection 接口

Connection 接口代表着 Java 程序对数据库的连接，该对象负责对数据库的访问和操作。通过该对象，你可以根据自己的需求进行数据库的对应操作。

Connection 对象可以创建一个 Statement 对象（createStatement()）、PreparedStatement 对象（prepareStatement()）和 CallableStatement 对象（prepareCall()），这些对象分别用于将一个 sql 语句、一个参数化的 sql 语句和一个存储过程放到数据库服务器上执行。

4. Statement 接口

Statement 接口用于执行静态的 sql 语句，并返回一个处理结果。该对象通过 Connection 对象的 createStatement() 方法获取。该语句有 3 个主要的方法：execute(String sql)、executeUpdate(String sql)和 executeQuery(String sql)。execute(String sql)用于执行任何 sql，其返回值是一个 boolean 类型的对象，如果该值为 true，表明有查询结果，可以通过 Statement 的 getResultSet()方法获取查询结果。executeUpdate(String sql)方法用于执行 INSERT（插入）、UPDATE（更新）和 DELETE（删除）语句，该方法返回一个 int 类型的值，用于反映受该语句影响的记录数。executeQuery(String sql)方法用于执行 sql 语句中的 SELECT（查询）语句，该语句返回一个 ResultSet 对象。

案例 12-2　Statement 的使用

文件 StatementDemo.java

```
public class StatementDemo {

    public static void main(String[] args) {

        // 创建一个表
        String createTableSql= "create table users(id int primary key,"
                + "name varchar(40),password varchar(32),shortName varchar(40),"
                + "account varchar(1000))"
                + "character set utf8 collate utf8_general_ci;";

        // 插入一条数据
        String insertValueSql = "insert into users values(100001, \"zhangsan\", "
                + "\"123456\", \"zs\", \"****,***\")";

        // 数据库驱动的url，其模式是：jdbc:MySQL://[ip]:[port]/[databaseName][?参数名1][=参数值1][&参数名2][=
参数值2]...
        String url = "jdbc:MySQL://localhost:3306/jdbc?characterEncoding=utf8&useSSL=true";
        // 此处使用root用户进行连接
        String user = "root";
        // 数据库的密码
        String pwd = "123";

        // 数据库的Connection对象
        Connection conn = null;
        // 数据库Statement操作对象
        Statement statement = null;

        try {
            // 使用DriverManager获取一个数据库连接
            conn = DriverManager.getConnection(url, user, pwd);
            // 设置不进行自动提交
            conn.setAutoCommit(false);

            // 获取Statement对象
            statement = conn.createStatement();

            // 创建一个users表
            statement.execute(createTableSql);
            System.out.println("表创建成功，手动提交表创建信息！");
            // 数据手动提交
            conn.commit();

            // 插入数据
            int count = statement.executeUpdate(insertValueSql);
            System.out.println("数据库掺入数据条数：" + count);
            // 数据手动提交
            conn.commit();


        } catch (SQLException e) {
            e.printStackTrace();
        }finally {
            // 关闭资源
            if (null != statement) {
                try {
                    statement.close();
                } catch (SQLException e) {
                    e.printStackTrace();
```

```
                    }
                }

                if (null != conn) {
                    try {
                        conn.close();
                    } catch (SQLException e) {
                        e.printStackTrace();
                    }
                }
            }
        }
}
```

运行结果如图 12-7 所示。

```
<terminated> StatementDemo [Java Application] C:\Program Files\Jav
表创建成功，手动提交表创建信息！
数据库掺入数据条数：1
```

图 12-7 运行结果

为了验证表是否创建成功并且成功插入数据，在 workbench 中的 users 表进行查询，如图 12-8 所示。

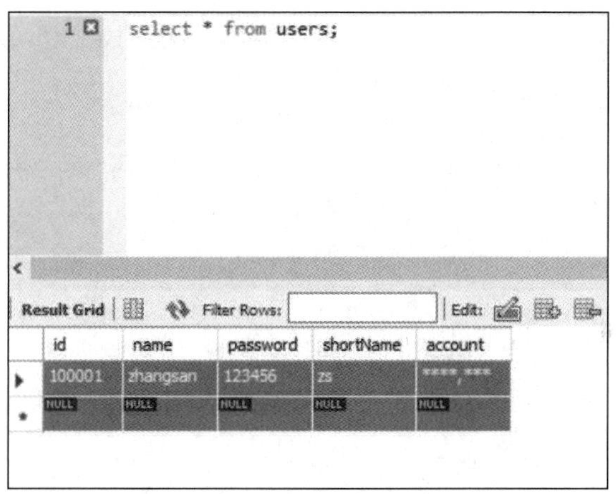

图 12-8 workbench 查询数据

通过 workBench 可以看到，users 表已经成功地创建了，并且也成功地插入了数据。

5. PreparedStatement 接口和 ResultSet 接口

PreparedStatement 接口是 Statement 接口的扩展接口。因为在实际的开发过程中，很多的查询条件都是通过变量进行的，这样使用 Statement 就比较烦琐。而且，如果通过 Statement 语句直接组装 sql 语句，可能会产生 sql 注入等安全问题，PreparedStatement 接口完美地规避了这些问题。

PreparedStatement 是 Statement 的子接口，用于执行预编译的 sql 语句。该语句扩展了带有参数的 sql 语句的执行操作，使用"？"占位符来表示此处需要一个参数，并通过 setXxx()方法进行参数赋值。值得注意的是，PreparedStatement 支持批处理操作。

ResultSet 接口用于保存 JDBC 执行查询时返回的结果集，该结果集封装在一个逻辑表格中，ResultSet 使用一个游标进行数据的获取，该游标默认指向表格的第一行之前，调用 next()方法时会向下一行移动。next()方法有一个 boolean 类型的返回值，如果逻辑表格含有下一行数据，则该方法返回 true，否则返回 false。通常，数据使用 while 条件语句进行读取。

ResultSet 每一行中都有若干列，每一列使用 getXxx()方法获取。如果值是字符串，则可以使用 getString(int columnIndex)或者 getString(String columnName)两种方式获取，前者通过列在逻辑表格中的逻辑位置进行获取，后者使用表中的列名进行获取。

案例 12-3　PreparedStatement 和 ResultSet 的使用

文件 QueryDemo.java

```
public class QueryDemo {

    public static void main(String[] args) {
        // 数据库驱动的url，其模式是：jdbc:MySQL://[ip]:[port]/[databaseName][?参数名1][=参数值1][&参数名2][=参数值2]...
        String url = "jdbc:MySQL://localhost:3306/jdbc?characterEncoding=utf8&useSSL=true";
        // 此处使用root用户进行连接
        String user = "root";
        // 数据库的密码
        String pwd = "123";

        // 判断表是否存在，存在则删除表
        String sqlDel = "drop table if exists users";
        // 创建表
        String sqlCreate = "create table users (id int primary key,name varchar(40),"
                + "short_name varchar(40),password varchar(40),account varchar(1000),"
                + "input_date varchar(10),input_time varchar(19),last_update_date varchar(10),"
                + "last_update_time varchar(19))";
        // 插入数据
        String sqlInsert1 = "insert into users values(100001, \"zhangsan\", \"zs\", \"123321\", \"*********\", \"2017-07-03\", \"2017-07-03 15:12:45\", \"2017-07-03\", \"2017-07-03 15:12:45\")";
        String sqlInsert2 = "insert into users values(100002, \"lisi\", \"ls\", \"123456\", \"*********\", \"2017-07-03\", \"2017-07-03 15:12:45\", \"2017-07-03\", \"2017-07-03 15:12:45\")";
        String sqlInsert3 = "insert into users values(100003, \"wangwu\", \"ww\", \"654321\", \"*********\", \"2017-07-03\", \"2017-07-03 15:12:45\", \"2017-07-03\", \"2017-07-03 15:12:45\")";
        String sqlInsert4 = "insert into users values(100004, \"zhaoliu\", \"zs\", \"123654\", \"*********\", \"2017-07-03\", \"2017-07-03 15:12:45\", \"2017-07-03\", \"2017-07-03 15:12:45\")";

        // 查询数据
        String querySql = "select id,name,short_name from users where id > ?";

        Connection conn = null;
        Statement st = null;
        PreparedStatement ps = null;
        ResultSet rs = null;
        try {
            // 使用DriverManager获取一个数据库连接
            conn = DriverManager.getConnection(url, user, pwd);

            // 获取Statement对象
            st = conn.createStatement();
            // 首先，如果表存在，则将表删除
            st.execute(sqlDel);
            // 创建表
            st.execute(sqlCreate);
            // 插入预埋数据
            st.execute(sqlInsert1);
            st.execute(sqlInsert2);
            st.execute(sqlInsert3);
            st.execute(sqlInsert4);

            // 创建PreparedStatement对象
            ps = conn.prepareStatement(querySql);
            // 填充参数
            ps.setInt(1, 100002);
            // 进行查询
```

```
                rs = ps.executeQuery();

                // 按行读取数据
                while (rs.next()) {
                    System.out.println(rs.getString(1) + "    " + rs.getString(3) + "    " + rs.getString(2));
                }

            } catch (SQLException e) {
                e.printStackTrace();
            } finally {
                // 关闭资源
                if (null != rs) {
                    try {
                        rs.close();
                    } catch (SQLException e) {
                        e.printStackTrace();
                    }
                }
                if (null != ps) {
                    try {
                        ps.close();
                    } catch (SQLException e) {
                        e.printStackTrace();
                    }
                }
                if (null != st) {
                    try {
                        st.close();
                    } catch (SQLException e) {
                        e.printStackTrace();
                    }
                }
                if (null != conn) {
                    try {
                        conn.close();
                    } catch (SQLException e) {
                        e.printStackTrace();
                    }
                }
            }
        }
    }
```

运行结果如图 12-9 所示。

```
<terminated> QueryDemo [Java Application] C:\Program F
100003   ww   wangwu
100004   zs   zhaoliu
```

图 12-9　运行结果

案例 12-3 中，首先判断表是否存在，存在则删除表，然后创建一个表，并插入数据。预埋数据有四条，其 id 分别是 100001、100002、100003 和 100004，通过 id 比 100002 大的条件去查询数据，返回 100003 和 100004 两条数据，与打印输出的数据一致。最后，切勿忘记关闭数据库连接！

虽然 MySQL 和 Oracle 同属于 Oracle 公司，但两者在数据库查询语句上还是略有不同的，有兴趣的读者可以查阅相关文档进行学习和比较。

12.2 日志

日志

日志是记录程序运行信息的文本，和飞机的黑匣子和航海日志一样，可以通过程序运行的日志信息判断程序的运行情况。特别是在碰到异常时，因为程序部署在服务器上不像本地一样可以通过运行发现问题，日志就成了至关重要的查错手段。

目前使用的日志中，Log4j 是比较稳定且常用的日志之一，它是 Apache 开源的一个项目。通过使用 Log4j，我们可以控制日志信息输送的目的地是控制台、文件、GUI 组件，甚至是套接口服务器、NT 的事件记录器、UNIX Syslog 守护进程等；也可以控制每一条日志的输出格式；通过定义每一条日志信息的级别，能够更加细致地控制日志的生成过程。Log4j 最大的特点之一就是可以通过配置修改日志打印的级别而不需要修改任何代码。

Log4j 的日志级别一般分为五种，分别是：DEBUG、INFO、WARN、ERROR 和 FATAL。日志的级别是为了协助相关人员快速查询对应的问题而设定的。

1. DEBUG 级别

DEBUG Level 指出的日志细粒度信息对于应用程序的调试是非常有帮助的，这些日志能够帮助开发者判断程序是否符合预期，这些日志一般只在程序开发和调试阶段使用。

2. INFO 级别

INFO level 表明消息在粗粒度级别上突出强调应用程序的运行过程。这类数据一般较为详细，能够帮助相关人员判断问题所在。

3. WARN 级别

WARN level 表明会出现潜在错误的情形。一般此类日志出现得比较少，也比较少用。

4. ERROR 级别

ERROR level 指出虽然发生错误事件，但仍然不影响系统的继续运行。此类信息会帮助开发者定位问题所在，判断该问题是否需要处理等。

5. FATAL 级别

FATAL level 指出每个严重的错误事件将会导致应用程序的退出。

Log4j 建议只使用四个级别，优先级从高到低分别是 ERROR、WARN、INFO、DEBUG。通过在这里定义的级别，可以控制到应用程序中相应级别的日志信息的开关。比如在这里定义了 INFO 级别，则应用程序中所有 DEBUG 级别的日志信息将不被打印出来，也就是说大于等于的级别的日志才输出。

Tips：

需要注意的是，Log4j 在多线程情况下会竞争 Logger 的锁，导致系统性能在高并发情况下吞吐量严重下降，而且，Apache 官网已经停止更新 Log4j 了，所以可以使用 Log4j2 或者 logback 等日志框架。

12.3 测试

测试

在程序开发的进程中，测试一直是一个无法规避且非常重要的模块。但是需要认识到的是，测试不一定能保证一个程序是完全正确的。但是，测试可以确保程序做了我们期望它做的事情，也能够使开发者尽早发现程序的不足和 BUG，在《快速软件开发》一书中引用的大量研究数据指出：最后才修改一个 BUG 的代价是它产生时就修改的代价的 10 倍！

12.3.1 JUnit 简介

在 Java 开发实践中，说到测试，大名鼎鼎的 JUnit 一定是所有程序员都熟知的回归测试框架，是单元测试中不可或缺的框架。JUnit 是一个开放源代码的 Java 测试框架，用于编写和运行可重复的测试。它是用于单元测试框架体系 xUnit 的一个实例（用于 Java 语言），包含以下特性。

- 用于测试期望结果的断言（Assertion）。
- 用于共享共同测试数据的测试工具。
- 用于方便地组织和运行测试套件。
- 图形和文本的测试运行器。

JUnit 属于白盒测试，程序员知道软件是如何完成相关功能的。在一般的项目中，JUnit 一般通过 MAVEN 工具进行版本管理，通过配置对应的仓库位置并设置对应应用域，可以让 JUnit 的 Jar 包和对应的单元测试内容不会被打包到生产包中，既方便了开发者的测试，也不会影响正式的程序发布。

12.3.2 功能测试及断言

JUnit 的强大之处在于它可以对测试期望结果进行断言，这使得测试案例可以自动运行、自行验证，它会告诉我们测试结果是否通过，而无须开发者和维护者自行判断结果是否正确。

使用 JUnit 进行单元测试需要导入测试必需的 JUnit 的 Jar 包，读者可自行下载或者使用源代码中提供的 Jar 包。其导入方式同 JDBC 驱动包的导入方式一样。

案例 12-4 简单的 JUnit 测试案例

文件 JunitDemo.java

```
public class JunitDemo {

    public int addDemo(int x, int y) {
        return x + y;
    }

    public int minus(int x, int y) {
        if ( x <= y) {
            return 0;
        }
        return x - y;
    }

    public int multi(int x, int y) {
        return x * y;
    }

    public int devide(int x, int y) {
        if (y == 0) {
            throw new IllegalArgumentException("IllegalArgument: y = " + y);
        }
        return x / y;
    }
}
```

文件 JunitDemoTest.java

```
public class JunitDemoTest {

    private static JunitDemo junit = new JunitDemo();

    @Test
    public void testAddDemo() {
        System.out.println("addDemo开始测试：");
        Assert.assertEquals(junit.addDemo(10, 3), 13);
        System.out.println("测试通过！");
    }

    @Test
    public void testMinus() {
        System.out.println("minus开始测试：");
```

```
        Assert.assertEquals(junit.minus(15, 2), 13);
        System.out.println("测试通过！");
    }

    @Test
    public void testMulti() {
        System.out.println("multi开始测试：");
        Assert.assertEquals(junit.multi(15, 2), 30);
        System.out.println("测试通过！");
    }

    @Test
    public void testDevide() {
        System.out.println("devide开始测试：");
        Assert.assertEquals(junit.devide(15, 3), 5);
        System.out.println("测试通过！");
    }

}
```

运行结果如图 12-10 所示。

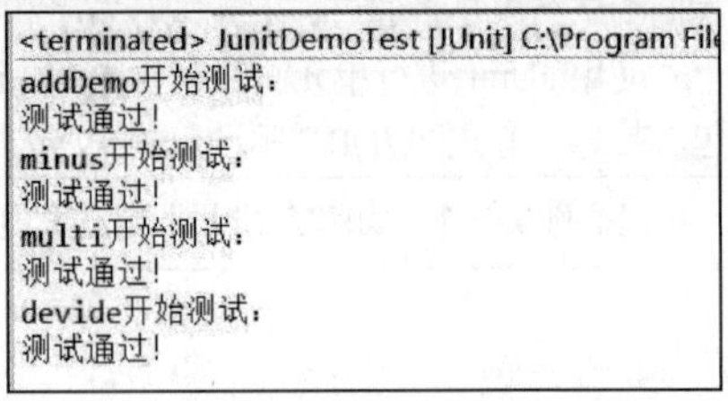

```
<terminated> JunitDemoTest [JUnit] C:\Program File
addDemo开始测试：
测试通过！
minus开始测试：
测试通过！
multi开始测试：
测试通过！
devide开始测试：
测试通过！
```

图 12-10 运行结果

在使用 JUnit 测试方法和接口时，需要使用@Test 注解标记该方法是一个 JUnit 测试案例。为了便于直观地查看测试是否成功，Eclipse 提供了一个 JUnit 的页签专门用于查看测试方法是否正确运行，其显示结果如图 12-11 所示。

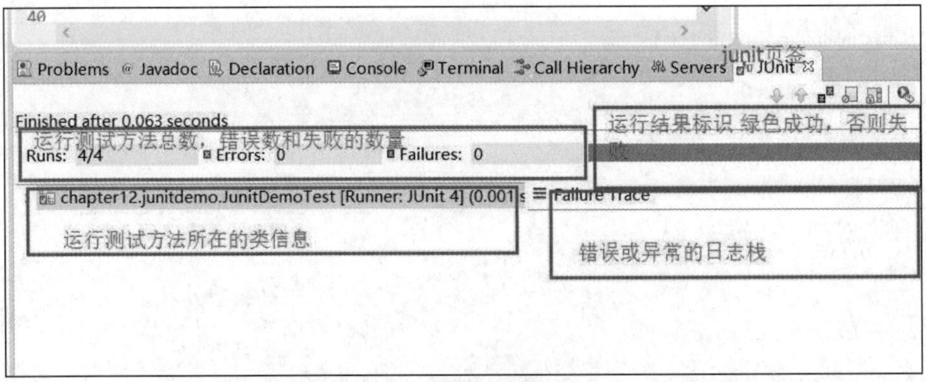

图 12-11 JUnit 页签的指标及含义

为了便于测试，JUnit 提供了丰富的注解，包括@BeforeClass、@Before、@After 和@AfterClass 等。其中@BeforeClass 和@AfterClass 是当该类开始运行时都会执行的初始化模块和资源释放模块等，在每次类执行时只会执行一次的方法。@Before 和@After 与@BeforeClass 和@AfterClass 不同的地方是这两个方法在每一个方法运行的时候都会执行，如果一次测试同时运行了 3 个测试方法，那么@Before 和@After 注解注释的方法会分别执行 3 次。

案例 12-5 JUnit 的注解

文件 JunitDemoTest2.java

```
public class JunitDemoTest2 {

    private static JunitDemo junit = new JunitDemo();

    @BeforeClass
    public static void init() {
        System.out.println("开始运行JUnit测试案例：");
        System.out.println("******************************");
```

```
    }

    @AfterClass
    public static void destroy() {
        System.out.println("******************************");
        System.out.println("完成一次JUnit测试案例测试！");
    }

    @Before
    public void beginTest() {
        System.out.println(" **** 开始一个新的测试方法的运行 **** ");
    }

    @After
    public void endTest() {
        System.out.println(" **** 结束一个测试方法的运行 **** ");
    }

    @Test
    public void testAddDemo() {
        System.out.println("addDemo开始测试：");
        Assert.assertEquals(junit.addDemo(10, 3), 13);
        System.out.println("测试通过！");
    }

    @Test
    public void testMinus() {
        System.out.println("minus开始测试：");
        Assert.assertEquals(junit.minus(15, 2), 13);
        System.out.println("测试通过！");
    }

    @Test
    public void testMulti() {
        System.out.println("multi开始测试：");
        Assert.assertEquals(junit.multi(15, 2), 30);
        System.out.println("测试通过！");
    }

    @Test
    public void testDevide() {
        System.out.println("devide开始测试：");
        Assert.assertEquals(junit.devide(15, 3), 5);
        System.out.println("测试通过！");
    }

}
```

运行结果如图 12-12 和图 12-13 所示。

```
<terminated> JunitDemoTest2.testAddDemo [JUnit] C:\Program File
开始运行JUnit测试案例：
******************************
 **** 开始一个新的测试方法的运行 ****
addDemo开始测试：
测试通过！
 **** 结束一个测试方法的运行 ****
******************************
完成一次JUnit测试案例测试！
```

图 12-12 运行结果

```
<terminated> JunitDemoTest2 [JUnit] C:\Program Files\Java\jdk1.8.0_111\
开始运行JUnit测试案例：
******************************
 **** 开始一个新的测试方法的运行 ****
addDemo开始测试：
测试通过！
 **** 结束一个测试方法的运行 ****
 **** 开始一个新的测试方法的运行 ****
minus开始测试：
测试通过！
 **** 结束一个测试方法的运行 ****
 **** 开始一个新的测试方法的运行 ****
multi开始测试：
测试通过！
 **** 结束一个测试方法的运行 ****
 **** 开始一个新的测试方法的运行 ****
devide开始测试：
测试通过！
 **** 结束一个测试方法的运行 ****
******************************
完成一次JUnit测试案例测试！
```

图 12-13　运行结果

通过该案例可以发现@BeforeClass 和@Before 的异同点。首先，@BeforeClass 注解的方法必须是 static 修饰的；其次，该注解注释的方法只在每次执行该类的测试方法时运行一次，而@Before 注解的方法不需要使用 static 修饰，该方法会在测试类运行过程中每次调用一个方法前执行一次该方法。

有些读者在运行该案例时，会遇到 JUnit 页签抛出 initializationError 错误的情况，这是因为没有导入 hamcrest-core-1.3.jar 这个 Jar 包导致的，其错误如图 12-14 所示。导入后运行正常。

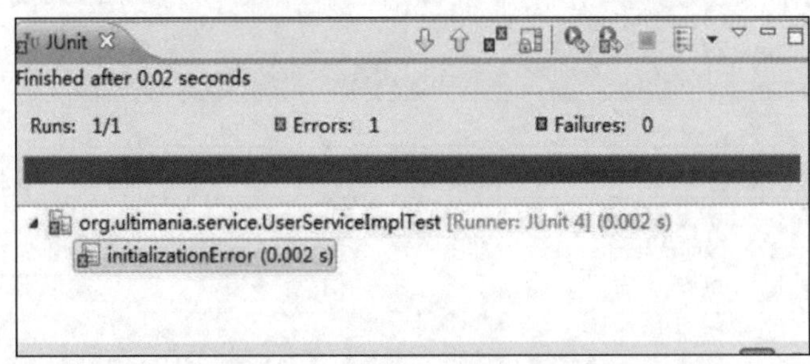

图 12-14　initializationError 异常

JUnit 还有@RunWith 注解，放在测试类名之前，用来确定这个类如何运行，也可以不使用该注解，使用默认的运行器，该注解可以和@SuiteClasses 注解一同使用，配合测试集功能。有兴趣的读者可以通过其他方式深入了解，因篇幅原因此处不再赘述。

12.4　事务

事务

Java 中的事务主要是指数据库的事务。数据库事务（Database Transaction）是指作为单个逻辑工作单元执行的一系列操作，要么完全地执行，要么完全地不执行。

一个逻辑单元如果要成为事务，必须满足所谓的 ACID 属性，即原子性、一致性、隔离性和持久性。

1. 原子性（Atomic）

事务必须是原子工作单元，对于其数据修改，要么全都执行，要么全都不执行。如果系统只执行这些操作的一个子集，就会破坏事务的总体目标，原子性消除了系统只处理子集的可能性。

2. 一致性（Consistent）

事务在完成时，必须使所有的数据都保持一致状态。在相关数据库中，所有规则都必须应用于事务的修改，以保持所有数据的完整性。事务结束时，所有的内部数据结构（如 B 树索引或双向链表）都必须是正确的。这些操作需要开发者强制空置已知的完整性约束。

3. 隔离性（Insulation）

由并发事务所作的修改必须与任何其他并发事务所作的修改隔离。事务查看数据时数据所处的状态，要么是另一并发事务修改它之前的状态，要么是另一并发事务修改它之后的状态，事务不会查看中间状态的数据。这称为隔离性，因为它能够重新装载起始数据，并且重播一系列事务，以使数据结束时的状态与原始事务执行的状态相同。

需要注意的是，执行一组事务获得的结果与单个执行每个事务所获得的结果是相同的，但事务的高度隔离会限制可执行的事务的数量。所以，对于一些场景，事务需要降低隔离级别或者将事务拆分成更小的事务单元以提升系统的吞吐量。

4. 持久性（Duration）

事务完成之后，它对于系统的影响是永久性的。该修改即使出现致命的系统故障也将一直保持。

事务分为本地事务和分布式事务，相较于分布式事务，本地事务比较简单，只需要设置对应的事务单元然后统一提交即可。

为模拟事务模型，我们使用转账模型进行模拟。假设有两个账户——张三账户和李四账户，张三账户向李四账户转账 100 元，则只有在张三账户余额减少 100 元且李四账户余额增加 100 元时，才认为转账业务成功。

案例 12-6　本地事务

文件 TransferDemo.java

```
package chapter12.transactiondemo;

import java.sql.Connection;
import java.sql.DriverManager;
import java.sql.PreparedStatement;
import java.sql.ResultSet;
import java.sql.SQLException;
import java.sql.Statement;

public class TransferDemo {

    // 定义一个Connection对象
    private Connection conn = null;
    private Statement st = null;

    public static void main(String[] args) {
        // 创建事务模型
        TransferDemo td = new TransferDemo();

        // 创建相关表并初始化数据
        td.createTableAndInsert();

        // 查看账户及余额
        td.getAccountBalance();

        // 调用转账模型
        td.transferDemo();

        // 查看账户及余额
        td.getAccountBalance();

        // 释放资源
        td.destroy();
    }

    // 转账事务模型
    public void transferDemo() {
```

```
            // 假设张三向李四转账500元，只有在张三账户减少500元，
            // 并且李四账户增加500元时生效，更新语句如下
            String sqlZS = "update account a set a.balance = a.balance - 500 where a.account = '6225001013452310'";
            String sqlLS = "update account b set b.balance = b.balance + 500 where b.account = '6225001013455700'";

            // 执行转账操作
            try {
                System.out.println("进入转账流程：");
                st.execute(sqlZS);

                // 手动抛出一个异常
                  String str = null;
                  str = str.substring(str.indexOf("_"));

                st.execute(sqlLS);

                conn.commit(); // 转账成功，则提交事务
                System.out.println("转账成功！");
            } catch (SQLException e) {
                try {
                    // 一旦产生异常，则回滚数据库
                    conn.rollback();
                } catch (SQLException e1) {
                    e1.printStackTrace();
                }
                e.printStackTrace();
            } catch (Exception e1) {
                e1.printStackTrace();
            }
        }

        // 获取当前账户余额情况
        public void getAccountBalance() {

            Connection conn1 = null;
            // 查看两者账户的余额
            String sqlQuery = "select a.owner,a.balance from account a where a.account in ('6225001013455700',
'6225001013452310')";

            // 创建ResultSet对象查看详情
            // 查询两者账户余额情况
            PreparedStatement ps = null;
            ResultSet rs = null;
            try {
                // 获取一个新的数据库连接，并且将自动提交设置为false
                conn1 = getConnection();
                conn1.setAutoCommit(false);

                ps = conn1.prepareStatement(sqlQuery);
                // 获取查询结果
                rs = ps.executeQuery();
                while (rs.next()) {
                    System.out.println("账户：" + rs.getString("owner") + "；余额：" + rs.getString("balance"));
                }
            } catch (SQLException e) {

                e.printStackTrace();
            } catch (Exception e1) {
                e1.printStackTrace();
            } finally {
                // 代码片段处理结束，无论成功还是失败，都释放数据库资源
```

```
                if (null != rs) {
                    try {
                        rs.close();
                    } catch (SQLException e) {
                        e.printStackTrace();
                    }
                }
                if (null != ps) {
                    try {
                        ps.close();
                    } catch (SQLException e) {
                        e.printStackTrace();
                    }
                }
                if (null != conn1) {
                    try {
                        conn1.close();
                    } catch (SQLException e) {
                        e.printStackTrace();
                    }
                }

            }
        }

        // 创建一个账户表，并插入两条数据以供使用
        public void createTableAndInsert() {
            System.out.println("进入表创建及数据初始化步骤：");
            // 如果存在该表，则删除
            String sqlDel = "drop table if exists account";
            // 创建account表
            String sqlCreate = "create table account (account varchar(20) primary key, "
                    + "owner varchar(40), balance int , input_date varchar(10), input_time varchar(19), "
                    + "last_update_date varchar(10),last_update_time varchar(19))";
            // 插入一条数据 zhangsan
            String sqlInsertZS = "INSERT INTO `jdbc`.`account` (`account`, `owner`, `balance`, `input_date`,"
                    + " `input_time`, `last_update_date`, `last_update_time`) VALUES ('6225001013452310', "
                    + "'zhangsan', '5000', '2017-07-01', '2017-07-01 10:32:12', '2017-07-01', "
                    + "'2017-07-01 10:32:12')";
            // 插入一条数据 lisi
            String sqlInserLS = "INSERT INTO `jdbc`.`account` (`account`, `owner`, `balance`, `input_date`, "
                    + "`input_time`, `last_update_date`, `last_update_time`) VALUES ('6225001013455700', "
                    + "'lisi', '3000', '2017-07-01', '2017-07-01 10:32:12', '2017-07-01', "
                    + "'2017-07-01 10:32:12')";

            try {
                // 首先，使用jdbc数据库
                st.execute("use jdbc");
                // 如果表存在，则删除
                st.execute(sqlDel);
                // 创建表
                st.execute(sqlCreate);

                // 插入数据
                st.execute(sqlInsertZS);
                st.execute(sqlInserLS);

                conn.commit();
            } catch (SQLException e) {
                // 如果产生错误，则回滚
                try {
```

```
                conn.rollback();
            } catch (SQLException e1) {
                e1.printStackTrace();
            }
            e.printStackTrace();
        }
        System.out.println("表及数据初始化工作完成！");
    }

    // 构造方法
    public TransferDemo() {
        // 初始化数据库连接
        System.out.println("数据库连接初始化开始：");
        init();
        System.out.println("数据库连接初始化结束！");
    }

    // 初始化方法，用于初始化连接
    public void init() {
        // 如果数据库连接已经被初始化了，则直接返回
        if (null != conn) {
            if (null == st) { // 如果Statement对象没有被创建，则创建之
                try {
                    // 创建Statement对象
                    st = conn.createStatement();
                } catch (SQLException e) {
                    e.printStackTrace();
                }
            }
            return ;
        }
        // 数据库连接未被初始化，进行初始化
        try {
            // 初始化数据库连接
            conn = getConnection();
            conn.setAutoCommit(false);
            // 初始化Statement连接
            st = conn.createStatement();
        } catch (Exception e) {
            e.printStackTrace();
        }
    }

    // 销毁方法，用于关闭数据库连接，释放资源
    public void destroy() {
        // 如果Statement连接没有被关闭，则关闭之
        if (null != st) {
            try {
                st.close();
            } catch (SQLException e) {
                e.printStackTrace();
            }
        }
        // 如果数据库的Connection连接没有被关闭，则关闭之
        if (null != conn) {
            try {
                conn.close();
            } catch (SQLException e) {
                e.printStackTrace();
            }
```

```
            }
        }

        // 获取数据库连接
        public Connection getConnection() throws Exception {

            // 数据库驱动的url，其模式是：jdbc:MySQL://[ip]:[port]/[databaseName][?参数名1][=参数值1][&参数名2][=
参数值2]...
            String url = "jdbc:MySQL://localhost:3306/jdbc?characterEncoding=utf8&useSSL=true";
            // 此处使用root用户进行连接
            String user = "root";
            // 数据库的密码
            String pwd = "123456";

            // 数据库连接对象
            Connection conn = null;
            try {
                // 使用DriverManager获取一个数据库连接
                conn = DriverManager.getConnection(url, user, pwd);

                // 返回数据库连接
                return conn;
            } catch (SQLException e) {
                e.printStackTrace();
            }
            return null;
        }
    }
```

运行结果如图 12-15 所示。

```
<terminated> TransferDemo [Java Application] C:\Program Files\Java
数据库连接初始化开始：
数据库连接初始化结束！
进入表创建及数据初始化步骤：
表及数据初始化工作完成！
账户：zhangsan ; 余额：5000
账户：lisi ; 余额：3000
进入转账流程：
转账成功！
账户：zhangsan ; 余额：4500
账户：lisi ; 余额：3500
```

图 12-15　运行结果

从运行结果可以看出，事务是正常完成的。为了模拟出错的情况，在转账的步骤还未提交前手动抛出一个错误，查看运行结果。

```
    // 转账事务模型
    public void transferDemo() {
        // 假设张三向李四转账500元，只有在张三账户减少500元，
        // 并且李四账户增加500元时生效，更新语句如下
        String sqlZS = "update account a set a.balance = a.balance - 500 where a.account = '6225001013452310'";
        String sqlLS = "update account b set b.balance = b.balance + 500 where b.account = '6225001013455700'";

        // 执行转账操作
        try {
            System.out.println("进入转账流程：");
            st.execute(sqlZS);

            // 手动抛出一个异常
            String str = null;
            str = str.substring(str.indexOf("_"));
```

```
            st.execute(sqlLS);

            conn.commit(); // 转账成功，则提交事务
            System.out.println("转账成功！");
        } catch (SQLException e) {
            try {
                // 一旦产生异常，则回滚数据库
                conn.rollback();
            } catch (SQLException e1) {
                e1.printStackTrace();
            }
            e.printStackTrace();
        } catch (Exception e1) {
            e1.printStackTrace();
        }
    }
```

为了验证事务的有效性，在转账方法中手动抛出一个空指针异常，经运行，程序的运行结果如图 12-16 所示。

```
<terminated> TransferDemo [Java Application] C:\Program Files\Java\jdk1.8.0_111\bin\javaw.exe (2017年
数据库连接初始化开始：
数据库连接初始化结束！
进入表创建及数据初始化步骤：
表及数据初始化工作完成！
账户：zhangsan ; 余额：5000
账户：lisi ; 余额：3000
进入转账流程：
java.lang.NullPointerException
	at chapter12.transactiondemo.TransferDemo.transferDemo(TransferDemo.java:50)
	at chapter12.transactiondemo.TransferDemo.main(TransferDemo.java:27)
账户：zhangsan ; 余额：5000
账户：lisi ; 余额：3000
```

图 12-16　运行结果

通过运行结果可以看出，当异常抛出时，对张三账户的数据修改没有生效，对李四账户的数据修改也没有生效，符合数据修改的事务特性。

12.5　简易网上银行系统

简易网上银行系统是具有账户查询、账户存取款和转账业务的简单网上自主银行。该系统有用户登录系统和账户操作系统，其中用户登录系统有用户注册和用户登录两个模块，账户操作系统则有账户查询、账户存取款和账户转账业务模块，每个模块负责一个功能，共同组成一个简易的网上自主银行系统。因篇幅原因，本书只完成用户登录系统，读者可以模仿完成账户操作系统，其中有关转账的事务控制可以参考 12.5.3 节的样例。

简易网上银行系统

12.5.1　基础项目搭建

为了开发 Web 项目，必要的软件安装和准备工作必不可少，前期准备完成之后，就需要进行项目搭建了。本次项目搭建需要使用到的软件有：Java 开发环境、Eclipse 开发工具和 Tomcat Web 项目发布程序。其中 Java 开发环境和 Eclipse 开发工具读者都已经安装并使用过了。下面我们大致讲解一下 Tomcat 工具。

1. Tomcat Web 应用服务器

Tomcat 最初是由 Sun 公司的软件架构师詹姆斯·邓肯·戴维森开发的，后来他帮助将其变为开源项目，并由 Sun 公司贡献给 Apache 软件基金会。它是一个免费的开放源代码的 Web 应用服务器，属于轻量级应用服务器，在中小型系统和并发访问用户不是很多的场合下被普遍使用，是开发和调试 JSP 程序的首选。当然随着技术的发展，目前主流的网站已经很少使用 JSP 技术开发 Web 项目了，只因其性能不如 HTML 强。

Tomcat 是免安装的，只需要在 Tomcat 官网下载对应的 zip 包，解压到本地目录并添加到 Eclipse 中去即可。

读者可以在 Tomcat 官网下载最新版本，下载后解压到固定目录下，打开 Eclipse 开发工具，选择工具栏上的 Window 菜单下的 Preferences 选项，如图 12-17 所示。

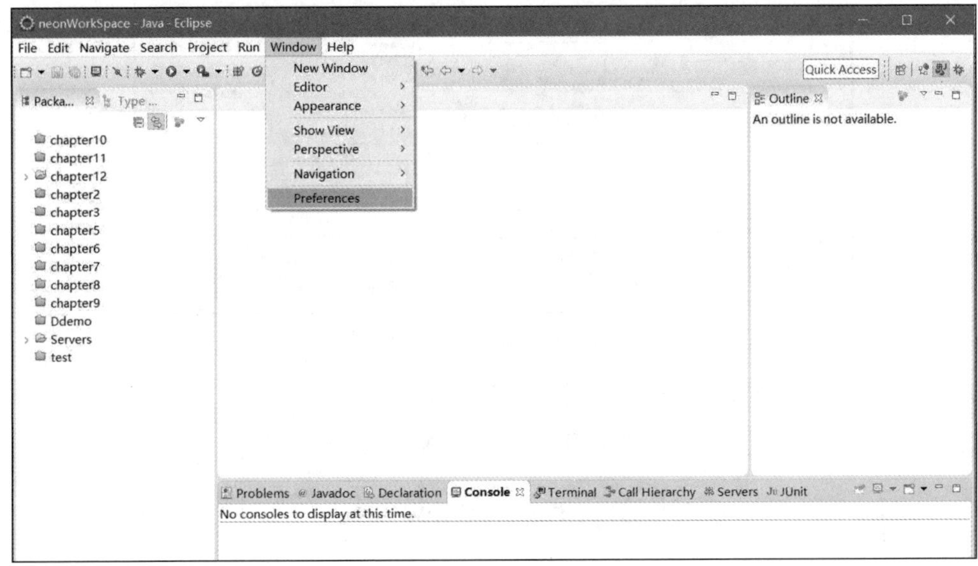

图 12-17　打开首选项

在弹出的 Eclipse 首选项对话框中，首先找到“Server”，然后找到其下的“Runtime Environment”选项并单击，弹出服务器配置对话框，如图 12-18 所示。

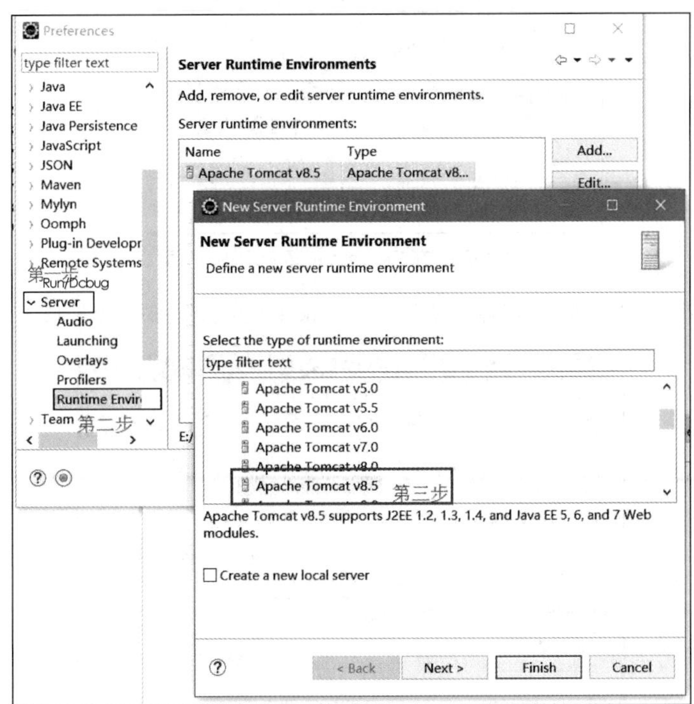

图 12-18　服务器配置对话框

单击“Next”按钮，会弹出具体的服务器配置对话框，单击“确定”按钮，完成 Tomcat 的配置工作。如图 12-19 所示。

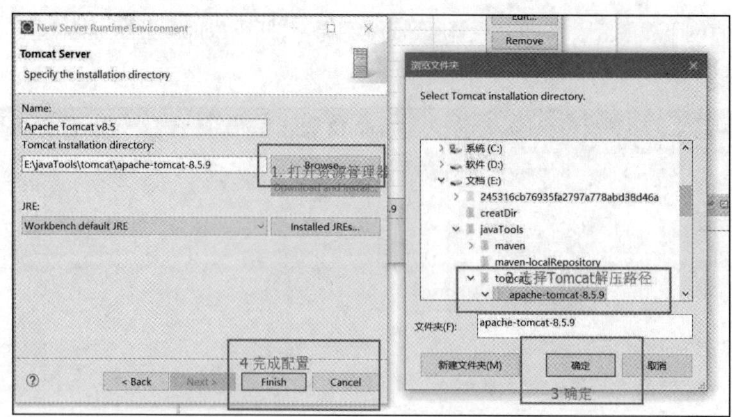

图 12-19　配置 Tomcat 服务器

完成配置之后，在 Eclipse 工具的 Servers 视图下添加服务器，如图 12-20 所示。

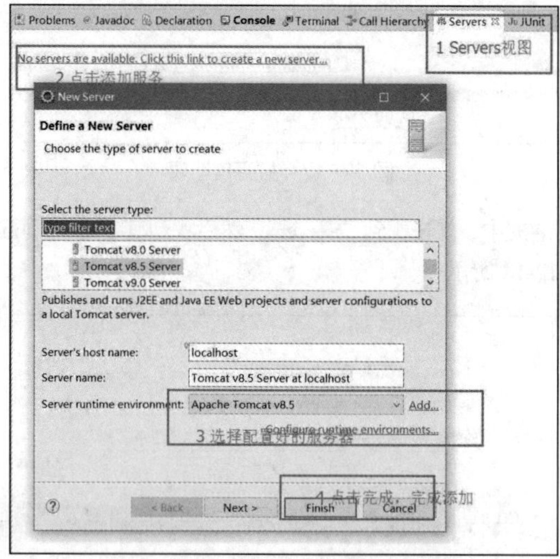

图 12-20　在 Servers 视图下添加服务器

完成添加之后，就可以看到 Servers 视图下有了一个 Tomcat 服务器的标识，如图 12-21 所示。

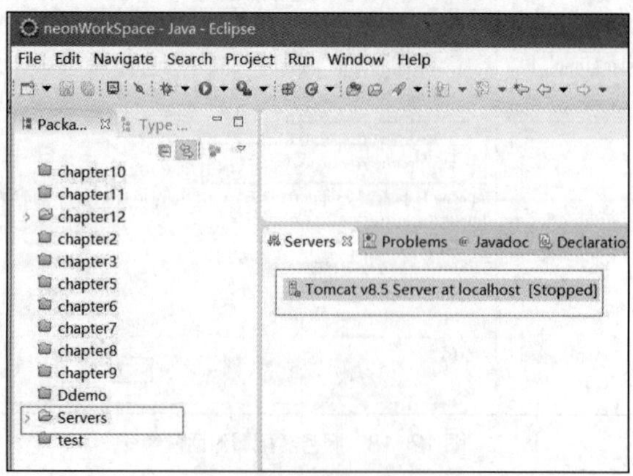

图 12-21　完成服务器配置

至此，Tomcat 的准备工作就完成了。需要注意一些 Tomcat 的配置，例如监听端口号等，因为 Tomcat 默认使用 8080 端口，而这个端口会被 Oracle 数据服务器占用。所以，如果读者使用的是 Oracle 数据库，可以将 Tomcat 的端口修改成 8181。具体修改在 Package 视图下的 Servers 中进行，其修改方式如图 12-22 所示。

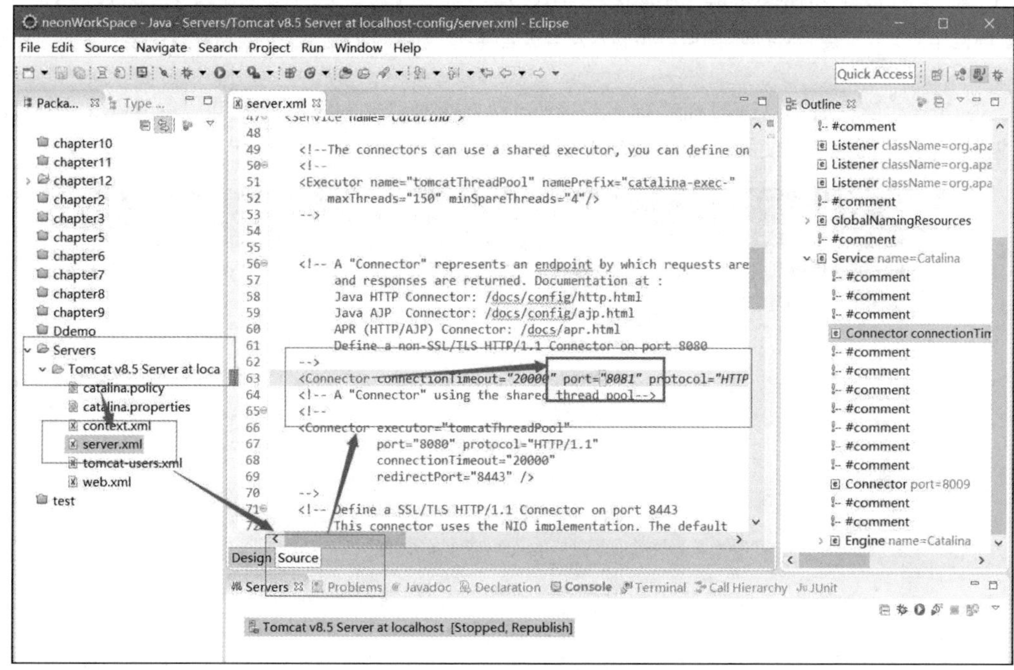

图 12-22　配置 Tomcat 监听端口

至此就可以使用 Tomcat 服务器了，读者可以在 CSDN 网站下载"解决 Eclipse Neon 无法使用 Tomcat 的插件"，放到 Eclipse 下的 dropins 目录，本书使用的是 Eclipse neon 4.6.1 版本。

配置完成后，单击启动按钮，启动 Tomcat 服务器，无报错启动完成后，在浏览器中输入"http://local host:8080"访问 Tomcat，显示页面如图 12-23 所示，表示服务器已经正确配置完成。

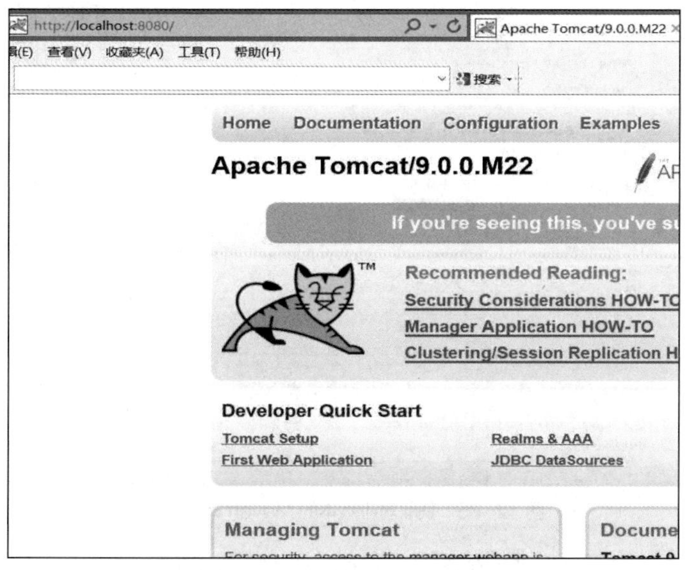

图 12-23　访问 Tomcat 服务器

2. Maven

Maven 项目对象模型（POM），可以通过一小段描述信息来管理项目的构建，是管理报告和文档的软件项目管理工具。

Java 最大的优势是它有丰富的第三方库资源，但这也是它的问题所在，因为版本和继承关系问题，Java 中 Jar 包的管理也非常令人头疼，Maven 则可以帮助开发者去管理项目中的 Jar 包。当然，Maven 也能很方便地管理项目报告、生成站点等。

Maven 会自动管理 Jar 包，只需要知道 Jar 的位置即可，如有需要对应的 Jar 包信息，可以在 MVNREPOSITORY 网站中查找对应的 Jar 包。其使用方式如图 12-24 和图 12-25 所示。

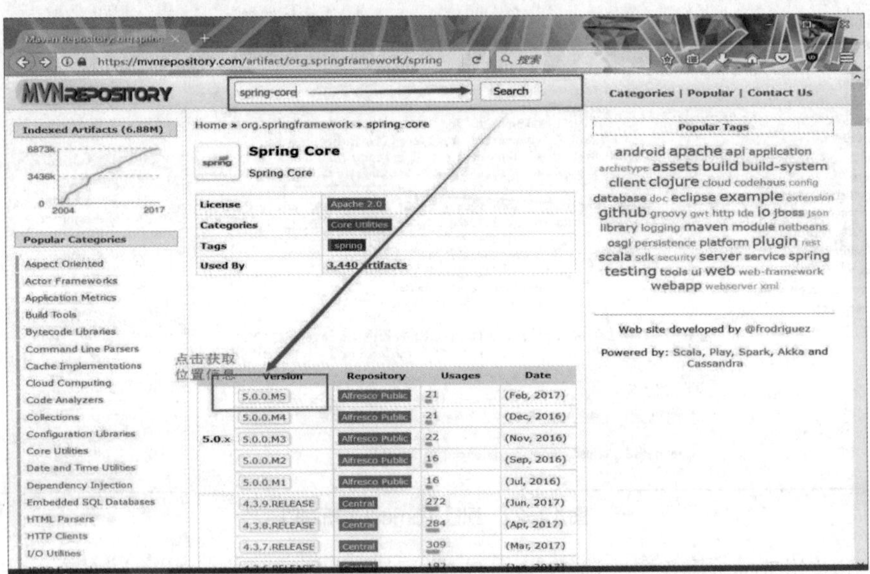

图 12-24 使用关键字搜索 Jar 包

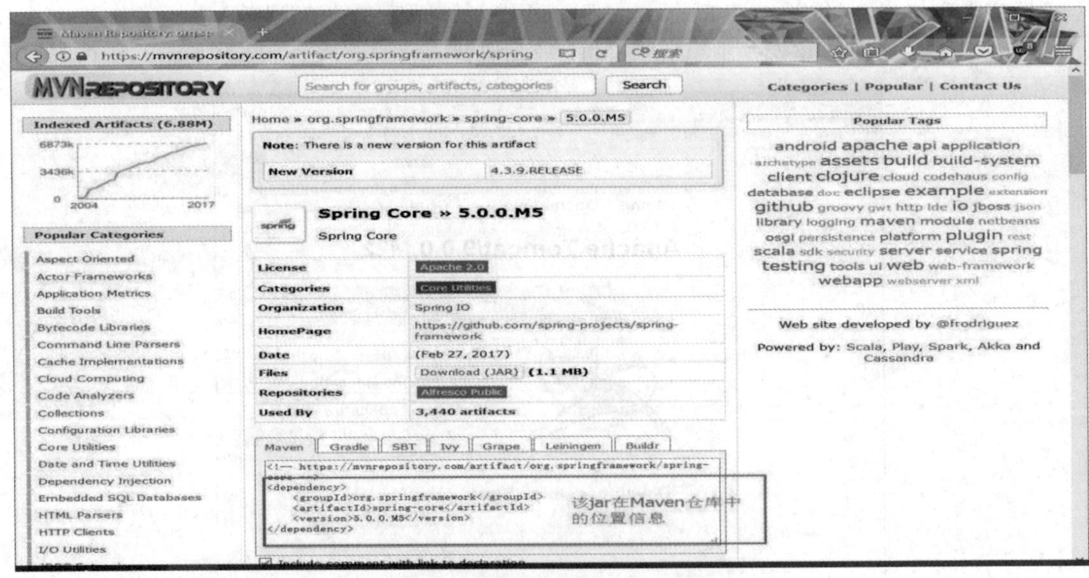

图 12-25 获取对应版本的 Maven 地址信息

对 Maven 感兴趣的读者可以自行查阅相关资料进行学习，此处仅作介绍。为了让后续的设计能够进行，此处将使用 Maven 作为构建工具，并使用 Spring 作为系统框架，创建一个空白项目。

首先要创建一个 Maven 的 Webapp 项目，其步骤如图 12-26～图 12-29 所示。

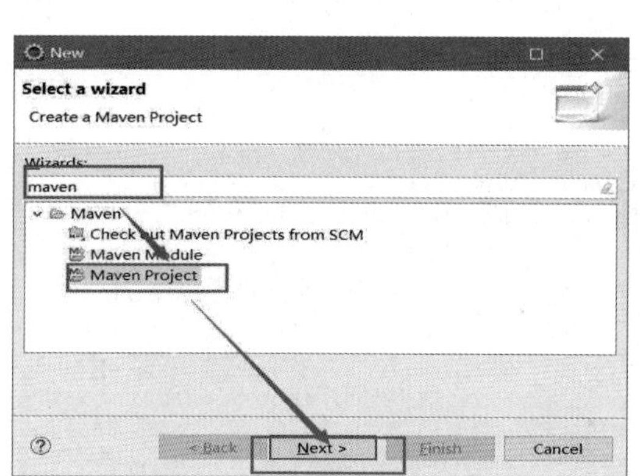

图 12-26 创建 Maven 工程 1

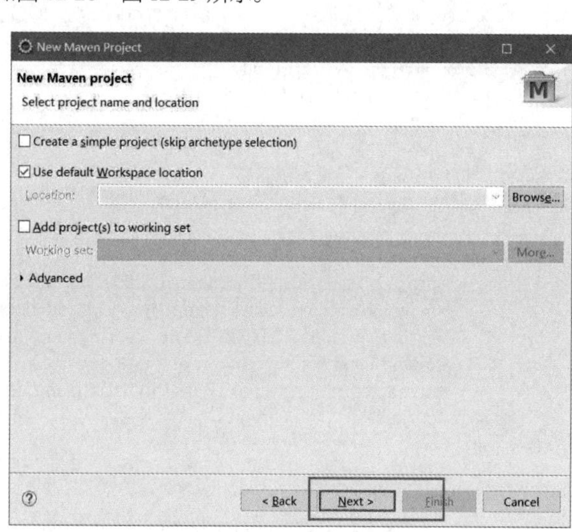

图 12-27 创建 Maven 工程 2

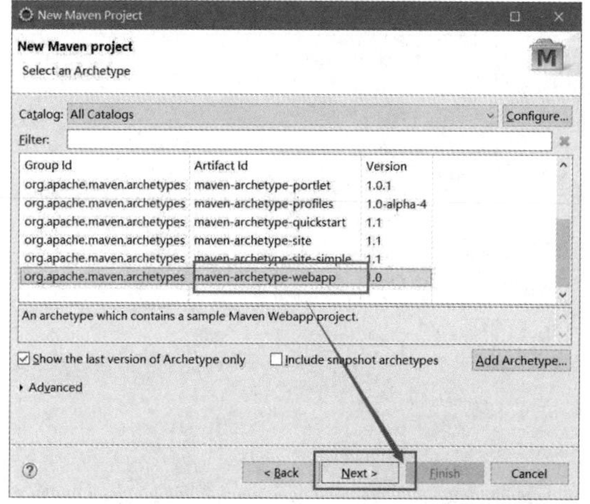

图 12-28 创建 Maven 工程，选择 Webapp 骨架

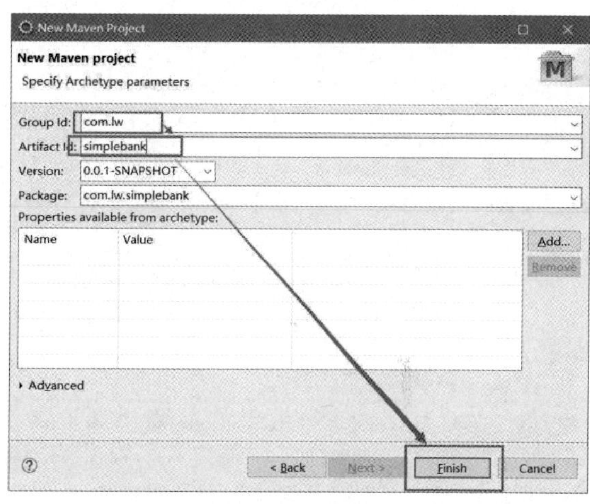

图 12-29 配置对应信息，完成创建

完成配置之后，项目的骨架如图 12-30 所示。

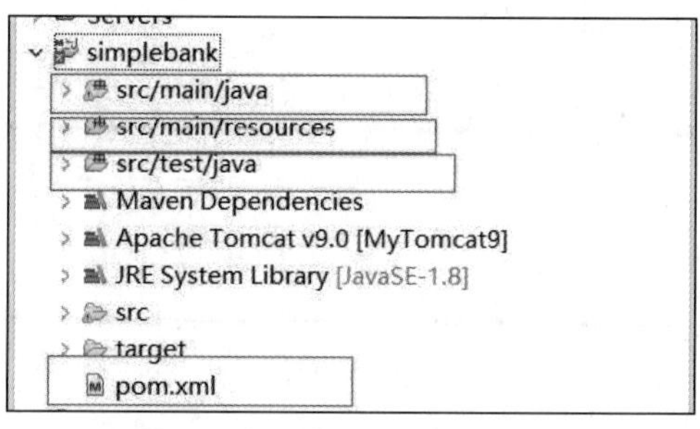

图 12-30 Maven 工程项目骨架

创建完成之后，需要进行相应的配置即可使用该项目进行开发了。首先，配置 pom.xml，完成项目的 Jar 包导入，其配置如下。

```
<project    xmlns="http://maven.apache.org/POM/4.0.0"    xmlns:xsi="http://www.w3.org/2001/XMLSchema-
```

```
instance"
        xsi:schemaLocation="http://maven.apache.org/POM/4.0.0 http://maven.apache.org/maven-v4_0_0.xsd">
        <modelVersion>4.0.0</modelVersion>
        <groupId>com.lw</groupId>
        <artifactId>simplebank</artifactId>
        <packaging>war</packaging>
        <version>0.0.1-SNAPSHOT</version>
        <name>simplebank Maven Webapp</name>
        <url>http://maven.apache.org</url>

        <properties>
            <project.build.sourceEncoding>UTF-8</project.build.sourceEncoding>
            <maven.build.timestamp.format>yyyyMMddHHmmss</maven.build.timestamp.format>
            <spring.version>4.3.9.RELEASE</spring.version>
            <mybatis.version>3.1.1</mybatis.version>
            <mybatisspring.version>1.1.1</mybatisspring.version>
        </properties>

        <dependencies>
            <dependency>
                <groupId>org.springframework</groupId>
                <artifactId>spring-core</artifactId>
                <version>${spring.version}</version>
            </dependency>
            <dependency>
                <groupId>org.springframework</groupId>
                <artifactId>spring-Webmvc</artifactId>
                <version>${spring.version}</version>
            </dependency>
            <dependency>
                <groupId>org.springframework</groupId>
                <artifactId>spring-test</artifactId>
                <version>${spring.version}</version>
            </dependency>
            <dependency>
                <groupId>org.mybatis</groupId>
                <artifactId>mybatis</artifactId>
                <version>${mybatis.version}</version>
            </dependency>
            <dependency>
                <groupId>org.mybatis</groupId>
                <artifactId>mybatis-spring</artifactId>
                <version>${mybatisspring.version}</version>
            </dependency>
              <dependency>
                  <groupId>mysql</groupId>
                  <artifactId>mysql-connector-java</artifactId>
                  <version>6.0.6</version>
              </dependency>
            <dependency>
                <groupId>junit</groupId>
                <artifactId>junit</artifactId>
                <version>4.12</version>
                <scope>test</scope>
            </dependency>
            <dependency>
                <groupId>c3p0</groupId>
                <artifactId>c3p0</artifactId>
                <version>0.9.1.2</version>
            </dependency>
            <dependency>
```

```
            <groupId>javax.servlet</groupId>
            <artifactId>servlet-api</artifactId>
            <version>3.0-alpha-1</version>
            <scope>provided</scope>
        </dependency>
        <dependency>
            <groupId>javax.servlet.jsp</groupId>
            <artifactId>jsp-api</artifactId>
            <version>2.2</version>
            <scope>provided</scope>
        </dependency>
        <dependency>
                <groupId>javax.servlet</groupId>
                <artifactId>jstl</artifactId>
                <version>1.2</version>
          </dependency>
          <dependency>
                <groupId>jsptags</groupId>
                <artifactId>pager-taglib</artifactId>
                <version>2.0</version>
                <scope>provided</scope>
          </dependency>
        <dependency>
            <groupId>commons-lang</groupId>
            <artifactId>commons-lang</artifactId>
            <version>2.6</version>
        </dependency>
        <dependency>
            <groupId>commons-codec</groupId>
            <artifactId>commons-codec</artifactId>
            <version>1.10</version>
        </dependency>
        <dependency>
            <groupId>org.apache.httpcomponents</groupId>
            <artifactId>httpclient</artifactId>
            <version>4.5</version>
        </dependency>
        <dependency>
            <groupId>org.slf4j</groupId>
            <artifactId>slf4j-api</artifactId>
            <version>1.7.10</version>
        </dependency>
        <dependency>
            <groupId>log4j</groupId>
            <artifactId>log4j</artifactId>
            <version>1.2.17</version>
        </dependency>
        <dependency>
            <groupId>com.alibaba</groupId>
            <artifactId>fastjson</artifactId>
            <version>1.1.41</version>
        </dependency>
        <dependency>
            <groupId>org.codehaus.jackson</groupId>
            <artifactId>jackson-mapper-asl</artifactId>
            <version>1.9.13</version>
        </dependency>
        <dependency>
                    <groupId>org.mybatis.generator</groupId>
              <artifactId>mybatis-generator-core</artifactId>
              <version>1.3.5</version>
```

```
        </dependency>
            <dependency>
        <groupId>com.fasterxml.jackson.core</groupId>
        <artifactId>jackson-databind</artifactId>
        <version>2.7.4</version>
    </dependency>
    <dependency>
        <groupId>com.fasterxml.jackson.core</groupId>
        <artifactId>jackson-core</artifactId>
        <version>2.7.4</version>
    </dependency>
    <dependency>
        <groupId>com.fasterxml.jackson.core</groupId>
        <artifactId>jackson-annotations</artifactId>
        <version>2.7.4</version>
    </dependency>
    <dependency>
        <groupId>commons-io</groupId>
        <artifactId>commons-io</artifactId>
        <version>1.3.2</version>
    </dependency>
    <dependency>
        <groupId>commons-fileupload</groupId>
        <artifactId>commons-fileupload</artifactId>
        <version>1.2.1</version>
    </dependency>

    </dependencies>

    <build>
        <plugins>
            <plugin>
                <artifactId>maven-compiler-plugin</artifactId>
                <version>2.3.2</version>
                <configuration>
                    <source>1.8</source>
                    <target>1.8</target>
                </configuration>
            </plugin>
            <plugin>
                <artifactId>maven-war-plugin</artifactId>
                <version>2.2</version>
                <configuration>
                    <version>3.0</version>
                    <failOnMissingWebXml>false</failOnMissingWebXml>
                </configuration>
            </plugin>
        </plugins>
        <resources>
            <resource>
                <directory>src/main/java</directory>
                <includes>
                    <include>**/*.xml</include>
                </includes>
                <filtering>false</filtering>
            </resource>
        </resources>
        <finalName>simple-bank</finalName>
    </build>
</project>
```

这里本地的 Maven 镜像使用的是阿里巴巴提供的 Maven 仓库，该项配置在 Maven 的 settings.xml 中配置添加即可。

```
<mirror>
        <id>alimaven</id>
          <name>aliyun maven</name>
          <url>http://maven.aliyun.com/nexus/content/groups/public/</url>
        <mirrorOf>central</mirrorOf>
</mirror>
```

如果读者想使用其他的 Maven 仓库，可以根据自己的实际情况进行配置。配置之后，添加 Spring 的对应配置文件，因配置 Spring 会用到一些配置的数据，此处首先配置 log4j 和 jdbc 对应的配置文件。我们先来配置 log4j.properties 配置文件。

```
log4j.rootLogger=info, console, debug, app, error

###Console ###
log4j.appender.console = org.apache.log4j.ConsoleAppender
log4j.appender.console.Target = System.out
log4j.appender.console.layout = org.apache.log4j.PatternLayout
log4j.appender.console.layout.ConversionPattern = %d %p[%C:%L]- %m%n

### debug ###
log4j.appender.debug = org.apache.log4j.DailyRollingFileAppender
log4j.appender.debug.File = log/debug.log
log4j.appender.debug.Append = true
log4j.appender.debug.Threshold = DEBUG
log4j.appender.debug.DatePattern='.'yyyy-MM-dd
log4j.appender.debug.layout = org.apache.log4j.PatternLayout
log4j.appender.debug.layout.ConversionPattern = %d %p[%c:%L] - %m%n

### app ###
log4j.appender.app = org.apache.log4j.DailyRollingFileAppender
log4j.appender.app.File = log/app.log
log4j.appender.app.Append = true
log4j.appender.app.Threshold = INFO
log4j.appender.app.DatePattern='.'yyyy-MM-dd
log4j.appender.app.layout = org.apache.log4j.PatternLayout
log4j.appender.app.layout.ConversionPattern = %d %p[%c:%L] - %m%n

### Error ###
log4j.appender.error = org.apache.log4j.DailyRollingFileAppender
log4j.appender.error.File = log/error.log
log4j.appender.error.Append = true
log4j.appender.error.Threshold = ERROR
log4j.appender.error.DatePattern='.'yyyy-MM-dd
log4j.appender.error.layout = org.apache.log4j.PatternLayout
log4j.appender.error.layout.ConversionPattern =%d %p[%c:%L] - %m%n
```

接着配置 jdbc.properties 文件。

```
jdbc.driverClassName=com.mysql.cj.jdbc.Driver
jdbc.url=jdbc:mysql://localhost:3306/jdbc?useUnicode=true&characterEncoding=UTF-8&useSSL=true&serverTim
ezone=UTC
jdbc.username=root
jdbc.password=123456
c3p0.pool.size.max=20
c3p0.pool.size.min=5
c3p0.pool.size.ini=3
c3p0.pool.size.increment=2
```

配置文件配置结束之后就可以进行 Spring 的配置了，首先配置 spring 的配置文件 spring.xml。

```
<?xml version="1.0" encoding="UTF-8"?>
<beans xmlns="http://www.springframework.org/schema/beans"
     xmlns:xsi="http://www.w3.org/2001/XMLSchema-instance"
xmlns:mvc="http://www.springframework.org/schema/mvc"
```

```
            xmlns:context="http://www.springframework.org/schema/context"
            xmlns:aop="http://www.springframework.org/schema/aop"
xmlns:tx="http://www.springframework.org/schema/tx"
            xsi:schemaLocation="http://www.springframework.org/schema/beans
                    http://www.springframework.org/schema/beans/spring-beans-3.0.xsd
                    http://www.springframework.org/schema/mvc
                    http://www.springframework.org/schema/mvc/spring-mvc-3.0.xsd
                    http://www.springframework.org/schema/context
                    http://www.springframework.org/schema/context/spring-context-3.0.xsd
                    http://www.springframework.org/schema/tx
                    http://www.springframework.org/schema/tx/spring-tx-3.0.xsd ">

            <!-- 扫描service、dao组件 -->
            <context:component-scan base-package="com.lw" />
            <!-- 分解配置 jdbc.properites -->
            <context:property-placeholder location="classpath:properties/jdbc.properties" />

            <!-- 数据源c3p0 -->
            <bean id="dataSource" class="com.mchange.v2.c3p0.ComboPooledDataSource">
                <property name="driverClass" value="${jdbc.driverClassName}" />
                <property name="jdbcUrl" value="${jdbc.url}" />
                <property name="user" value="${jdbc.username}" />
                <property name="password" value="${jdbc.password}" />
                <property name="maxPoolSize" value="${c3p0.pool.size.max}" />
                <property name="minPoolSize" value="${c3p0.pool.size.min}" />
                <property name="initialPoolSize" value="${c3p0.pool.size.ini}" />
                <property name="acquireIncrement" value="${c3p0.pool.size.increment}" />
            </bean>


            <!-- sessionFactory 将spring和mybatis整合 -->
            <bean id="sqlSessionFactory" class="org.mybatis.spring.SqlSessionFactoryBean">
                <property name="dataSource" ref="dataSource" />
                <property name="configLocation" value="classpath:spring/spring-mybatis.xml" />
                <property name="mapperLocations" value="classpath*:com/lw/mapper/*.xml" />
            </bean>
            <bean class="org.mybatis.spring.mapper.MapperScannerConfigurer">
                <property name="basePackage" value="com.lw.mapper" />
                <property name="sqlSessionFactoryBeanName" value="sqlSessionFactory" />
            </bean>

            <bean id="transactionManager" class="org.springframework.jdbc.datasource.DataSourceTransactionManager">
                <property name="dataSource" ref="dataSource" />
            </bean>
            <tx:advice id="transactionAdvice" transaction-manager="transactionManager">
                <tx:attributes>
                    <tx:method name="add*" propagation="REQUIRED" />
                    <tx:method name="append*" propagation="REQUIRED" />
                    <tx:method name="insert*" propagation="REQUIRED" />
                    <tx:method name="save*" propagation="REQUIRED" />
                    <tx:method name="update*" propagation="REQUIRED" />
                    <tx:method name="modify*" propagation="REQUIRED" />
                    <tx:method name="edit*" propagation="REQUIRED" />
                    <tx:method name="delete*" propagation="REQUIRED" />
                    <tx:method name="remove*" propagation="REQUIRED" />
                    <tx:method name="repair" propagation="REQUIRED" />
                    <tx:method name="delAndRepair" propagation="REQUIRED" />

                    <tx:method name="get*" propagation="SUPPORTS" />
                    <tx:method name="find*" propagation="SUPPORTS" />
                    <tx:method name="load*" propagation="SUPPORTS" />
```

```
                <tx:method name="search*" propagation="SUPPORTS" />
                <tx:method name="datagrid*" propagation="SUPPORTS" />

                <tx:method name="*" propagation="SUPPORTS" />
            </tx:attributes>
        </tx:advice>
    </beans>
```

接着对 Spring 的 mvc 进行配置。spring-mvc.xml 配置如下。

```
    <?xml version="1.0" encoding="UTF-8"?>
    <beans xmlns="http://www.springframework.org/schema/beans"
            xmlns:xsi="http://www.w3.org/2001/XMLSchema-instance"
xmlns:p="http://www.springframework.org/schema/p"
            xmlns:context="http://www.springframework.org/schema/context"
            xmlns:mvc="http://www.springframework.org/schema/mvc"
            xsi:schemaLocation="
            http://www.springframework.org/schema/beans
            http://www.springframework.org/schema/beans/spring-beans-3.0.xsd
            http://www.springframework.org/schema/context
            http://www.springframework.org/schema/context/spring-context-3.0.xsd
            http://www.springframework.org/schema/mvc
            http://www.springframework.org/schema/mvc/spring-mvc-3.0.xsd">

            <!-- 默认的注解映射的支持 -->
            <mvc:annotation-driven />

            <!-- 自动扫描该包，使SpringMVC认为包下用了@controller注解的类是控制器 -->
            <context:component-scan base-package="com.lw.controller" />

    <!--    <mvc:view-controller path="/" view-name="redirect:/resource/html/index.html"/> -->

            <!--避免IE执行AJAX时，返回JSON出现下载文件 -->
            <bean id="mappingJacksonHttp2MessageConverter"
                class="org.springframework.http.converter.json.MappingJackson2HttpMessageConverter">
                <property name="supportedMediaTypes">
                    <list>
                        <value>text/html;charset=UTF-8</value>
                    </list>
                </property>
            </bean>

            <!-- 定义跳转文件的前后缀 ，视图模式配置 -->
            <bean
                class="org.springframework.Web.servlet.view.InternalResourceViewResolver">
                <property name="prefix" value="/resource/html/" />
                <property name="suffix" value=".html" />
            </bean>

            <!-- 配置文件上传，如果没有使用文件上传可以不用配置，当然如果不配置，配置文件中也不必引入上传组件
包 -->
            <bean id="multipartResolver"
                class="org.springframework.Web.multipart.commons.CommonsMultipartResolver">
                <!-- 默认编码 -->
                <property name="defaultEncoding" value="utf-8" />
                <!-- 文件大小最大值 -->
                <property name="maxUploadSize" value="10485760000" />
                <!-- 内存中的最大值 -->
                <property name="maxInMemorySize" value="40960" />
            </bean>

        </beans>
```

然后进行 Spring 与 Mybatis 的整合配置。spring-mybatis.xml 配置如下。

```
<?xml version="1.0" encoding="UTF-8" ?>
<!DOCTYPE configuration PUBLIC "-//mybatis.org//DTD Config 3.0//EN" "http://mybatis.org/dtd/mybatis-3-config.dtd">
<configuration>
    <!-- 无需配置  -->
</configuration>
```

因为在之前已经将 Spring 和 Mybatis 整合了，所以这个配置文件就不需要进行额外的配置了，如果因一些特殊原因需要添加一些映射，读者可以根据实际情况进行相应的配置。

至此，Maven 项目已经初步配置完成，只需要在 Web.xml 中整合 Spring 和项目配置即可。

```
<?xml version="1.0" encoding="UTF-8"?>
 <Web-app xmlns:xsi="http://www.w3.org/2001/XMLSchema-instance"
     xmlns="http://java.sun.com/xml/ns/javaee"
     xsi:schemaLocation="http://java.sun.com/xml/ns/javaee
http://java.sun.com/xml/ns/javaee/Web-app_3_0.xsd"
     id="WebApp_ID" version="3.0">

    <display-name>A simple net—bank demo</display-name>

      <!-- 指定Spring Bean的配置文件所在目录。默认配置在WEB-INF目录下 -->
      <context-param>
          <param-name>contextConfigLocation</param-name>
          <param-value>classpath:spring/spring.xml</param-value>
      </context-param>

       <context-param>
         <param-name>log4jConfigLocation</param-name>
         <param-value>classpath:properties/log4j.properties</param-value>
     </context-param>

     <context-param>
         <param-name>log4jRefreshInterval</param-name>
         <param-value>60000</param-value>
     </context-param>
     <listener>
         <listener-class>
             org.springframework.Web.util.Log4jConfigListener
         </listener-class>
     </listener>

      <!-- Spring配置 -->
      <listener>
          <listener-class>org.springframework.Web.context.ContextLoaderListener</listener-class>
      </listener>
      <listener>
          <listener-class>org.springframework.Web.util.IntrospectorCleanupListener</listener-class>
      </listener>

       <!-- Spring MVC配置 -->
       <servlet>
            <servlet-name>spring</servlet-name>
            <servlet-class>org.springframework.Web.servlet.DispatcherServlet</servlet-class>

            <init-param>
                  <param-name>contextConfigLocation</param-name>
                  <param-value>classpath:spring/spring-mvc.xml</param-value>
             </init-param>

             <load-on-startup>1</load-on-startup>
```

```
        </servlet>

        <servlet-mapping>
              <servlet-name>spring</servlet-name>
              <url-pattern>/</url-pattern>
        </servlet-mapping>
        <servlet-mapping>
              <servlet-name>default</servlet-name>
              <url-pattern>*.css</url-pattern>
              <url-pattern>*.js</url-pattern>
              <url-pattern>*.html</url-pattern>
        </servlet-mapping>

        <!-- 配置项目字符集过滤方式，是utf-8字符集   -->
        <filter>
               <filter-name>CharacterEncodingFilter</filter-name>
               <filter-class>org.springframework.Web.filter.CharacterEncodingFilter</filter-class>
               <init-param>
                     <param-name>encoding</param-name>
                     <param-value>UTF-8</param-value>
               </init-param>
               <init-param>
                     <param-name>forceEncoding</param-name>
                     <param-value>true</param-value>
               </init-param>
          </filter>
          <filter-mapping>
               <filter-name>CharacterEncodingFilter</filter-name>
               <url-pattern>/*</url-pattern>
          </filter-mapping>
          <welcome-file-list>
               <welcome-file>/index.html</welcome-file>
         </welcome-file-list>

</Web-app>
```

此时，进行 Maven 项目编译，并将项目在 Tomcat 中发布，启动 Tomcat，若项目正常启动并看见欢迎界面即可。本项目使用 HTML 作为视图界面，所以修改 index.jsp 为 index.html 页面，项目的配置文件中添加了对 HTML 界面的映射，但本项目并未使用到该配置，不过为了扩展，此配置暂时存留。

```
<!-- 定义跳转的文件的前后缀 ，视图模式配置 -->
<bean
     class="org.springframework.Web.servlet.view.InternalResourceViewResolver">
     <property name="prefix" value="/resource/html/" />
     <property name="suffix" value=".html" />
</bean>
```

index.html 的页面代码如下。

```
<!DOCTYPE html>
<html class="login-alone">
     <head>
          <title>简易银行系统</title>
            <meta name="keywords" content="登录页面" />
          <meta http-equiv="content-type" content="text/html; charset=UTF-8" />
          <link rel="shortcut icon" type="image/x-icon" href="homepage/favicon.ico?v=3.9" />
          <link href="ui/css/screen.css?v=3.9" media="screen, projection" rel="stylesheet" type="text/css" >
          <link rel="stylesheet" type="text/css" href="ui/css/base.css?v=3.9">
          <link rel="stylesheet" type="text/css" href="passport/css/login.css?v=3.9">
     </head>
     <body>
            <div class="logina-logo" style="height: 55px">

          </div>
```

```
<div id="login" class="logina-main main clearfix">
    <div class="tab-con">
        <form id="form-login" method="post" action="passport/ajax-login">
            <table>
                <tbody>
                    <tr>
                        <th>账户</th>
                        <td width="245">
                            <input id="email" type="text" name="email" placeholder="电子邮箱/手机号"
autocomplete="off" value=""></td>
                        <td>
                        </td>
                    </tr>
                    <tr>
                        <th>密码</th>
                        <td width="245">
                            <input id="password" type="password" name="password" placeholder="请输
入密码" autocomplete="off">
                        </td>
                        <td>
                        </td>
                    </tr>
                    <tr id="tr-vcode" style="display:none;" >
                        <th>验证码</th>
                        <td width="245">
                            <div class="valid">
                                <input type="text" name="vcode"><img class="vcode" src="passport/
vcode?_=1411476793" width="85" height="35" alt="">
                            </div>
                        </td>
                        <td>
                        </td>
                    </tr>
                    <tr class="find">
                        <th></th>
                        <td>
                            <div>
                                <label class="checkbox" for="chk11"><input style="height: auto;"
id="chk11" type="checkbox" name="remember_me" >记住我</label>
                                <a href="passport/forget-pwd">忘记密码？</a>
                            </div>
                        </td>
                        <td></td>
                    </tr>
                    <tr>
                        <th></th>
                        <td width="245"><input id="button" class="confirm" type="button" value="登  录
"></td>
                        <td></td>
                    </tr>
                </tbody>
            </table>
            <input type="hidden" name="refer" value="site/">
        </form>
    </div>
    <div class="reg">
        <p>还没有账号？<br>赶快免费注册一个吧！</p>
        <a class="reg-btn" href="register.html">立即免费注册</a>
    </div>
</div>
```

```
    <div id="main" class="logina-main main clearfix">
     <div style="width:250px;height:auto;float: left;">
          <div id="name" class="font-body"></div>
          <div id="cust_info" class="font-body">资产</div>
          <div id="cust_save" class="font-body">存款</div>
          <div id="cust_draw" class="font-body">取款</div>
          <div id="cust_tran" class="font-body">转账</div>
     </div>
     <div style="width:auto;height:auto;float: left;">
          <div id="main-info" class="tab-con" style="float:left">
               <table>
                    <tbody>
                         <tr>
                              <th>账户</th>
                              <td id="account" width="245" style="">

                              <td>
                              </td>
                         </tr>
                         <tr>
                              <th>余额</th>
                              <td id="balance" width="245" style="">

                              <td>
                              </td>
                         </tr>
                    </tbody>
                </table>
               </div>
               <div id="main-info" class="tab-con" style="float:left">
                    <table>
                         <tbody>
                              <tr>
                                   <th>账户</th>
                                   <td width="245">
                                        <input class="inputclass" id="accountSave" type="text" name="accountSave"
autocomplete="off" value="" ></td>
                                   <td>
                                   </td>
                              </tr>
                              <tr>
                                   <th>余额</th>
                                   <td width="245">
                                        <input class="inputclass" id="balanceSave" type="text" name="balanceSave"
autocomplete="off" value="" ></td>
                                   <td>
                                   </td>
                              </tr>
                               <tr>
                                   <th></th>
                                   <td width="245"><input id="buttonBalanceSave" class="confirm" type="button"
value="确  定"></td>
                                   <td></td>
                              </tr>
                         </tbody>
                      </table>
                   </div>
               <div id="main-draw" class="tab-con" style="width:auto;height:auto;float: left;">
                    <table>
                         <tbody>
                              <tr>
```

```
                                        <th>账户</th>
                                        <td width="245">
                                            <input class="inputclass" id="accountDraw" type="text" name="accountDraw"
autocomplete="off" value="" ></td>
                                        <td>
                                        </td>
                                    </tr>
                                    <tr>
                                        <th>金额</th>
                                        <td width="245">
                                            <input class="inputclass" id="balanceDraw" type="text" name=
"balanceDraw" autocomplete="off" value=""></td>
                                        <td>
                                        </td>
                                    </tr>
                                    <tr>
                                        <th></th>
                                        <td width="245"><input id="buttonBalanceDraw" class="confirm" type="button"
value="确  定"></td>
                                        <td></td>
                                    </tr>
                                </tbody>
                            </table>
                        </div>
                        <div id="main-tran" class="tab-con" style="width:auto;height:auto;float: left;">
                            <table>
                                <tbody>
                                    <tr>
                                        <th>转出账户</th>
                                        <td width="245">
                                            <input class="inputclass" id="accountFrom" type="text" name="accountFrom"
autocomplete="off" value="" ></td>
                                        <td>
                                        </td>
                                    </tr>
                                    <tr>
                                        <th>转入账户</th>
                                        <td width="245">
                                            <input class="inputclass" id="accountTo" type="text" name="accountTo"
autocomplete="off" value="" ></td>
                                        <td>
                                        </td>
                                    </tr>
                                    <tr>
                                        <th>金额</th>
                                        <td width="245">
                                            <input class="inputclass" id="balanceTrans" type="text" name="balanceTrans"
autocomplete="off" value=""></td>
                                        <td>
                                        </td>
                                    </tr>
                                    <tr>
                                        <th></th>
                                        <td width="245"><input id="buttonBalanceTrans" class="confirm" type="button"
value="确  定"></td>
                                        <td></td>
                                    </tr>
                                </tbody>
                            </table>
                        </div>
                    </div>
```

```
    </div>
        <div id="footer">
            <div class="copyright">Copyright © 2017 </div>
        </div>
         <script src="js/jquery-3.2.1.min.js"></script>
         <script src="js/login.js"></script>
    </body>
</html>
```

启动项目，初始页面如图 12-31 所示。

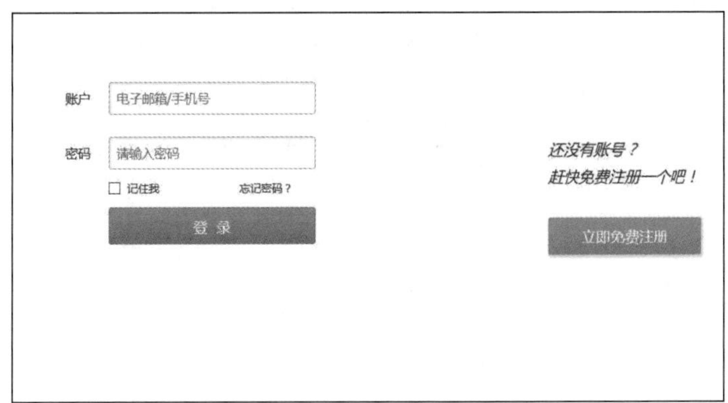

图 12-31　登录界面

至此，项目已经搭建完成，关于 Web 项目的各种配置和整合，读者可以查阅相关内容进行学习，此处案例仅供初步参考学习，不再赘述。

12.5.2　账户注册及登录

对网上系统来说，用户是必不可少的模块，就拿目前中国用户量最多的手机用户来说，每当用户下载了一个 APP 应用，第一件事情就是创建一个用户，在 Web 应用开发上，也是如此。用户可以唯一标识这个用户的个人信息以及和其相关的其他内容信息，例如本例中的网上银行，用户就有其对应的账户信息。

本节重点讲解用户的登录和注册，让读者对 Web 项目有一个初步的认识。登录是已经注册用户的系统登录行为，注册则是新用户的系统登录注册行为，这两个操作涉及到数据库的查询和修改操作，通过这些步骤，用户可以登录到系统，并享有系统提供的种种功能。本次只讲解登录功能，读者可以根据项目提供的 register.html 补全信息，完成用户的注册操作。

为模拟用户登录操作，首先创建两个表，一个 User 表和一个 Account 表。User 表的创建语句如下：

```
create table user(
     id varchar(18)   primary key,
    name varchar(40),
    age int,
    password varchar(40),
    phone varchar(11),
    home_addr varchar(200),
    input_date varchar(10),
    input_time varchar(19),
    last_update_date varchar(10),
    last_update_time varchar(19)
);
```

Account 表的创建语句如下：

```
create table account (
     account varchar(20) primary key,
    owner varchar(40),
    balance int ,
    input_date varchar(10),
```

```
        input_time varchar(19),
        last_update_date varchar(10),
        last_update_time varchar(19)
);
```

完成创建之后，在 User 库中预埋一条用户数据，其导出文件为 user.csv，同时创建两条 Account 数据，其导出数据文件为 account.csv。在项目启动前数据库中的 User 数据如图 12-32 所示。

Form Editor | Navigate: 1/2 | Edit:

Id: lw7137
Name: lw
Age: 20
Password: e10adc3949ba59abbe56e057f20f883e
Phone: 13385690530
Home_addr: 中山公园
Input_date: 2017-07-01
Input_time: 2017-07-01 00:00:00
Last_update_date: 2017-07-01
Last_update_time: 2017-07-01 00:00:00

User表预埋数据

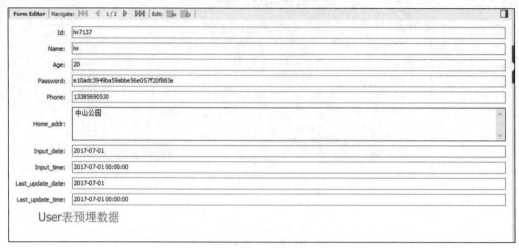

图 12-32　User 预埋数据（1 条）

Account 表中预埋数据如图 12-33 所示。

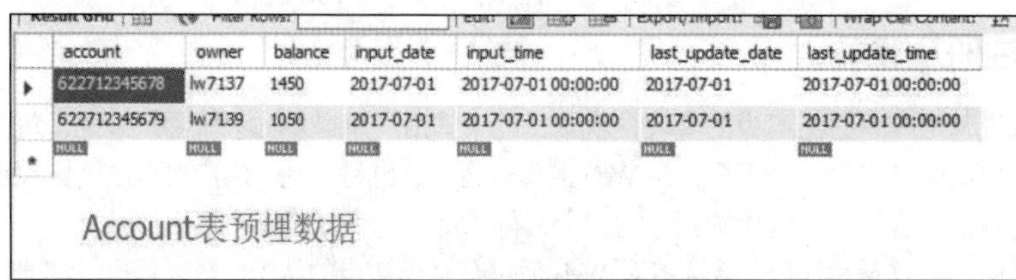

account	owner	balance	input_date	input_time	last_update_date	last_update_time
622712345678	lw7137	1450	2017-07-01	2017-07-01 00:00:00	2017-07-01	2017-07-01 00:00:00
622712345679	lw7139	1050	2017-07-01	2017-07-01 00:00:00	2017-07-01	2017-07-01 00:00:00
NULL	NULL	NULL	NULL	NULL	NULL	NULL

图 12-33　Account 预埋数据（2 条）

为了方便项目开发，增加密码 MD5 加密类 MD5Encode.java，内容如下：

```
package com.lw.encode;

import java.security.MessageDigest;

public class MD5Encode {

    // 根据传入的字符串，获取其MD5值
    public static String MD5(String inStr) {
        MessageDigest md5 = null;
        try {
            md5 = MessageDigest.getInstance("MD5");
        } catch (Exception e) {
            System.out.println(e.toString());
            e.printStackTrace();
            return "";
        }
        char[] charArray = inStr.toCharArray();
        byte[] byteArray = new byte[charArray.length];

        for (int i = 0; i < charArray.length; i++)
```

```
                byteArray[i] = (byte) charArray[i];

            byte[] md5Bytes = md5.digest(byteArray);

            StringBuffer hexValue = new StringBuffer();

            for (int i = 0; i < md5Bytes.length; i++) {
                int val = ((int) md5Bytes[i]) & 0xff;
                if (val < 16)
                    hexValue.append("0");
                hexValue.append(Integer.toHexString(val));
            }

            return hexValue.toString();
        }
        public static void main(String[] args) {
            System.out.println(MD5("123456"));
        }
}
```

同时，增加当前日期和时间获取的工具类 DateUtil.java，内容如下：

```
package com.lw.util;

import java.text.SimpleDateFormat;
import java.util.Date;

public class DateUtil {

    private static SimpleDateFormat sdf_date = new SimpleDateFormat("yyyy-MM-dd");
    private static SimpleDateFormat sdf_time = new SimpleDateFormat("yyyy-MM-dd HH:mm:ss");

    // 获取当前日期的字符串值
    public static String getCurrDate() {
        return sdf_date.format(new Date());
    }

    public static String getCurrTime() {
        return sdf_time.format(new Date());
    }

}
```

最后，增加将页面传入数据转换成 Map 的工具类 String2Map.java，内容如下：

```
package com.lw.util;

import java.util.HashMap;
import java.util.Map;

public class String2Map {

    public static Map<String, String> parseString2Map(String json) {
        Map<String, String> map = new HashMap<>();
        String[] params = json.split("&");

        for(String str : params) {
            map.put(str.substring(0, str.indexOf("=")), str.substring(str.indexOf("=") + 1));
        }
        return map;
    }
}
```

至此，前期准备工作就已完成。新增 LoginController.java，用来处理登录控制。

```
package com.lw.controller;

import java.util.HashMap;
import java.util.Map;

import org.apache.commons.lang.StringUtils;
import org.springframework.beans.factory.annotation.Autowired;
import org.springframework.stereotype.Controller;
import org.springframework.Web.bind.annotation.RequestBody;
import org.springframework.Web.bind.annotation.RequestMapping;
import org.springframework.Web.bind.annotation.ResponseBody;

import com.lw.encode.MD5Encode;
import com.lw.mapper.AccountMapper;
import com.lw.mapper.UserMapper;
import com.lw.model.Account;
import com.lw.model.User;
import com.lw.util.String2Map;

@Controller
public class LoginController {

    @Autowired
    private UserMapper userMapper;
    @Autowired
    private AccountMapper accMapper;


    @RequestMapping(value="/login")
    @ResponseBody
    public Map<String, String> checkInfo(@RequestBody String loginJson){

        // 返回的数据
        Map<String, String> data = new HashMap<>();
        // 解析json
        Map<String, String> infoMap = String2Map.parseString2Map(loginJson);

        String userId = infoMap.get("userId");
        String pwd = infoMap.get("pwd");

        if (StringUtils.isEmpty(userId)) {
            data.put("flag", "false");
            data.put("errorMsg", "用户名不可以为空！");
            return data;
        }
        if (StringUtils.isEmpty(pwd)) {
            data.put("flag", "false");
            data.put("errorMsg", "用户密码不可以为空！");
            return data;
        }

        User user = userMapper.selectByPrimaryKey(userId); // 查询数据库
        if (null == user) {
            data.put("flag", "false");
            data.put("errorMsg", "用户不存在！");
            return data;
        }
        if (!user.getPassword().equals(MD5Encode.MD5(pwd))) {
            data.put("flag", "false");
            data.put("errorMsg", "用户密码错误！");
            return data;
```

```
            }
            Account acc = accMapper.selectByOwner(userId);

            data.put("flag", "true");
            data.put("errorMsg", "");
            data.put("userId", user.getId());
            data.put("name", user.getName());
            data.put("account", acc.getAccount());
            data.put("balance", String.valueOf(acc.getBalance()));

            return data;
        }
    }
```

在 index.js 中添加 login 的 AJAX 请求，其内容如下。

```
$(function(){
    $("#button").click(function() {
        var userId = $("#email").val();
        if(null == userId || "" == userId) {
            alert("请输入用户名！");
            return;
        }
        var pwd = $("#password").val();
        if(null == pwd || "" == pwd) {
            alert("请输入密码！");
            return;
        }
        $.ajax({
            type:"post",
            url:"/simplebank/login",
            async:false,
            dataType:"json",
            data:{"userId":userId,"pwd":pwd},
            success: function(data){
                JSON.stringify(data);
                if ("true" == data.flag) {
                    $("#name").html("尊敬的" + data.name + ":");
                    $("#email").val("");
                    $("#password").val("");
                    $("#login").hide();
                    $("div[id^='main']").hide();
                    $("#main").show();
                    $("#main-info").show();
                    $("#name").val(data.name);
                    $("#account").html(data.account);
                    $("#balance").html(data.balance);
                } else {

                    alert(data.errorMsg);
                }
            },
            error : function( data){
                alert("未知错误！");
            }
        });
    });
});
```

右键单击项目，运行 Maven 的 clean 和 install 命令后启动 Tomcat，完成项目跳转，跳转后的页面如图 12-34 所示。

登录操作完成验证后我们可以看到用户主界面，在这个界面，有存取款和转账功能，默认的是账户信息页面，因一个人可能有很多个账户，所以，此处的显示是比较简单的情景，在真实的场景下账户和各个账户的余额可能有多个，而客户的总余额只有一个，那就是所有账户余额的总和。读者可以以此来修改 LoginController.java 和页面，让每个用户返回一个 Account 列表，然后分页展示，同时在页面主页显示客户的总资产。

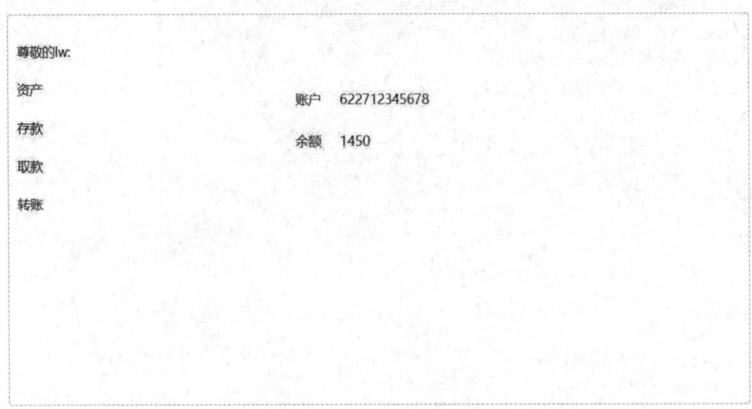

图 12-34 用户主界面

在该页面中，单击“资产”则显示用户的账户和余额，单击“存款”则显示存款账户输入框和存款金额输入框，单击“取款”则显示取款账户和取款金额输入框，单击“转账”则显示转出账户、转入账户和转账金额输入框。在对应的页签下，进行对应的操作，可以在页面和后台共同添加业务逻辑代码实现。

12.5.3 转账功能（事务）

实现存取款功能的逻辑较为单一，存款需要进行账户是否存在的校验，为了保护客户权益，还可以增加此账户是否是该客户账户的校验，防止用户输入账户信息后导致财产安全问题。该处比较贴心的处理是提供用户所有的账号，让用户方便使用下拉框方式选择需要存款的账户。取款需要校验账户是否存在、账户是否是该客户所属和账户余额是否足够等问题，该操作也可以使用下拉框方式进行选择。转账则较为复杂，首先，需要验证该账户是否是该客户的账户，同时要保证目标账户和自己账户的余额足够，而且该操作需要进行事务处理，如果转出账户扣除转账金额成功，但是转入账户增加转账金额失败，则意味着该操作失败，将退回转出账户的金额扣除。

因转账功能基于存取款功能且比之更加复杂，故将用户金额的增减功能整合到转账事务中讲解，读者可以模仿转账功能编写存取款功能。

首先，为了实现存取款功能，在服务端增加转账功能控制类 AccountOperationController.java，其业务代码如下。

```
package com.lw.controller;

import java.util.HashMap;
import java.util.Map;

import org.springframework.beans.factory.annotation.Autowired;
import org.springframework.stereotype.Controller;
import org.springframework.transaction.annotation.Isolation;
import org.springframework.transaction.annotation.Propagation;
import org.springframework.transaction.annotation.Transactional;
import org.springframework.Web.bind.annotation.RequestBody;
import org.springframework.Web.bind.annotation.RequestMapping;
import org.springframework.Web.bind.annotation.ResponseBody;

import com.lw.mapper.AccountMapper;
import com.lw.model.Account;
import com.lw.util.DateUtil;
import com.lw.util.String2Map;

@Controller
@RequestMapping(value="/account")
```

```
public class AccountOperationController {

    @Autowired
    private AccountMapper accMapper;


    @RequestMapping(value="/trans")
    @ResponseBody
    // 添加事务注解
    @Transactional(propagation=Propagation.REQUIRED,rollbackFor=Exception.class,timeout=1,isolation=
Isolation.DEFAULT)
    public Map<String, String> checkInfo(@RequestBody String transInfo){

        // 返回的数据
        Map<String, String> data = new HashMap<>();
        // 解析json
        Map<String, String> infoMap = String2Map.parseString2Map(transInfo);

        String accountFrom = infoMap.get("accountFrom");
        String accountTo = infoMap.get("accountTo");
        int count = Integer.parseInt(infoMap.get("count"));

        if(count < 0) {
            data.put("flag", "false");
            data.put("errorMsg", "转账金额不能为负数！");
            return data;
        }

        Account accountF = accMapper.selectByPrimaryKey(accountFrom);
        if(null == accountF) {
            data.put("flag", "false");
            data.put("errorMsg", "转出账户不存在！");
            return data;
        }
        if(count > accountF.getBalance()) {
            data.put("flag", "false");
            data.put("errorMsg", "转出账户余额不足！");
            return data;
        }

        Account accountT = accMapper.selectByPrimaryKey(accountTo);
        if(null == accountT) {
            data.put("flag", "false");
            data.put("errorMsg", "转入账户不存在！");
            return data;
        }

        accountF.setBalance(accountF.getBalance() - count);
        accountT.setBalance(accountT.getBalance() + count);

        accountF.setLastUpdateDate(DateUtil.getCurrDate());
        accountF.setLastUpdateTime(DateUtil.getCurrTime());
        accountT.setLastUpdateDate(DateUtil.getCurrDate());
        accountT.setLastUpdateTime(DateUtil.getCurrTime());

        accMapper.updateByPrimaryKey(accountF);
        accMapper.updateByPrimaryKey(accountT);

        data.put("flag", "true");
        data.put("errorMsg", "");
        data.put("account", accountF.getAccount());
```

```
            data.put("balance", String.valueOf(accountF.getBalance()));
            return data;
        }
}
```

在页面端，增加请求该功能的 AJAX 代码，其 JS 代码在 login.js 中添加，对应的 JS 代码如下：

```
$("#buttonBalanceTrans").click(function(){
            var accountFrom = $("#accountFrom").val();
            var accountTo = $("#accountTo").val();
            var balanceTrans = $("#balanceTrans").val();

            if(null == accountFrom || "" == accountFrom) {
                  alert("请输入转出账户！");
                  return;
            }
            if(null == accountTo || "" == accountTo) {
                  alert("请输入转入账户！");
                  return;
            }
            if(null == balanceTrans || "" == balanceTrans) {
                  alert("请输入转出金额！");
                  return;
            }
            var count = Number(balanceTrans);
            if(isNaN(count) || count < 0) {
                  alert("请输入合法的金额！");
                  $("#balanceTrans").val("");
                  return;
            }

            $.ajax({
                  type:"post",
                  url:"transeferServlet",
                  async:false,
                  dataType:"json",
                  data:{"accountFrom":accountFrom,"accountTo":accountTo,"count":count},
                  success: function(data){
                        JSON.stringify(data);
                        if ("true" == data.flag) {
                              // 如果是本账户转账，则更新账户信息
                              if(data.account == $("#account").html()) {
                                    $("#balance").html(data.balance);
                              }
                              $("#balanceTrans").val("");
                              alert("转账成功！");
                        } else {
                              alert(data.errorMsg);
                        }
                  },
                  error : function( data){
                        alert("未知错误！");
                  }
            });

      });

      function erasureInput(){
            $("input[id^='account']").val("");
            $("input[id^='balance']").val("");
      }
```

在后台代码中“@Transactional(propagation=Propagation.REQUIRED,rollbackFor=Exception.class,timeout=1, isolation=Isolation.DEFAULT)”是事务注解，Spring 整合了数据库事务，使得数据库事务的编写更加简单和方便，避免了人为错误导致事务没有得到合理的控制。该注解存在于方法时，该方法具有事务性。当注解放在控制类级别时，表明该类的所有方法都是事务的。

在客户登录后的客户信息界面，通过“转账”业务标签进入转账操作页进行转账操作，成功后提示“转账成功”，如图 12-35 所示。

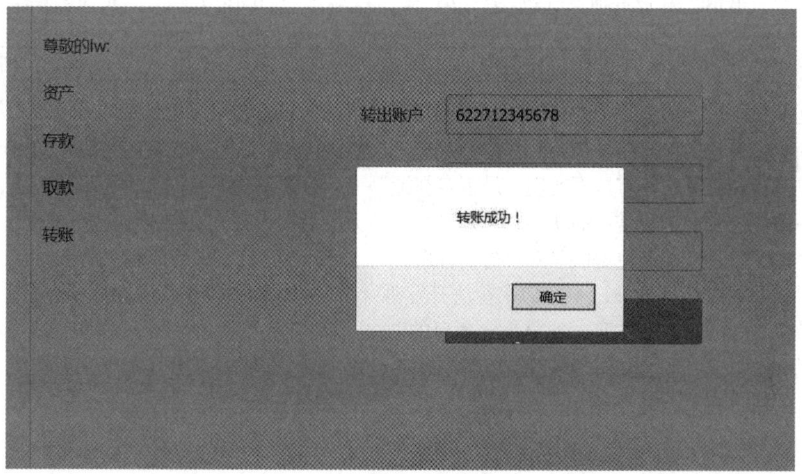

图 12-35　转账成功

为了验证是否符合预期，通过数据库查询操作进行数据确认，如图 12-36 所示。

	account	owner	balance	input_date	input_time	last_update_date	last_update_time
▶	622712345678	lw7137	1400	2017-07-01	2017-07-01 00:00:00	2017-07-30	2017-07-30 23:03:50
	622712345679	lw7139	1100	2017-07-01	2017-07-01 00:00:00	2017-07-30	2017-07-30 23:03:50
*	NULL	NULL	NULL	NULL	NULL	NULL	NULL

图 12-36　转账验证

完成后单击“确定”按钮，查看当前账户信息，其结果如图 12-37 所示。

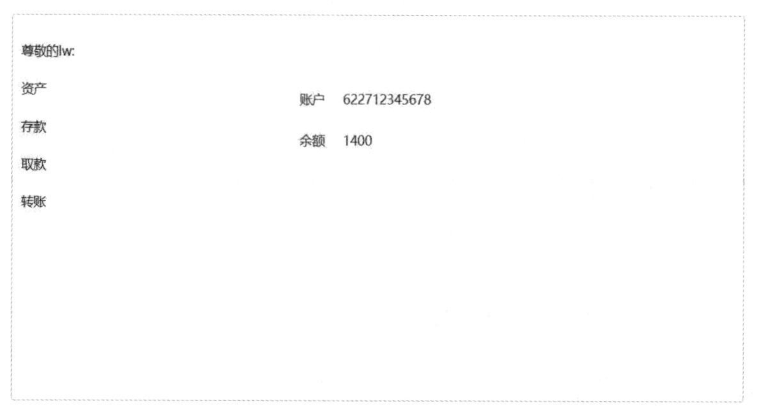

图 12-37　转账后账户信息更新

至此，转账功能完成。

该网上银行是一个简单的 Web 项目，其中注册功能和用户操作功能提供了页面和处理类，读者可以根据之前的模板进行编写练习，自动动手操作，完成更多内容的编写。在存取款的页面上只有数据，没有提供前端和后端的处理逻辑，读者可以参考转账业务逻辑进行补充。快速熟悉项目的途径就是自己动手编写相关功能，这样才能快速深入地理解项目。

12.6 本章小结

本章着重讲解了 JDBC 和 Web 项目创建。在 12.1 节，主要讲解了 JDBC 的使用，通过数据库的链接创建和数据操作等代码，讲解了数据库的使用；在 12.2 节，主要介绍了日志的级别，并在简易网上银行系统中进行了配置和使用，日志的作用非常巨大，一般项目在运行中出现了问题，因为无法像本地一样进行测试，只能通过日志文件分析和解决问题，不过一般项目中的日志都是根据需求配置好的，读者可以暂且忽略此内容，等有需要的时候再深入地了解和学习；12.3 节介绍了 JUnit 的功能测试，通过案例讲解如何进行 JUnit 测试，JUnit 框架的快捷测试可以帮助开发者快速验证功能点是否实现、是否存在漏洞等，方便了功能点的开发和维护工作；12.4 节介绍了事务，这是实际功能点开发中最常见的功能，只要理解了事务的特性，在开发过程中把握好事务的边界，就能很好地对其进行处理，同时 Spring 也提供了对事务的注解，简化了开发工作；最后使用一个案例完成了对 Java 基础知识及使用的讲解，Web 项目是 Java 一直以来稳居开发语言前列的保障；12.5 节通过对 Maven 和 Tomcat 的简单介绍，整合 Spring 和 Mybatis 完成了一个 Maven 项目的创建，并实现了简单的登录操作和转账操作，大致讲解了一个 Web 项目的组成和功能的添加，能让读者对 Web 项目有一个大体的认知并且能够快速熟悉和动手开发 Web 项目。学习的目的在于应用，也希望读者在阅读完本书之后，能够快速地熟悉并应用 Java 相关知识来完成对学习的检验。

【思考题】

1. 简易网上银行只提供了单客户单账户的功能，请思考如何实现单用户多账户场景，并实现它。
2. 完成注册功能和存取款功能。
3. 请读者参考网上资源，完成用户登录后本地 Cookie 存放和服务端客户信息 Session 存放功能。
4. 在 html 目录下编写一个 aseet.html 页面，在该页面实现客户购买基金股票的功能，并在后台编写对应逻辑完成功能点。